奇妙的
元素週期表
圖鑑百科

元素週期表是迷人又重要的存在！

　　元素週期表是一個既困難又沒有吸引力的東西嗎？天文學和物理學探究的是神祕的未知宇宙，並告訴我們大自然的起源和運作原理，讓大家體會人類是多麼渺小的存在。生物學是告訴我們生命體和物質的交互作用，讓我們苦惱生老病死。而地球科學是告訴我們所踏之地的地球並不是顆單純的行星，而是我們要與之共同生存的環境，與其他具有活動能力的生命體並無不同。這麼說來，化學要告訴我們什麼？又在科學這門大領域中佔有什麼地位呢？

　　我不會在這裡就拿出週期表，請各位不用擔心。但在這本書當中我會提到電子的存在，會貫通元素週期表的整個脈絡，這是因為化學就是一門電子的學問。電子存在於宇宙中，也存在於我們體內以及所有物質中。電子的交互作用形成了世界並運作著。我們所有的日常生活都是化學並且支配著世界的學問就是化學。

　　化學的領域實際上範圍很廣，但如果要提到地理位置，大概就是物理學和生物學或地球科學之間的差異程度。物理學是除了粒子以外就沒有太多興趣，不過他們揭開了微觀世界的真面目與運動。生物學和地球科學提到複雜的生態系，會對理解世界的運作機制上很有幫助。化學是銜接了微觀世界與它的運作機制。因此會告訴各位世界是如何形成的、世界為什麼只會

這樣運作。化學的中心就是 118 個元素，由這些元素所形成的世界，其中心就是電子。因此元素週期表是整理了形成世界的 118 個材料和電子訊息的表格。

我們存在於廣闊的宇宙中看似是無數的偶然所形成的結果，但達成這必然結果的就是電子 eletron。人類在無數個偶然的碰撞中誕生，若擴大時間軸來看可能也不過大自然的一部分，就像消失的恐龍一般。不過我們將我們存在的理由解釋為必然的結果，把我們自己視為宇宙的中心。自元素週期表出現後，現在的人類什麼物質都能合成出來。人類在化學的幫助得以模仿出自然龐大力量，因此欲望如虎添翼一飛沖天，結果卻反而變成迴力鏢回頭威脅了人類的生存。但人類的未來並非就此變得黯淡。但也許讓我們前往所盼望未來的里程碑也是元素週期表。

在本書中透過闡明形成世界之原理，以確認到化學是既迷人又重要的一門學問。希望大家可以思考到人類是多麼偉大存在、或是多麼微弱的存在，同時如果各位也學習到要帶著謙遜的心態面對龐大的大自然，這樣我就心滿意足了。

最後要感謝韓勝奉代表與其下出版社的職員，以及張應龍老師和張洪睿教授，直到這本書完成為止都得忍受作者的叨擾和嚴謹。

金炳旻

1

乘載宇宙的
元素週期表

世界是由原子組成

　　人的身體內所含的元素中，以碳（C）、氫（H）、氧（O）、氮（N）、硫（S）、磷（P）和鈣（Ca）占大部分。<u>我們的身體是由包含上述代表性的元素在內，共 60 種元素所組成。</u>大部分的元素彼此結合後產生結構，各結構扮演維持生命的角色。<u>我們體內的各個元素雖然含量各有不同，但只要其中一個元素不足，人就很難維持生命所需。</u>

　　生命體以這些元素為中心來維持生命。我們常見的碳水化合物、脂肪還有蛋白質以及各種維他命，是以碳氧氫氮硫等元素以及各式各樣的金屬元素和非金屬元素所組成。一個人平均一年會攝取大約一噸的水，進到人體中的水及食物被分解為其他物質，人體所需的成分被身體吸收，在代謝過程中最重要的物質就是水。呈現液體狀態的水是由一個氧原子和兩個氫原子所組成，它們不會分開，而水分子彼此由氫鍵連接形成一團，其運遠作比我們想像中還要複雜。人類至今仍無法完全瞭解它們的運作。

　　看看我們每天盯著看的手機畫面吧！堅硬又透明的螢幕版有矽（Si）組成的藍寶石強化玻璃，在玻璃底下能形成畫面的物質是碳與其他元素連接組成的具傳導性有機化合物。電子在

物質中移動轉換時會發出各種光，我們就能看到彩色的畫面，同時也使用可以觸碰畫面來操控的元素銦（In）和錫（Sn）；手機的振動功能是從含有釹（Nd）磁鐵的小馬達振動所致，而電話內的微處理器包含由鍺（Ge）、鎵（Ga）、砷（As）混合組成的半導體，以及電子迴路所需的鈦（Ti）、鎢（W）、鎳（Ni）、鉭（Ta）以及鈀（Pd）、鋯（Zr）等，電池的主要成分則是鋰（Li）。

　　我們使用的物質中最常見的就是塑膠，碳與氫所組成的碳氫化合物中用其他元素或分子替換或連接形成鍵結，如此製造出各種塑膠產品，之所以會被稱為石油化學產品的理由是因為碳氫化合物的材料多從石油提煉出來。例如汽油與柴油之類的汽車燃料是碳元素像鎖鏈般連結的構造上，再接上氫元素所組成的分子，碳鏈很短就會是輕盈的氣體，碳鏈很長則會變重，形成液體或固體。只由一個碳形成的烷烴稱為甲烷，三個碳的話形成丙烷，七個碳的話形成庚烷，八個碳則形成辛烷。我們所知的揮發油（汽油）就是庚烷與辛烷的混合物，另外輕油（柴油）的主成分是由十六個碳所組成的，超過十個以上碳原子聚集組合，就會變得穩定，是製造蠟燭原料的石蠟。

　　脂肪分子是由類似汽車燃料的碳氫化合物彼此連接的脂肪酸三個以及一個丙三醇所組成。脂肪也稱作油脂，我們體內的

脂肪也會像脂肪與氧氣結合燃燒那般轉換成能量來使用，而且<u>即使是同一種原子結合形成的分子，也會隨著如何結合而形成完全不同樣式和性質的物質。</u>這世界充滿著無數種物質及生命體，極其複雜，然而如果只以原子觀點來看，其實都是只由 118 個原子所組成。創造世界的元素在宇宙生成之初就已經形成，沒有再產生新的元素，這些元素持續轉變為不同的樣式，在宇宙中循環。組成我們身體的原子也是不斷地轉換成新的原子，氫、氮、碳、氧不斷地循環，從大氣進入水中，再從土壤進入動植物中，也經過人類體內後重新回到土壤中。如果是重量輕的元素無法停留在地球上而是重新回到遙遠的宇宙中，因此原本存在我們身體中的一部分元素也可能形成了宇宙中另一顆的星星。當我們失去珍貴重視的人，常常會用星星暗喻：「人死的時候會再次回到恆星上。」這句話雖然像詩集或隨筆等文學性的詞句，但這是有科學根據的。<u>就像「人是星星的塵土」這句話一樣，我們是由恆星上組成的元素所構成的，一旦我們消逝就會再度以原子的型態回到宇宙空間，成為星星的一部分，</u>這是因為世界是由原子所組成，而所有原子都是從恆星所出。

來自星星的一切

一顆星星上的記憶／

一顆星星上的愛／

一顆星星上的孤單／

在一顆星星上的動靜／

在一顆星星上的詩／

以及這一顆星星上的母親、母親

母親啊，用「我是一顆星」一句話來呈現美麗的語言。

　　這節錄自尹東舉詩人「數星星的夜晚」詩集中的部分內容。在陰暗的日本殖民時期中生活的詩人把星星與他思念的對象連結在一起，因為對他而言，星星是反思自己的一扇窗，也是夢寐以求的對象，是連結過去和現在以及連結到未來的媒介，或許他也在隱密中瞭解到世界的起源。

　　除了尹東舉的詩之外，阿爾封斯 · 都德 Alphonse Daudet 的小說「星星」以及文森 · 梵谷 Vincent Willem Gogh 的畫作「星夜」不只描繪星星的美麗，也將蘊涵在既孤獨又寂靜的

另個世界中隱密的自然哲學搬入我們所處的世界裡，太陽西下後表示著另一個世界的到來，它讓當時文明剛起步的人類也開始思考著世界的起源到底為何？

　　從星星連成的星座中衍伸故事後創作出神話，將隕石一類的天文現象解釋為神祇的語言。鍊金術師代言了神祇不得不將這些現象解釋為超越人類的力量、有神祇的存在的原因是由於既精巧又能自行運作的宇宙，絕非經由人手所造。我們認知的天文學者雖與與咒術天差地遠，但在當時天文學者與煉金術士之間的界線其實非常模糊，天文學者也在夜空中留下屬於他們的故事。「天文學」顧名思義就是指稱在天空中的文字，星星就是天空的意念、是語言，擁有著絕對的權力能指引人類位置和該前往的命運的。朝鮮時代的世宗大王是透過蔣英實閱讀天空中的星星，從中國明朝的政權中脫離出來，打造了屬於朝鮮的時代。人類將未知的星星當作無法靠近的存在，星星也一直是情感與敬畏的對象，有著與人類的歷史無關的存在。

　　但星星隱藏著比我們所認為的還更巨大的祕密，那就是「我們從哪裡來」，這祕密的解答星星知道。可以解讀星星擁有的特別祕密的線索就是光。16 世紀時出現了望遠鏡，同時在原本無法窺探的祕密領域中觀看神所運作嚴格且具幾何的世界，解開這祕密鑰匙的第一個人就是英國的理論物理學家、

數學家馬克士威 James Clerk Maxwell。他在 1862 年揭開光的真面目是電磁波的一種表現，託他的福人類得以了解光速是固定每秒 30 萬公里的速度在奔馳，而在約四十年後愛因斯坦 Albert Einstien 提出相對論近一步擴展了這一論點，了解光的真面目的人類將原本作為感動和神祕預言媒介的星星帶進了科學的範疇內。

我們來看繁星熠熠的夜空照片，科學技術是透過電波望遠鏡找出隱藏在我們肉眼看不見的宇宙深處的星光，然而照片中看見的星星並不是現在的模樣，帶著一定速度的星光正在滑過宇宙的歷史，光的速度是有限且固定的，因此可以藉由星光的顏色計算出與恆星的距離，以及從多久前發出的。例如地球與最近的恆星太陽光約一億五千萬公里遠，抵達我們這裡約八分鐘，為了掌握時間和季節而使用為星座與其運作基準的北極星的光芒，大約在 800 年前就發出了。

用哈伯望遠鏡拍攝出星星遍佈在宇宙中的照片是平面的，但觀察光譜時會知道這包含宇宙時間的三度資訊，其實就像 CT（電腦斷層掃描）一樣將三度空間分開後取出幾張照片一般，宇宙就像用時間分離出幾張照片後疊在一起，<u>一張照片就是記載從過去到現在的漫長宇宙歷史</u>。現代人類甚至可以追溯了解大爆炸初期所產生的光，當然那並不是星星的光，而是宇宙誕生時產生的光長時間被侷限在物質內而形成了原子，當空

間出現時光變得自由而能散射出來，因而能觀測到這樣的微波。微波是一種電波，但因為電波也是電磁波的一種，所以表達為光也不為過，出現在夜空中的光就像一台時光機般，在將近 138 億年的宇宙歷史中呈現出特定的時段。

梵谷的《星夜》中將星光描繪得很唯美，這作品雖然是山水畫，放置在前景的村莊景致比較簡略，他專注在描繪閃爍夜空中的星星，如果你仔細看星光就會發現每顆星星的顏色都不一樣。紅光是來自於比藍光或黃光更遠地方的光，因此紅光有著更悠久的歷史，那麼每道星光都會因不同的顏色，而有著巨大的歷史嗎？

不過恆星並不單只有過去的時間和模樣，所以**我們將在這本書中探索組成宇宙的 118 個元素，這些元素是從哪裡來的呢？**一開始就有 118 個元素的嗎？令人好奇的部分非常多。然而我們可以探究宇宙的唯一扇窗就是恆星的光，人類為了能親身接觸宇宙而研發的工具如今可以脫離太陽系，每天晚上都有無數個迎向我們的星光，給予我們疑問上的解答。現在讓我們開始進入隱藏所有祕密的星球的漫長旅程吧！

元素的起源、大爆炸和星球的誕生

　　從星星的顏色可以得知地球到星球的距離，但可以知道更重要的事情，<u>那就是宇宙正在持續膨脹。過去我們以為恆星與我們居住的地球的距離是固定的，但從觀察結果得知距離正逐漸拉遠，看見的顏色也變得不同。</u>鳴著警笛的救護車經過時聲音很高，經過後聲音就會變低，這現象我們稱做都卜勒效應。聲音具有波動性，光也具有波動性，因此星星的光和觀測者兩者之間，只要有其中一方是運動狀態就會出現這樣的效應。警笛聲變高的原因，是由於振動頻率變低、波長變長而導致的現象。同樣在光的情況下，彼此的距離如果變遠，就會出現波長變長的現象。恆星與觀測地點的距離變遠，就會產生重力紅移的現象也就是頻率變低、波長增長，因此科學家提出了因宇宙空間膨脹而出現該一現象的假說。當然也會計算宇宙膨脹的速度囉。就像把電影倒帶看一般，如果推算膨脹的速度就會得知縮小的宇宙，也會知道宇宙初期的大小。回到 138 億年前來看，宇宙就像一個點聚集起來。而宇宙大爆炸論是指宇宙就像從一個點產生爆炸般那樣形成的假說，儘管大爆炸的當下尚未清楚闡明，也不明白大爆炸前的事情，但人類針對大爆炸產生後的 10^{-43} 秒起直到現在的這段期間，提出了相當有力的證據和理論。

　　雖然經歷了大爆炸，但宇宙中連原子這樣的物質都沒有，

在大爆炸發生後的三分鐘內形成了夸克和輕子核，但他們在高溫中無法結合，在宇宙中只有充滿這樣的物質，在三分鐘內發生了這麼多的事件，但神奇的是，在那之後就再也沒有事件發生了。宇宙就這樣帶著在三分鐘內形成的一切，持續膨脹著，持續了 38 萬年。大爆炸時產生的光依然被侷限在這些粒子之間，因此我們即使再拿多好的望遠鏡也無法看見那時期的光，這也是這期間被稱為黑暗時期的由來。經過 38 萬年，持續膨脹的宇宙開始慢慢降溫，溫度降到絕對溫度 3000K 時，存在於宇宙的粒子這時也開始發生些微的變化，就像水蒸氣溫度下降時會凝結成水一般，運動變慢的電子會被氫或氦原子核抓住，形成氫原子以及些許的氦原子核，呈現電中性。而當物質呈電中性時，原本被侷限的光就因著電子的緣故變為激發態，我們將這光稱為最初的光，並命名為「宇宙微波背景」，之後宇宙維持著一致的密度，後來隨著時間流逝，空間就開始出現極微小的溫度差異，密度也因著這差異而開始改變。在溫度較高的部分產生了重力，物質因而開始聚集，即使被稱作物體，但其實不過是氫和氦原子核。但在此處開始重力收縮，恆星因而誕生。因著溫度上升而導致氫質子彼此對撞，釋放出大量的能量，該現象遵守質能守恆定律（e=mc^2）。四個氫質子結合產生氦原子核，此時氦原子核的質量，比兩個氫質子及兩個中子的加總有些微的損失。其損失的質量轉換為能量釋放出，那強度非常驚人。<u>因此恆星具備了可以自行發光的動能，恆星的</u>

<u>光也逐漸照亮了整個宇宙</u>。大爆炸以後的兩億年間，誕生了許多恆星，甚至足以填滿整個宇宙。

恆星隨著構成的不同，藉著不同的元素發光，質量大的星星原本用氫發光，後來發生核融合後產生了碳、氧、氖、鈉、鎂、矽等比較重的元素，自行調配用為恆星的能量，並且最後將原子序為 26 的鐵作為材料使用，恆星用這麼多種的元素逐漸成長，最終將鐵燃燒殆盡後迎向死亡。若要形成質子數為 26 的鐵，得要經過攝氏 30 億度以上的高溫才行，在這時由於核融合無法再產生更多的能量，在恆星內已經無法形成比鐵更重的元素，因此恆星無法自己進行核融合，無法維持內部的壓力而自行塌縮。<u>這時稱為「超新星爆發」（supernova）。在這時產生的高能量促使原本存於恆星裡的各種元素向內塌縮，有些還原成比鐵元素輕的元素，但也會生成我們熟知的重元素，然而並不是所有的物質都在這時候形成</u>。在超新星爆發後會形成中子星（neutron star）。在超新星爆發的過程中核心開始塌縮，電子與質子結合形成中子後，形成體積極小、密度極大的恆星，這恆星我們稱之中子星，如同方糖那大小的體積，其質量卻重達 10 億公斤以上，這密度令我們難以想像。

當這樣的中子星彼此碰撞時，就會在宇宙間產生巨大的重力波源，這即是重力波。近代我們已經能觀測到重力波的現象，同時也發現到千新星現象（kilonova）。千新星現象是中子星彼此碰撞時周遭產生強烈的波動現象，觀測到重力波證明中子星彼此間的碰撞，也成功循著那起點找到從重金屬所發出的波長，為了在沒有中子的情況下生成比鐵還重的元素，質子克服了電荷斥力與原子核結合，這是相當困難的。大自然在這時使用了中子，中子星彼此的碰撞會供應大量的中子，和原子核結合的中子經過 β 衰變後形成重元素，在這新理論之上，可以說明為何形成原子核的中子在重元素聚集得更多。形成人類文明的鎢、金、白金、鈾、鉛等元素皆是在中子星碰撞的過程中形成的，當然，並非所有的恆星都進入超新星爆發和中子星的階段後迎向終點，我們太陽界裡的太陽是質量較小的恆星，太陽是燃燒氫與氦後成長為白矮星，無法形成重元素而安靜地迎向終點。

因著恆星的死亡而生成的元素散佈在宇宙中，有時會在某處再次聚集形成恆星，也可能形成和地球一樣的行星以及生命體。在不知道這種科學上的事實時，我們看著夜晚的星星並憧憬著另一端的世界，搞不好我們在無意識中，彷彿思念故鄉那般已經知道我們是自然地從星星那邊過來的。

物質對人類的意義是什麼

　　一顆恆星誕生、元素形成後，原本爆發後分散的物質再次聚合。在漫長時間流逝後，又有其他恆星以及如地球般的行星誕生，有一段期間地球非常滾燙，之後海洋中慢慢地出現了生命體，陸地浮上後，人類也出現了。如果將宇宙的年齡 138 億年換算成一年，從 1 月 1 日凌晨 0 時開始發生大爆炸後，到了 12 月 31 日晚上六點才出現人類；而且直到 12 月 31 日晚上 11 點 59 分 49 秒之後，人類才進入使用各類物質發展文明的時期，距今不過西元前 2500 年。在這段期間經歷的過程在進化論當中可以好好說明。**物質對人類開始有意義的期間相當於一年中最後一天最後十秒鐘的期間**。我們要尋找 10 秒鐘期間的意義，所以在那之前的漫長期間暫不提及。

　　物質的真面目，抑或稱呼本質，一直以來是困擾著人類的謎題，而這謎題與創造有所關聯，各地的文明起源也可以從創造的神話中窺知一二。例如在巴比倫中，把神祇代稱為地、水、天、風。**人將所有一切的存在都聯想為神祇，尋找著可以解釋自然界規律的設計者和規則**。我們依循過往的記載，可以追溯到西元前的泰勒斯（Thales），泰勒絲認為水是所有物質的根源，這想法雖然現在聽起來荒謬，但過去的人對於所有物質的根源感到苦惱，如今已透過我們所知的科學事實相通了。

也就是所有物質都起源於某個東西，我們所知的元素也是起源於一顆原子。

「想必在太初有什麼東西出現才構成了這個世界的所有一切」這樣的疑問不斷延續著，有相對的事物改變型態並以不同的方式說明著物質的根源，有時候是空氣，或者是火和土。「世界也許是由濕潤的水、燃燒的火，或是乾燥的土、涼爽的風開始的。」這樣的思維就在人類中發展出來了。

古代的希臘哲學家恩培多克勒（Empedocles）的模型中，所有型態的物質都是由四個基本元素以適當的比例混合形成的。土是冰冷乾燥的、水是冰冷濕潤的、空氣是溫熱濕潤的、火是溫熱乾燥的，他認為該四大基本元素構成了這個世界，但饒富意味的是，恩培多克勒的理論卻不符合 18 世紀時提出的質量守恆定律。他主張四大基本元素在宇宙有一定的存量而不會滅失，性質隨著形態改變，元素必以著物質的型態存在；同時主張各元素以著稱為愛和恨的力量產生引力和斥力，並且元素彼此混合在一起，而這樣的理論時至今日被視為完全

沒有科學依據的主張。不過，雖然現在來看是錯誤的理論，但在當時是合理的論述，在科學上無法證實的理論儘管在當時稱不上是科學，僅僅是思想家的哲學空想、甚至像魔術一般，然而我們仍無法否認這論述，讓我們能一窺在當代是如何解釋自然界。

　　這時出現了讓人類感到混淆的存在，正是真空。物質存在時要處在一個沒有其他物質佔據的空間。為了解釋真空，人們提出了原子的概念。西元前五世紀的原子論，提及了在寬廣的空間中存在著肉眼不可見的粒子，我們看見的或是摸到的所有一切，都是由某些小粒子彼此結合形成的，物質的性質隨著粒子各自的形態和大小而決定，**哲學家留基伯和德謨克利特將這些小粒子稱呼為 atomos，意思是無法再切割為更小單位的存在，而這個就是原子這個單字 atom 的起源。**因此他們提出的真空概念並不是最完美的真空，而是充斥這些小粒子的空間。

　　然而當代最有影響力的哲學家亞里斯多德並不支持這個理論，他雖然認同地上的四大基本元素，不過他又多提出一個元素以解釋宇宙，想必是因為宇宙看似個空曠又虛無的存在，他主張有個既沒有實體也沒有質量的存在，填滿了不含四大基本元素的真空，這正是第五個元素─乙太，真空被乙太所填滿，因此沒有虛無的存在。乙太與其他元素不同，不會彼此結合、

也有特性，單純是填滿空間，他認為乙太就是推動太陽、月亮、行星與星星繞著地球轉動的存在。甚至這主張也在托勒密宇宙模型中出現，地球上有土、水、空氣和火，其他的同心球體則被乙太充斥著，而這樣的元素小說直到十七世紀之前仍然頻繁使用。提出元素週期表的門得列夫曾對居禮夫人說鐳的放射能量是宇宙的乙太。

即便是東方也殊途同歸，在中國的記載，有著金木水火土的五大基本元素作為基礎的五行理論，比較東西方的差異，西方的元素以屬性和特性區分而非以物理上的組成區別；相反的，東方的元素將元素存在的型態稱呼為力量和能量。亞里斯多德的理論當時即使成為主流學說，仍然持續探討物質的起源，為了接近真實而持續探討的過程，然而像是命運開了玩笑般，人類的知識在當時反而是倒退的。

1417 年的冬天，三十後半歲的抄錄家波焦・布拉喬利尼在德國南部發現了古羅馬詩人盧克萊修的哲學詩「物性論」。因為發現了這本書，曾經被基督教教理綑綁的人類思想，以及自由的「黑暗」中古世紀就此落幕，象徵再生的「文藝復興」開始萌芽。現今我們所認定的近代科學家，正是從這個時期開始出現，包括許多的科學根據和科學家也陸續出現。

這麼長的一段期間，人類有探討了哪些呢？四大元素的概念再次被提出，但人類也開始懷疑地球上除了四大元素外，是否有其他的物質存在？同時人類也發現到無法準確掌握到形成物質的四大元素之比例，從而發現到照著既有的四大元素理論說明時，根本無法製出像金一般的物質，因此人類開始尋找合成與改變的根本原理，透過使用土、水、空氣、火的本質改變型態、整頓或變形，藉此製出想要的物質。這目標和煉金術師的目標是一致的。

源自欲望的學問——煉金術

　　有關元素的議題包含在稱為化學的學問領域，儘管在物理學當中以更根本的粒子的角度探討原子、化學中會探討元素的種類和性質，但這樣的分類是現今科學的基準。人類究竟從何時開始認知到元素呢？理想主義和合理主義是西方哲學的開始點，身兼哲學家和數學家的笛卡兒開啟了關鍵濫觴，他提出了直到如今都仍通用的科學方法論，那就是「方法的懷疑」。出自於好奇心的懷疑會將我們導向真理的一方，藉由無止盡的懷疑和提問來追求答案，當找到了再也無法懷疑的端點時，就形成了原則（principle）。

　　即便在人文學、哲學及數學、科學和醫學間彼此交集，學問的界線變得模糊的現代，在人文科學和自然科學遇到共同的課題時，我們仍可以從方法上看見明顯的差異。在自然科學領域上，會基於解決懷疑的方法論進行試驗，試驗的對象是大自然而不是笛卡兒的思考科學模式，特別在化學上更是如此。至少在 18 世紀時還尚未把化學獨立為一個學門。人類發現元素的規律的過程並非只有單一條路線演進，是同時透過數個學問領域靠近，且那在那過程中誕生創立了化學，現在就讓我們來看看歷史的分支吧！

在經手的工作上一旦成功就能享盡富貴榮華，我們會將很會經營事業的人稱作「麥德斯的手」。這句話出自於古希臘－羅馬神話的麥德斯王（Midas），儘管他具有點石成金的能力，但那並非幸運而是不幸的開始，這神話給予我們的訓誨就是黃金等物質的界線。**人對物質是有欲望的，就是不會乾涸的富貴以及永恆的生命**，人類為了掌握這兩者而追求了數千年，在其中就是西方的煉金術 alchemy 以及東方的煉丹術，而可以用尋常可見的鉛製造成黃金的方法就是「賢者之石」，這也正是煉金術的目標。

　　東方的煉丹術也和煉金術相似，但追求的重心在於長生不老，起源於西元前秦始皇渴慕永生不死和長生不老。他使用了水銀去追求這目標，這一點廣為人知，在西方，擁有這般的欲望也不會是例外。伊莉莎白女王的的肖像畫上的雪白臉龐，並不是回春的證據、而是鉛中毒的跡象，在歷史上最早的史詩：巴比倫的吉爾伽美什史詩（Epic of Gilgamesh）上，記載著永生之草，然而這故事僅僅呈現了人類愚昧的界限。

　　為了化學這一學問的發展，所經過的路程正是煉金術，儘管為了創造出黃金而嘗試各式各樣的方式在如今看來既不科學又極其愚昧，但煉金術師無疑是那時代的學者。我們所知的物理學家艾薩克・牛頓 Isaac Newton 也曾經是煉金術士，當然我

起來。後來普利斯特里與拉瓦節某次進行了歷史性的見面，普利斯特里炫耀自己的實驗後拉瓦節就馬上做同樣的實驗，在採納普利斯特里的建議時仍然有疑惑之處還沒解開。從燃素的角度來看，氧化汞加熱時，由於加上了燃素粒子的質量，所以反應完成的水銀質量理當要更大。然而實驗結果卻相反，反而變得更輕。最終他發現到紅色的氧化汞肯

定有什麼物質流出了。拉瓦節認為他發現的東西具有固定的性質，並且是整個物質的根本。

　　想掌握物質的本質的他了解到「物質分解時無法再被切割為其他更簡單物質」的存在，並將其定義為元素。在經過數百次的實驗後提出了以下著名的結論：「有某類的物質既不會消失，也不會增加，所有一切都只是變化罷了。」構成宇宙的粒子並非重新生成或是消失，而僅僅是原本就存在的粒子之間產生化學性的變化，並且同時提出了「質量守恆定律」以及主張物質是由元素結合所組成的分子說。他提出元素論的同時，物理學家也提出了原子說，因此以四元素說和燃素為基礎的煉金

術就此消失。

我們會貶低煉金術只有咒術且愚蠢，是一種虛無飄渺的過程，然而它卻對人類科學的發展有一定的影響。煉金術師們帶給實用化學龐大的進步，他們徹底地研究所有人手能造出的物質，考察出直到今日我們仍在使用的珍貴實驗器具、物質以及實驗方法。

元素週期表的誕生

科學史現在是對的，在當時候有錯誤的一再重演。在反覆失敗找不到答案的過程中，突然就像在類似畫下句點一般，揭開了偉大的真理。元素週期表是在科學家的關卡上，劃時代發現之一，特別元素週期表就像發動戰爭一般，漫長的歷史在對與錯反覆的過程中演進。

<u>當時人類就連原子的根本都不知道，以為組成世界的物質只不過是由許多小元素的集合，帶著對微觀世界的巨大好奇心，開始了「獵取元素」之旅。</u>之所以用獵取這單字描述，是因為在錯和對之間反覆找尋，彷彿一場激烈的競爭，在獵取的過程中，多少有一些科學家參與其中，發表元素的週期表的俄羅斯科學家<u>門得列夫</u>（Dmitri Mendeleev），要是沒有他，化學如今很難躋身於主流科學的行列中。儘管他取得這樣的實績成就，仍無法獲得諾貝爾獎，雖然他在 1906 年被提名為候選人但很惋惜地落選，隔一年與世長辭，諾貝爾獎只頒發給還活著的人，最終他與獲獎擦身而過。

綜觀科學史，在 1860 年代開始，許多事件同時發生，1862 年<u>馬克士威</u>完成了馬克士威電磁方程組，這才讓人瞭解到光也是電磁波的一種，以每秒 30 萬公里的速度行駛，可以

說人類因此體認到，充滿星光的宇宙歷史有多麼巨大，有關原子的真面目和本質，也是由此而起的。在同時期的 1869 年，門得列夫發表了「原子的性質與原子量有相關」論文一文，這論文當時顛覆了大眾以往認識物質源頭的基礎知識，有趣的是，在當時就連原子的真面目其實都不太清楚。不過元素週期表並非完全是門得列夫的作品，元素的週期性在門得列夫以前就有研究了。

德國化學家約翰・德貝萊納在 1829 年提出溴（Br）的性質相似於氯（Cl）和碘（I），接著研究出鍶（Sr）的性質，這個元素的重量介於鈣（Ca）和鋇（Ba）之間，而且化學性質也相似於兩元素的混合物。此外硫（S）的特性和硒（Se）、碲（Te）也很像，他相信有更多元素符合「三元素群組」的特性，也開始探究今日週期表上屬於直向「族」的相關原子團。最初元素週期表的起源是來自「德貝萊納的三元素」，然而三元素群組的研究方向卻出乎意料之外，受到煉金術影響的科學家們沒有想要尋找所有元素的本質，而只鑽研適用於三元素群組的實際案例，相信既有的知識是正確，完全沒想過這方向也許是錯的，甚至在 1859 年法國的尚－巴蒂斯特・杜馬 Jean-Baptiste-André Dumas 主張四元素群組才是對的。

之後在 1862 年法國地質學家尚古爾多阿 Alexander-

Chancourtois 提出了「地質螺旋」的概念，就像沿著在圓柱表面上的螺紋一般，按照元素的原子量大小排列時，落在同一條垂直線上的元素具有相似的屬性。然而他用煉金術描述的屬性理論，讓人們難以理解，加上在當時的科學界講究輩份，化學在物理學和數學底下，而地質學又比化學更下面，也許地質學家的見解就因著輩份的偏見而被排擠和無視。

在隔年的 1863 年，英國化學家約翰‧紐蘭 John Newlands 獨立提出了「元素八音律」，也就是按照元素的原子量遞增順序排列後，會發現每隔八個元素就會出現性質相似的元素，就像音階的八音律一樣，因而得名。然而尷尬的是這規律僅止於鈣元素。因為還不了解元素內的構造，所以此法則不適用於原子量大的元素，直到門得列夫在 1869 年發表了論文，這論文讓以往提出有關「週期性」的既有知識都變成錯誤的，這樣說來門得列夫的主張就是對的了嗎？

他所創立的週期元素表與現今通用的仍有不同之處，直至 1869 年為止，依照科學家的研究所發現的元素僅有 63 個，雖然有性質相似的元素，但沒有任何一個人可以明確整理出來。喜歡玩卡片的門得利夫，在某天將 63 個元素的重量和性質寫在卡片上，整理時發現到在一定的週期裡，可以按照原子量的遞增，排列出具有共同化學性質的元素族群。

門得列夫並不是天才，但個性很堅持，在當時所知的元素中，也有原子量遞增順序不等於週期順序的元素，但他固執地認為元素的原子量測量錯了，自己的週期表才是正確，甚至排列週期表時跳過一部分的元素，一部分留下空格，他預測還有未發現的元素可以填補空格，而鋁（Al）、硼（B）、矽（Si）是在被發現之前就已經有英文名字，但是在門得列夫發表後才發現的 13 族元素鎵（Ga）和 14 族元素鍺（Ge）的性質卻與上述元素完全吻合，在尚未了解原子的面貌前就已經猜測到正解了。

　　正確預測後，他得到了身為科學家的名譽，科學家信任他的元素週期表，並開始尋找可以填補他留下空格的元素。

　　週期元素表在他的發表之後有著顯著的變化、內容也改變了非常多，如果早期的元素週期表是直的，那麼如今的標準元素週期表是橫的。科學家在 40 年當中持續調整元素的位置，修正元素週期表，過程中也發現週期元素表的順序也有和週期不一樣的地方。順序和原子量不同的部分就含糊地用原子序標註後編入，這是因為化學家當時認為原子序只有順序的意涵，還不瞭解真正的意涵，一段時間後物理學家亨利·莫斯利（Henry Moseley）終於找到原子序的意涵，闡明了在週期表中的元素序號並非表示原子量大小，而是表示原子核中的質子數量。

當時學界就連原子論都尚未完全接納，因此不相信這論述的學者也大有人在。但是化學家專注在研究原子之間彼此的鍵結和關係，物理學家則研究原子內部的粒子組成，物理學家進展到量子力學的領域，量子力學的出現將模糊又陳腐的化學拉向物理學的領域，而原本順利發展的門得列夫的原子論就此謝幕，稱物理學的量子力學支配了整個化學也不為過，物理學可說是壓倒性的勝出。**儘管元素週期表被認為是專屬於化學的，然而了解到為什麼這樣分類、為什麼原子之間的鍵結是這樣形成的成因，如果沒有物理學的說明是不可能完成的。**這樣來說，難道門得列夫的理論有錯嗎？他的元素週期表在證明元素的週期性這方面，可說具有重大意義。

科學家幾乎不可能完美證明自己的理論是正確的。因為若想要證明「正確」，唯一的方法就是試過所有證明自己理論是錯誤的方法，但最終全以失敗告終。雖然錯誤的不存在是「正確」，但是錯誤的存在會造成新的「錯誤」。

　　所以在這一點上對與錯的交界很模糊。現在正確、過往卻視為錯誤的說法，以及當年視為正確現在卻是錯的說法似乎一再反覆上演，會隨著我們怎麼看待並解釋而導致意義變得不同，比起像德貝萊納一樣認為三元素組正確無誤，不帶任何懷疑而沒找出「錯誤」，不斷懷疑並拋出問題尋找「錯誤」反而讓我們能因此更接近真實。

為何門得列夫成為了「元素週期表之父」？

　　研究並發表元素週期表的科學家並非只有一兩位。但現今被稱作「元素週期表之父」的人只有門得列夫一人。他提出的週期表，是現今所使用的元素週期表的雛形。究竟他所提出的元素週期表有什麼特別之處嗎？僅是因為他的運氣很好，完善整理前面科學家的研究的因素嗎？他明明完全無法說明他整理的元素週期表裡的元素規則以及週期性的成因，他只是為了維持規則而把尚未發現的元素空格空著。

　　在之後科學家把空著的位置填上了新發現的元素後，發現了元素週期表背後的真正含義。才相信門得列夫的元素週期表顯示了元素性質的根本含義。因著這規則而能預測尚未發現的元素，如此一來他的研究就和困擾以前科學家的方法就有差異了。可以在還無法說明原子帶有性質的情況下，製作出可以預測性質的表，然而這並不是單純的熱情或細心就能做到，這也是門得列夫的元素週期表的另一個價值。

　　他完成元素週期表的動機，以及過程中持續點燃熱情的目標，並不是為了取得諾貝爾這一類的成就，以往的元素分類方式將元素劃分為三個一組或四個一組，然而遺留下來的元素卻總是讓人更加感到混淆。因此他提出元素分類的目標，是為了

讓研究化學的人可以更輕易地去理解元素，而對這目標產生熱情並不是一件容易的事情，也許那祕密是他用盡一生才得以發現。如今我們看到的他的照片上，有著長長的鬍鬚以及穿著破舊的衣服，即使是大科學家也總是搭乘大眾運輸，和平民自由開心地對話。他母親即便在困難環境中，也將他從西伯利亞帶來莫斯科，也許正是他母親帶給他這樣的生活態度吧。

他的母親是個堅強又賢慧的女人，當時的俄羅斯是不讓女性接受教育的，他母親卻自己主動讀書、累積知識，具有積極的態度。從她對門得列夫說過的話，我們可以一窺她的生活態度。「只擔心肉體的部分過生活，真的很愚昧。人的一天中即使只有幾小時，也要有讓靈魂自由的時間。」門得列夫將這句話銘記在心。

門得列夫並不是特別的人，不像一般的科學家，所在的環境也不特別，不對，反而是相當艱困的環境。門得列夫的父親從師範大學畢業後在西伯利亞的小村子裡開始教職生涯，並在那裡結婚生下十四名子女，而門得列夫是么子，儘管家境不富裕仍幸福美滿，但門得列夫出生後，父親因病失明，無法再做教職，家庭因而遇到困境。然而母親經營玻璃工廠來維持生計，並教育子女讓他們具備人生目標，於是他下定決心要將兒子中特別聰慧的門得列夫栽培成科學家。

門得列夫與我們以為的一般天才科學家不同，他不是資優生。雖然他的數學和科學成績很好，但對語言沒有興趣，特別是拉丁文。他討厭拉丁文到高中畢業當天和朋友爬到山上後，把拉丁文書燒掉並說著心情真舒暢。在這樣的情況下他的成績哪會很好呢？可想而知父母親有多操心。但他的家庭在這時又遭遇其他的危機，失明的父親離世，支持家庭唯一生計的玻璃工廠又遭遇祝融，然而門得列夫的母親不因此感到挫折，即使一無所有，仍不放棄子女教育，她清點剩餘的財產後把全家帶到莫斯科，一心想把門得列夫栽培成一名堂堂正正的科學家。

　　即使在莫斯科沒有大學願意收門得列夫，他的母親卻仍不放棄，透過身為教師的丈夫人脈，找到了聖彼得堡的師範大學讓門得列夫入學，不過苦難並沒有就此結束。後來連門得列夫的母親也因病去世，而且變成孤兒的門得列夫自己也染上肺炎重症，性命危殆之際，就像一絲絲的希望也都看不見。但也許是有某種理由支持他更加投入在學業上，也許是門得列夫對於讓他母親感到焦急一事感到愧歉，或是比較晚才在母親的教導下打開了對學問的眼睛投入學業上。從師範大學畢業時很幸運的，他的健康好轉，找到了教職工作，而在經歷幾次的搬遷之際也持續當教師、講師或課外收入維持生計。

　　在如此困難的生活中他非常堅毅，即便他的生活與元素週

期表完全沒有任何關聯，不過在偶然中出現了可以公費留學的幸運機會，他去到德國的海德堡大學讀書。此時是 1859 年，是元素週期表誕生的前十年，當時的他才 25 歲，這時的他對化學產生更大的興趣，對他而言可說是人生的轉捩點，留學時期他有參與學會，當時化學相關學會的主流話題就是新元素的發現。大部分的化學家以元素的質量區分性質，門得列夫卻與學會的成員們想法不同，想出新的點子為元素分類。

結束留學，門得列夫回到祖國後，更投注熱情在學問上，並留下如元素週期表一類的多種成就。他就職技術員和大學教授的期間，對學生就好像對待朋友那般。甚至在學生與政府官員發生衝突事件時，還義無反顧的當學生的辯護人。他如此出於自由意志的行為招人怨恨，甚至連教授的職位都丟了。他對

元素分類帶著使命感，持續研究的動機並非出自於成就，這可以從他製作化學教科書來推測他的理由。

與以往的分類方式不同，他想出將原子量與化學性質排列成立體狀。以往的分類方式是以質量為基準，分成三個一組、四個一組或是八個一組的週期性，因此很難將剩

下的元素進行分類或是查明元素的性質。原本的分類方式十分令人混淆，因此對研讀化學的學生理解元素或研究有機化學時毫無幫助。因此門得列夫將元素分類的目標，放在讓人更容易研究化學。**如果他只以學術論文當作目標的話，我們可能就看不到元素排列的立體全貌，只能追隨著以往的研究，以及如出一轍的同元素共同特徵及關聯性。我們從這點可以看出，門得列夫並非為了學術成就而單單熱愛學術本身。**可稱得上是真正老師的模範。

　　他的元素週期表呈現以下方式：鹼金屬元素代表金屬的性質，鹵素則代表非金屬的性質。在分別代表金屬與非金屬的族群中可以再插入其他的族群，他將元素依照原子量的大小順序自左上角向下排列製成元素表，將已知的性質置入各個元素中，發現同直列的元素具有相似的性質，他並沒有把已經發現的元素硬塞進週期表當中，而是當某個位置沒有適當性質的元素可以填入時，就會留下空位。聽起來有些矛盾，未完成的週期表本身就是完成的。

　　門得列夫預測了未知的元素，而物質具有週期性的事實證實了他的預測，他所預測到的元素中最具代表性的元素之一是帶來電子產業革命的物質─鍺（Ge），當時的名字稱呼為Ekaguso，是矽元素的下面一個元素，他的預測準確到令人訝

異。然而，當時他製作出元素週期表並預測幾個元素的性質，但在當時人們的反應，並未像如今這般的熱烈。在 1860 年代的化學界，要承認他超前時代的思想是極其困難的，那時還是物理學以及原子的面貌才剛揭開的時候，他的想法就像算命仙的預言那般，要被接受是不容易的事情。

　　科學是證明的學問，門得列夫在當時還不能說明自己製作的元素週期表。然而他發表主張在元素的世界中有規則存在，並依據這規則製作出元素週期表，可幫助人們更容易研讀化學，門得列夫直到最後都沒有退縮。**雖然元素週期表經過多次的修訂才演變為現今的版本，不過我們使用的元素週期表是在建立在他設計的基礎之上**。如今化學發展成為一門嚴謹的學問，門得列夫所貢獻的功勞是任誰也無法否認的。

揭開原子的真面目

在瞭解了象徵化學的元素週期表的故事後，突然提到物理學這門學問，多少有一點奇怪，**然而元素週期表並不專屬於化學**。**門得列夫的元素週期表也為如今物理學的架構有不少貢獻，**實際上揭開原子真面目的功勞是歸在物理學上。接下來會提到如今物理學在原子上的發現與化學連結在一起。

門得列夫發表元素週期表的當代，人們還認為物質的最小單位是原子，還不知道實際的狀況。一直到了 19 世紀，儘管化學和物理學都有在研究原子但他們卻是各走各的路。化學家專注在元素的種類與其性質，然而物理學家投入心思在原子這一顆粒子上，也許這就是為何，現今化學專注在以電子觀點說明原子間的鍵結，物理學則投入心力研究原子內構成的理由了。

我們最容易畫出水分子的方式就是將氫原子和氧原子畫成圓圓的撞球形狀，而這方法很適合畫出單獨原子的形狀，即便當時還不了解原子的真面目，也依然很有說服力。1806 年道耳吞提出了撞球模型的「原子說」，但這並不是一個定律而僅為一個假說。理論並不是馬上就能提出，而是要先提出假說並說明符合假說的性質，同時證明假說是否有謬誤，這也是科學

研究的過程，假說得要被證明即便再怎麼研究也沒有謬誤，才能真正成為學說和理論。

如同前面提到的，原子本身從西元前就已被提出，儘管是抽象性的概念但已經有提到物質的起源了，雖然無法認知到實際的樣子，但確實感受到那些物質的存在。**抽象性的原子概念因為是哲學觀點來理解物質與世界觀，所以當時很適合，而道耳吞的「撞球模型」則是將原子概念從哲學領域拉至化學領域，開始能將觀念實際定義出來。**但因為無法測量所以只能停留在「假說」，不過如今看來道耳吞的模型已是相當不錯的假說了。

現在我們來看看假說演變為理論和學說的過程，在物理學領域中再次提出了有關原子的假說，這起始於開始對原子是最小粒子的組成一說感到懷疑。重大里程碑有兩個事件，第一個事件是 1870 年代初期，透過真空管中的高電位差而從電極產生某種物質，正是已經消失的映像管電視曾使用過的陰極射線。陰極射線的另一個名字是克魯克斯管，取自於發明者英國物理學家—克魯克斯，當時還不知道放射出的光束其實是電子，因此稱為陰極線。

第二個事件在 1896 年發生，當時的照片技術是讓照片的

底片感光後形成，某位科學家當時發現鈾礦放在底片上時，底片會自然感光，後來發現原來是因為礦物中的物質具有放射性，這人就是法國物理化學家貝克勒，而放射性數據的單位就是以這科學家的名字命名的。

這兩個事件讓人們開始懷疑先前認為是物質最小單位的原子內是否還有其他物質。科學家肯定不會把這疑惑放著不管，在第一個事件之後接連發生許多事件，1886 年的德國物理學家歐根‧戈爾德斯坦（Eugen Goldstein）發現到陰極射線管理不只會放射出陰極線，還會發射出帶有正電荷的粒子，但這帶有電荷的粒子，從磁場可以捕捉到其運動方向與陰極線相反，這時該粒子就被命名為質子。隔一年，英國的物理學者湯姆森發表陰極線是由帶有負電荷的粒子組成，並測得粒子的質量是氫原子的 2000 分之 1，正確數據則是直到 20 年後才證實是 1,837 分之 1，但也相當接近了。

帶有負電荷的粒子相當穩定，在原子之間很活潑地移動且不會變異，存在於真空或空氣中，這個粒子正是原子。然而在我們尚未知電子的真面目之前，就已經在不知不覺中應用到電子和放射電子的放電現象，在西元前 600 年左右的希臘，人們發現摩擦琥珀時發生的靜電，就將電當作是一種超自然的現象，在之後用萊頓瓶積蓄電力作為電瓶，過去的科學家為了

發現元素而經常使用電解，大部分都使用積蓄在萊頓瓶裡的電力，在萊頓瓶裡的是電子團。因此電子的名稱是來自於琥珀的希臘語「electron」，將基本電子的電荷量測定出來的人是叫做密利根的物理學家，電子的真面目因而逐漸顯露，原子再也不是一個撞球了。

在道耳吞提出撞球假說後隔了將近 100 年的 1897 年，湯姆森發表了新的原子模型，與道耳吞模型差異最大的地方是測定：不再停留在觀念層級，而是呈現在人們的眼前。湯姆森認為原子由帶有正電荷的質子，以及與正電荷和質子差不多大小的負電荷粒子所組成；光滑的撞球內，分別存在著帶有正電荷的質子，以及可以抵消電荷的負電荷粒子。這模型就像有梅子散布在布丁裡，因此又稱為梅子布丁模型（plum pudding）。然而當時尚未有「電子」這名詞，在這之後接續道耳吞研究的科學家才正確算出質量，而原本被稱為梅子的負電荷粒子才被稱為電子。

道耳吞的弟子物理學家歐尼斯特・拉塞福又被稱作「原子核物理學之父」，拉塞福的研究接續貝克勒發現放射線的研究，他利用鈾和鐳這兩種元素含有的高能量來研究原子，像鈾一般質量大且不穩定的元素，要維持原子核很不容易，因此原子核會分裂散出。散出的粒子中帶有正電荷，當原子核內質子

產生的互斥力大於核引力時便會釋放出來，然而因為不了解那粒子的真面目，當時就稱呼他為 α（alpha）粒子，意思是未知的粒子。

　　拉塞福再將放射性元素所釋出的「α 粒子」拿去撞擊其他各種元素，未知的 α 粒子具有穿透物質的性質，如果湯姆森的原子模型是正確的話，α 粒子就會穿過物質，但有極小的機率會反彈偏移，因為 α 粒子是正電荷，所以他提出假說物質內的確有正電荷聚集的現象，也就是揭開了原子核的存在，拉塞福描述這現象為「這就像是朝衛生紙射出一枚砲彈，砲彈卻彈回來一般令人感到衝擊。」

　　撞擊試驗是粒子物理學中很重要的研究方法，應該是研究粒子的唯一方法。如今研究粒子的物理學者也是讓粒子彼此碰撞後研究像碎片般裂開的物質，「大型強子對撞機」就是粒子碰撞的代表性大型實驗設施。拉塞福的試驗並未停步在發現原子核的存在而已。如果粒子彼此碰撞，有時會反彈回來，但有時也會穿透物質而讓原子核粉碎。1920 年發現氫元素在碰撞器中會消耗完後轉變成氮元素以及氧元素，藉由這結果了解到氫原子核是所有原子核的基本，從這時起科學家便把氫原子核稱呼為質子（proton），實驗中使用的 α 粒子是含有 2 顆質子與 2 顆中子的氦原子核。

在這發現之前，英國的另一個物理學家莫里斯研究了用電子撞擊各種元素時放射出的 X 光線強烈能量，他觀察到按照元素種類的不同，會發射出特定的波長，這波長與原子核內的質子數有關聯，當化學家要以元素的重量作為排序基準時，莫里斯卻闡釋原子序的真面目是質子的個數，如果只以原子量的質量作為基準，就會因著即使同一種元素但中子數不同的同位素，導致元素週期表有無法解釋的部分，化學家因著這現象而搞得一頭霧水。如果以原子量大小排序，鎳和鈷彼此就要調換位置，這樣一來，不論直列橫列都對不上定義好的元素性質。化學家因著排序被打亂而自尊心受損，終究在化學界在直列上讓這兩個元素的原子量列為例外，雖然理由不太清楚，但在當時這方法是最先進的了。

託莫里斯的功勞，門得列夫的元素週期表變得更加美麗了，曾經困擾化學家的原子量也顯現出真面目，原子量是標示元素內含有的質子和中子的質量總和。原子量並不是單一原子的實際重量，原子非常的微小，所以將碳原子 1 莫耳等於 6.02×10^{23} 個碳原子質量的 12.01115 克定為原子量 12，以此為基準換算其他元素的相對質量。

相同元素在原子核內的質子數是一樣的，所有氫原子的質子數量都是一個，鈣元素則擁有二十個質子，一般來說中子數

會等於原子核內質子的數量，即使是同種元素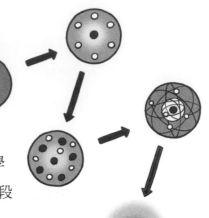
也會有中子數不同的元素存在，但各元
素的性質是不會變的，這是因為中子數
不同，所以同位素的質量也都不同。看
元素週期表時會發現原子量帶有小數點，
這是考量到所有同位素後算出的平均數，而化學
家苦惱已久的原子序就在莫里斯的研究下告一段
落。

　　拉塞福模型中，電子以原子核為中心圍繞運行，就像行星
繞著太陽運轉一樣，直覺上很容易理解。因此這模型在這段期
間備受科學界的寵愛，直到現在也用來描述簡單的原子構造，
然而原子的世界並非這般容易，拉塞福的模型也有無法解釋的
現象。

　　丹麥的物理學家波耳（Neil Bohr）是在英國的曼徹斯特和
拉塞福一起研究的科學家，波耳的原子模型是和拉塞福一起修
正的，稱作拉塞福-波耳模型。波耳懷疑當時的原子模型如果
正確，那麼世界的原子全都會崩解，以原子核為中心加速度轉
動的電子會漸漸失去能量，軌道會減少後讓原子隨之崩壞，因
此進行大幅度的修改是有必要的。波耳主張電子吸收能量後，
會跳到外層的軌道，而當回到內層軌道時原本吸收的能量，

會以光子的光線型態發散。軌道隨著能量的多寡而不同，具有量子化性質，電子在軌道上並非連續性的移動，而是像跳躍一般，消失後又突然出現在其他能量空間中。從此建立了量子力學的概念，也成為量子力學的起點。波耳的模型仍然有無法解釋的部分，這就留待給後人處理。之後索末菲補強了波耳的假說，使其更接近現代的原子模型，但仍無法在古典物理學的領域找到完整的答案。

我們在前面提到「化學是電子的學問」，這是因為電子是元素間彼此鍵結的主角，起源於煉金術的化學注重在元素的鍵結以及元素所具備的性值，結果這一切的疑問都在量子力學中得到解答了。就如同物理學從圍繞在原子的理論戰爭中獲勝一般，然而諷刺的是進入二十世紀後，兩種學問都針對原子這一個目標彼此競爭，似乎想統治對方那般各自建造自己的領域。

化學關注構成物質的原子之組成，物理學則關注原子核的內部構造或固體的特性，兩門學問在各自的領域皆用各自的方式持續理解相同的自然現象，直到今日仍然如此。

化學中的軌域概念可以說是物理學中的電子雲，為了讓元素能穩定鍵結，多個軌域會混合後形成混成軌域，在物理學中稱作疊加現象。半導體、顯示器或最近成為熱門話題的氫能，到頭來都是電子當主角，把範圍擴大時，生物學的反應變化也是與電子有關，因此構成世界的所有事物都是化學反應，同時這些動作的機制即是電子的接收釋出過程。

然而化學直到成為電子的學問之前，可說是相當無趣且只能走在迷霧中。不了解構造就想發掘物質的反應與變化不是件容易的事，分子構造是反應之前的物質就具有固定性質，而物質的合成，是在物理學揭開原子構造並出現分子的概念之前幾乎不可能的，在過往科學家也持續努力發掘。儘管這樣的努力是出自於人類的欲望，但所有科學家共同的目標無非就是要讓所有人過得更好。

化學等同於人類的欲望

　　自從知道了原子的真面目後，追求黃金的煉金術就此落幕，然而追求煉金術的渴望本身並沒有消失。物理學將自然界中不存在的元素製造出後來，填滿了元素週期表 118 個空格；科學家了解越重的原子核，越多質子就會製造出新的元素。當然這需要相當龐大的能量，無法輕易在我們身旁看見，但人們開始模仿了巨大的自然力量。

　　此外拉塞福用 α 粒子破壞氮原子，似乎就表示著可以將質子從原子核中分離出來。我們知道元素裂解時可以再變其他的元素，單純來看，質子數僅差三個就可以從鉛製造成黃金。當然大部分的科學家都知道這種事情在地球上不會輕易發生，因為損失的會比得到的還要多，**但人類仍會持續嘗試。儘管化學與物理學的渴望有些不同，仍沒有放棄對於煉金術的渴望。**也許化學在人類歷史上留下的足跡有多深，人類的渴望也有多大。

　　幾乎沒有人不知道瘧疾。瘧疾是稱為瘧原蟲的寄生蟲透過斑蚊從人類的血液感染，是一種會侵入肝臟並自行繁殖、破壞紅血球的可怕傳染病。儘管瘧疾是一種疾病，但仍讓人聯想到化學，原因是過去為根除瘧疾而使用的鹵素化合物 DDT 會破

壞環境以及食物鏈，但是即便沒有這理由，仍然和化學有很深的緣份。人類的渴望從瘧疾開始，啟動了化學的奇蹟與動力。

時間回到 19 世紀的歐洲，當時帝國主義的先驅國—英國一直擴張海外的領土，英國的殖民地遍布世界各地，獲得了「日不落帝國」的名號。然而阻擋他們侵略印度、東南亞和非洲等熱帶地區的絆腳石正是瘧疾。對於有擴張領土野心的英國而言，治療瘧疾的藥物是必要的，在那不久後發現服用加熱後的金雞納樹樹皮 Cinchona 有治療效果，其內含有預防和治療瘧疾成分的奎寧 Quinine，然後就直接從殖民地運送原料過來了。

但這成分在自然界中非常少，因此又開始產生了渴望：如果把治療瘧疾的藥物量產，就可以賺進大把大把的鈔票。因此英國為了製造藥物而創立了皇家化學學會 Royal College Chemistry。當時的學生中有一個被稱為天才的十八歲青年威廉‧亨利‧珀金 William Henry Perkin，他把柏油 tar 在溶劑 solvent 中加熱後，製造出與金雞納樹中提煉出的化合物，有著相似元素比例的有機化合物，但是這物質並沒有跟奎寧的成分一模一樣，其實當時連這物質是什麼分子都無法正確知道。

當時的化學跟現在有極大的不同，人們當時能做的部分頂

多就是將動植物等生命體或礦物中加熱燃燒，從得到的成果物再純化，以拉瓦節的方式分析其組成成分，就連分子的概念都沒有。因此當時能從金雞納樹以外的其他原料發現瘧疾的藥劑是相當歷史性的事情，也許是偶然中合成出奎寧的成分吧！

不過某天珀金的溶劑用完了，所以改用酒精當作原料，結果觀察到絲綢變成紫色了，美麗的紫色瞬間抓住了他視線，因為這顏色在自然界中相當難以取得，就算有也很難取出，在無意中找到染料的製造方法，自此他開始有了野心。當時的維多利亞女王喜歡紫色，因此讓他野心大起，他收起金雞納樹治療藥的研究改成立公司，在染料事業上突飛猛進。維多莉亞女王也變成了顧客，也因此他一夜致富。這個紫色有機染料被稱為苯胺紫 perkin mauveine。這染料在當時非常有人氣，當時英國把紫色稱呼為 mauveine 而不是為 purple，足見此單字的火紅程度，真不一般。

英國許多的化學家看到珀金的成功，了解到人造化合物轉換成金錢的潛力，這事件成為化工產業的先驅，讓歐洲各國紛紛群起效法。我們所知的歐洲藥廠或化學公司大部分都在這時候創立的，當時的化學還沒像物理學有系統理論或方程

式支持，僅使用在動植物獲得的有機物進行試誤實驗。我們所知的大部分藥劑都是這樣製成的。阿斯匹靈是從柳樹中萃取的成分開始的，當時在一間名為拜耳的公司合成乙醯柳酸，但是當時的化學實驗水準僅停留在觀察表面的階段，這情況在發展有機化學的方面是個界線。瘧疾藥劑依然無法合成，人類也無法掌握分子，乍看之下和煉金術截然不同的有機化學卻在 100 年當中原地踏步，直到 20 世紀中半期才出現龐大的變化。

美國哈佛大學勞勃‧伯恩斯‧伍華德教授（Robert Burns Woodward）將化學界一直以來的心願——奎寧分子合成出來了，這成就不僅單純只是合成瘧疾藥劑而已，在這之後開始了能自由掌握分子的有機化學，當然都是在物理學的基礎之上才能說明原子的細部構造，並且在量子力學的完備下，才能幫助他們瞭解物理化學上的特性，此時只要是想得到的任何分子，人類都可以製造出來。將大自然龐大的能量模仿出來的有機化學讓人類開始有了野心，新的物質尼龍的出現創造出不存在於自然界的塑膠，同時化學也往製藥產業的方向發展了。

例如紫杉醇分子，它是一種從加州的杉樹樹皮上萃取出的治療癌症藥物成分，杉樹是地球上生長速度最慢的植物，1 毫升的紫杉醇就需要好幾棵杉樹，然而在化學的發展之下得以合成這分子，並帶給許多人益處。現在我們正使用的大部分有

機化合物，以及成藥都是在不到一百年的短暫期間內研發出來的。如果沒有化學，人類和自然都將面臨龐大的困難，但如若沒有人類的渴望，化學也許可能就會緩慢發展，甚至被侷限在物理學所主張的還原論當中。

　　回顧化學的歷史，我們現在知道支配了數千年的煉金術控制著人類的欲望，儘管也具有探究物質起源的科學精神，不過在能延續並維持煉金術，對知識的好奇心之下是人類的欲望。大自然是無人可匹敵的泰斗，而人類擁有可以精巧地改變大自然所創造的分子結構可說是祝福。因為這是延長人類壽命的最新藥劑，也可以是能大量生產製造的新材料，並帶給人財富。**當然，人類的科學技術，並不是都能輕易將所有一切製造出帶來益處的事物。最近化學物質帶來的危害，是大眾所關心的議題，會有帶給人類和大自然危害的可能性。但很顯然的是，我們仍必須要透過化學來解決我們正面臨的問題。**如果因為害怕化學物質而對化學敬而遠之，那麼原本可以解決的問題也會無法阻擋，只會不斷的斷續擴散。

2

元素週期表
的構築美學

原子被區別為元素的原因

「人類生存時最重要的物質是什麼呢?」如果提出這樣的問題,得到最多的回答應該是「空氣」、「鹽」以及「水」。空氣中含有 78%的氮,但不影響人體的呼吸,因此我們在這裡談論的空氣是指佔有大氣成分中 21%的氧,事實上探討呼吸時所提到的氧元素是由兩個氧原子所組成的氧分子(O_2),我們透過呼吸所吸收的氧,會與血液中的血紅蛋白結合後,再透過血管運輸到我們身體的每個角落,以維持生命機能正常運作。

食鹽是由鈉原子(Na)和氯原子(Cl)以離子鍵結合的分子(NaCl),是人體必需的礦物質,人體內的血管和細胞的鹽分濃度不到 1%,但扮演著幫助身體吸收營養、血壓調節及保持體液平衡的必要角色。水是由 1 顆氧原子以及 2 顆氫原子所結合的分子 H_2O。水的重要性不言可諭。不僅人需要水,植物行光合作用時也需要水,是所有生命不可或缺的物質。當然特定的物質若是過量也會有害,但適量時任誰也不會覺得這三種物質對人體有害。這三種物質的化學性質適用於人的生理活動。<u>但有趣的是如果將分子分離並視為一個個原子來看,狀況就會截然不同。</u>

單獨的一顆氧原子是有毒性的,就連世界上最堅硬的鑽石

也可以使其消失，而人會老化也是因為細胞氧化後的結果，活性氧為其主要原因，氫也會使金屬腐蝕，鈉原子與氯原子是毒性更高的。我們在日常生活中不太有機會接觸到由鈉原子構成的金屬，通常化學實驗室裡會儲存在石油或苯溶液，鈉金屬本身就像一個炸藥，一碰到水就會像爆炸一樣反應。

氯氣是二次世界大戰中德國納粹屠殺猶太人時所使用的化學氣體，但並不是所有以原子型態存在的物質都具危險性。我們所知的物質大多是分子，且隨著人類文明發達時逐漸適應，所以很多都是安全的。但如果是以原子型態存在，就不會是我們所熟悉的物質，而會是其他性質。每個元素都具有不同性質，原子是構成物質的最小單位，但為何元素會有不同的性質呢？另外不同的性質是如何產生的呢？

原子的真面目有很大的一部分已經在物理學中被闡明，讓我們看看在發現當時的早期歷史，也要把前面所留下的疑問解開。不過在那之前我想要探討原子的構造，如此一來我們得要先把我們已知的原子這基礎粒子再剖開。其實這領域是屬於粒子物理學的範疇，元素的誕生與呈現的性質皆與這些微小粒子有關。

　　在物理學中的粒子標準模型大致上可分為夸克、輕子、純量玻色子以及規範玻色子。物理學將組成自然界的物質剖開後發現了十二種最基本的粒子，分別為六種夸克以及六種輕子。構成原子核的質子和中子是由夸克所組成，幾個夸克就像組成積木那般組成質子和中子，並且在這些粒子中有四個彼此交互作用的媒介粒子，我們定義為規範玻色子。夸克或輕子會在玻色子彼此交換的過程中產生「力」，因此這玻色子我們稱為媒介粒子。

　　舉例來說，電磁力是稱為光子的粒子，重力是由稱為重力的粒子作為媒介。從這裡找到了最後的第十七顆粒子—希格斯玻色子。2013 年諾貝爾物理學獎，頒發給預測希格斯粒子存在的科學家。希格斯粒子是規範玻色子的一種，粒子的重量會取決於和希格斯粒子相互作用的程度，這 17 個粒子組成了世界所有物質並形成運作世界的力量。

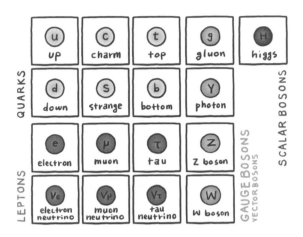

Standard Model of Elementary Particles

　　儘管不會仔細說明原子的標準模型，不會提到原子核本身是如何運作的。但我們會提到原子是以這類基本粒子作為材料來形成的，核的內部結構在物理學中闡述更恰當，與元素週期表有關的原子核，只需提到質子與中子就很足夠，現在還剩下輕子的真面目沒有提到，它就是電子。

　　原子核的重量會決定原子量並區別元素，但並不是因為組成原子核的質子與中子的質量，而產生像鈉那樣爆炸或是像氯氣那樣傷害人體，因此不能單純只以原子核來定義原子的化學性質。當然原子量或質子數可以區別出不同的元素，然而我們無法從原子的質量與化學性質之間，看出是否有直接關聯。既然如此，我們就可以推測出決定元素性質的另有其者，那就是

輕子，也就是電子。

　　元素的性質是與質子數相等的電子，按照能階從內向外填滿原子核周圍的一定空間後，再由遺留在最外層的電子決定，這電子我們稱作「價電子」。人體會以散布在最外層的軌道價電子來判斷進入體內的元素，例如水銀（Hg）會循著鋅（Zn）的路徑被人體吸收；如果不想讓銫（Cs）累積在體內，鉀（K）就要足夠。這意思是指，我們身體無法區別上述兩類型的元素，仔細看就會發現水銀和鋅、以及鉀和銫這兩組在元素週期表當中是同一列的族，而在元素週期表中同列的元素，其價電子數相等。**這時我們可以定義元素的性質是以電子作為定義，電子以某種粒子存在於原子核的周圍，所以它決定了原子的性質嗎？**

　　電子不管在哪裡都還是電子，電子在物理學定義為已經沒有更小單位的輕子粒子。不過真的沒有更小的嗎？我們先假設電子由更小的粒子組成，如此一來，就應該要有組合為不同型態的電子出現，但這樣機率幾乎是零。因此直到如今電子都被視為無法再切割的單位，就算有更小的粒子，但都在屬於輕子的電子範疇中，所以都視為電子，意思是即便電子之間有不同之處但仍無法區別出來，彼此無法區別、沒有其他構造的論述在現今來說是最恰當的。

電子既是粒子但同時也具有波動性，波動是被侷限在原子一般的狹小且固定的空間時所產生的特定振動。因此只存在特定的波長和振動數。有趣的是，如果實際解開原子內電子的方程式，就會得到電子具有定值的能量的結論，當然這已經在實驗中得到驗證。在原子內生成了能容納電子的特定能階，在階層之間的中間值不會帶有特定的能量，我們稱之為量子化，量子並不是連續性的而是跳躍性的存在。

如果我們沒有解開方程式，真正的理解量子論，想必會產生某些疑問，電子具有特定的能量圍繞在原子核的周邊，這部分我們不難理解，可以想像像重元素一類的電子在增加的同時，能量階層就會像洋蔥圈那般形成電子存在的圓形軌道空間。這樣的原子只有電子個數不同，都具有相似的球型個體，這就是波耳的原子論，經典量子論的極限，因此阿諾・索末菲修正了波耳的原子論模型，他主張電子增加的同時，電子活動的空間模樣也會變得不一樣。

雖然為了持續瞭解電子的位置而努力卻仍然有界限。儘管當今人類具有先進的測量技術和數學可以推算出電子的位置，然而精確來說，仍無法準確得知電子的位置，只能知道電子出現在那位置上的機率。這句話等同於家長不清楚在上學的孩子正確的位置一樣。在上學的孩子可能在運動場、可能在教室，

也可能身體不舒服去保健室。頂多知道孩子在學校教室內的機率比較高。因此就算在休息時間去一趟學校外的超商，在科學上會忽略這部分的，因為機率太低的關係。

　　即使電子位置可以被推測或觀察到，然而如今依然用機率來表現的原因是什麼呢？這時我們就要提到量子力學的不確定性原理了。德國理論物理學家海森堡所提出的這概念，並不是說「沒辦法確定」，而是雖然觀察了「存在物的分佈但無法確定出來」，這概念在埃爾溫‧薛丁格的方程式中呈現出來，可以說明某個存在物的機率分佈。在宏觀世界中測定方法的代表就是光，藉由光子撞擊觀測物時產生的光，可以確認觀測物的存在與資訊。雖然雷達測速照相的光，照到行駛在道路上的汽車時速度不會改變，但如果在原子大小的世界，用光子撞擊電子就會擾亂電子的運動量，這是因為電子小到就連一個光子也能影響的程度。

　　換句話說，在觀測的那一瞬間的位置，不會知道動量如何變化，這是因為在微觀世界中，測量觀測物的行為會影響電子的位置和速度的關係。海森堡放棄了精確的位置和運動量，考量了不精確的程度後，發現到不精確的程度與位置、速度兩者呈現反比關係，位置波函數的大小，可以說明粒子出現的機率是高是低，當然也可以轉換成動量波函數，然而如果定義為動

量分布的波函數，相反的粒子的位置分布就會變得模糊，兩者在同一個函數中呈現反比關係，因此無法同時決定兩個因素。

這時我們可以得到一個結論：<u>電子所處的位置，是在不清楚與速度有關連的動量之情形下的機率分佈，因此在原子核周圍發現的機率是許多位置的集合，這位置的集合就像雲一般所以又被稱為電子雲</u>。在闡明原子構造的物理學領域中，為了描述電子和原子核之間的電磁力，而說原子大部分是空曠的區域，但嚴格上來說這並不是事實。電子並非像太陽和行星那般，運行在保持一定距離的軌道上，而是出現在原子內部任何可能的地方，但並不是電子所在之處，用填滿原子內部的雲來呈現，就表示在原子核周圍有白色的雲圍繞，這就很像電風扇轉動時不會看見扇葉，而是看到扇葉運轉空間的模糊軌跡一樣，電子雲中厚的雲層是表示電子出現的機率較高的區域。

電子同時具有粒子與波動性，波動性是要在像原子般的狹小空間時才會呈現一定的振動，對在原子裡的電子解波動方程式的話，就會得到電子具有特定的能量，<u>波耳 Niels Bohr</u> 透過試驗闡明了能階的存在，原子內的電子就像洋蔥皮一樣有特定的能階存在，電子不能在階層之間具有對應的能量，而是必須進行量子化，但越是重元素，電子會越多，而電子具有電荷因此在周圍會產生電場。電子間產生電場時電子就會與電場產生

交互作用，也會和其他電子以及原子核交互作用。

　　最後電子就會和原子內所有的粒子交互作用而混合，產生量子力學效應，這效應的結果即是每個電子所存在機率的空間型態都不同，依照機率分佈，各個電子有 90% 以上機會出現的不同雲就是軌域，化學家依據各種雲的模樣依序命名為 s、p、d、f 軌域，每個電子都具有特定的能量，並各自存在於稱為軌域的空間。

　　基本粒子中玻色子以外的，如夸克和輕子一類組成物質的所有粒子都稱為費米子。**包立定義基本粒子的費米子彼此無法區別，並且任兩顆粒子不能共存於一種狀態，這定義就是包立不相容原理**。這句話意思是電子是屬於輕子所以無法分辨，因此形成一種狀態的軌域裡只會有一顆電子，如果電子的負電荷像太陽的行星般繞著原子核運轉，想必就會產生磁力，但是如果電子像電子雲那樣，瞬間出現又消失的機率型態來存在，就會很明顯沒有磁力。不過即使是只以機率型態出現的電子雲也仍然具有磁力，電子儘管沒有轉動，卻好像具有轉動的角動量一般使人產生錯

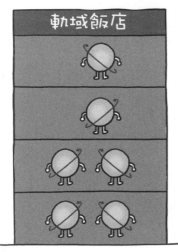

覺，這個稱為自旋，是電子唯一具有的性質（自旋 spin 是持續旋轉的英文）。

自旋是從電子測量到的動量，滿足描述實際空間旋轉運動的角動量，以及交換關係，因此用旋轉一詞來表達，但一般看不到它實際上的旋轉，現在再來套用看看包立的不相容原理，如果現在將電子所存在的能量空間軌域視為一種事件或狀態，那麼最多可以有兩個彼此不同自旋的電子填入軌域，所以可以得到一個結論：原子內的電子會隨著能量階層、同時是電子軌道的角動量、方向和自旋等四個條件，會使電子彼此相互作用，進而處在，可以維持自己存在的特定能量條件上的位置，因此軌域的形狀會由本身來決定。

原子中的電子再怎麼多，當有其他的原子或分子接近時，也不會接觸到所有的電子，靠近原子核的電子會緊緊貼在原子內部而無法接觸，被強正電荷抓住的電子不會和原子核碰撞，而是會藉由電磁力進行接近光速的運動，並同時依照狹義相對論，內部的電子被賦予質量後會比外層的電子更重。結果可以轉移的外層電子可以參與化學鍵結，並決定元素的化學特性，這電子稱為「價電子」。原子內電子的位置完全適用量子力學和包立不相容原理，這法則算是解釋組成世上的物質如何生成的了。

質子的增加會使原子核變重，而增多的電子會使原子內的粒子受到電磁力的影響，決定電子自己存在空間的分佈，並且形成固定的性質，這就是原子區別為元素的理由。<u>人類瞭解了依照量子力學計算出的軌域構造，以及電子的位置，因此可以隨心所欲操控原子和分子，也能合成不存在於自然界中的新物質，化學是電子的學問，這是因為知道電子在哪位置的關係。</u>

　　元素週期表正是整理，依照上述原理出現的元素之週期性。元素週期表是在化學家尚不了解元素的身分時就完成的，但隨著物理學的發現，如今的版本，也扮演了呈現電子位置的美麗圖表。

每次看到洋蔥都會想到的電子組態規則

我們藉由測不準原則、波函數、包立不相容原理以及自旋來了解，電子是如何形成軌域並待在原子核周圍的位置，也解釋了原子是如何被區分為不同元素。嚴格來說，電子並不是進入預先準備的空間，用電子雲來描述的軌域，是電子出現位置機率的結果。配置好位置的電子軌道由於測不準原理，所以定義為模糊的電子雲，為了區別出包立和索末菲既有的固定軌道 orbit 而稱呼它為軌域 orbital。因此電子每當增加一顆，就會和相異的質子以及具有同樣電荷的電子，彼此影響後找到各自存在的空間，因此軌域的模樣各有不同。

因此為了區分不同的軌域而為它們命名，有球形狀的 s 軌域以及呈現啞鈴模樣的 p 軌域，另外也有像幾個啞鈴綁成不同方向，呈現風車或攤開的幸運草葉子形狀的 d 與 f 軌域，他們各自的名稱是 sharp、principle、diffuse、fundamental 的量子。這些用語源自光譜學，是依據金屬元素的譜線波峰外觀而命名，如今只在量子作為記號，光譜學在當時是唯一可以觀察原子內部的工具。

一個元素有幾個質子，就會有同樣數量的電子，那些電子彼此所處的空間都不一樣。電子生成不同型態的軌域，當電子

數增多時會彼此影響，進而使混合軌域又形成不同的形狀。有時也會把空間讓給其他電子，或是先佔據好的空間，原子鍵結形成分子時，空間會更複雜地混合，形成完全不同的樣子，這個就是混成軌域，也是在物理學所提到的重疊概念。

　　尼斯‧波耳在軌域概念出現之前，就在思考原子的部分，他提出假說：如果當時的原子模型是正確的，那麼世界所有的原子必定會崩潰，因此他提到說以原子核為中心，進行加速度運轉的電子會失去能量，軌道逐漸縮短，最後原子會崩潰。因此他提出電子並不是自由地在原子核周圍繞行，而是像洋蔥圈那般一層一層，形成電子存在的空間。波耳為了證明他的假說而確認氫的譜線，結果發現氫原子的電子，只會發射或吸收特定波長的能量，在這事實根據下證明了假說，他將電子視為一種古典粒子來說明。

　　然而這個假說只能解釋在氫原子而已，比氫元素重的原子因為電子增多了，電子彼此產生斥力，所以產生了抵消原子核與電子間部分引力的「屏蔽效應」（screening effect）。因此就和波耳的理論相互矛盾。事實上在發現電子存在之前，荷蘭的物理學家彼得‧塞曼就無法解釋他所發現的效應，這效應是元素的光譜受到外磁場影響而分裂的現象，德國的物理學家阿諾‧索末菲 Arnold Jommerfled 試圖用波耳的模型解釋塞曼

效應。他認為是因為，遠離原子核的電子跟原子核之間的吸引力變弱，所以沒有呈現洋蔥皮的模型，而是呈現不同型態的軌道。實際上太陽系行星的運動規則不是圓形，而是橢圓繞行的情形非常多，因此索末菲的解釋很快就被接受，說不定他是從解釋天體運動的開普勒那裡得到提示的吧！他認為如果相同軌道的總和是相同的話，也可能會具有不同模樣的軌道，這模型就被稱為波耳─索末菲模型，然而這模型仍無法解釋電子的自旋原理。

最後這問題在德布羅益的電子波動性中得到解答，接著薛丁格、斯通納（Stoner）、包立他們經過十年的研究後解開了電子為什麼那樣運動？為什麼存在於一定空間的疑問。儘管波耳的原子模型失去了可行性，但如今仍有其用之處，就是電子層的概念。

事實上電子層的概念與軌域混合在一起，在化學本身被視為困難的問題，但只要理解這概念，就會發現化學也可以很親近，與軌域的概念很相近，但稍微有些不同。例如在機場入境時必經的紅外線熱像儀會顯示特殊的畫面，它的畫面會將區分人的眼睛、鼻子、嘴巴的輪廓打散，僅以多種顏色顯示人體散發的熱量，直覺上我們輕易理解顯示紅色的是高溫，顯示藍色的則是低溫。就像這樣，軌域與電子殼層可以比喻為實體照片

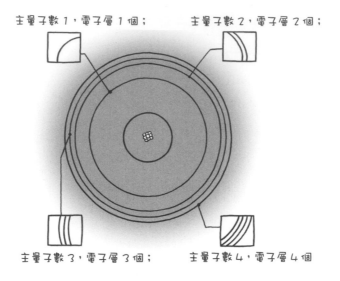

主量子數 1，電子層 1 個；　　　　主量子數 2，電子層 2 個；

主量子數 3，電子層 3 個；　　　　主量子數 4，電子層 4 個

與紅外線的關係，其實是描述同一個事物，但如果以實際空間與能量觀點區分，就可以用粒子的觀點來看透，因此洋蔥層可以說是好像以熱像儀來透視原子的情況。

　　您只需要準備一個東西就可以理解殼層的概念，就是一個殼層的眼鏡，軌域是描繪電子實際上存在空間的電子雲。現在戴上眼鏡的話，原子核周圍的雲會消失，而是看見可以呈現電子所在的能量空間的洋蔥層，事實上殼層的形狀並不是像洋蔥表層，而是為了讓我們容易理解，以能量為基準區隔出的假想空間，量子化的能量大小幾乎不存在，就像可以用洋蔥表皮代替一般。

波耳只能實驗到，具有圓形軌域的氫原子發射出的電子能量，只能認為這就是實際的位置，以電子只有 1 顆的原子作為實驗對象，所以實際的軌域和能量空間是圓球形，這時就很容易產生確認偏差。因此我們為了可以理解殼層，現在先忘記軌域的各種模型，如同熱像儀那般，戴上看得見能量的眼鏡來看洋蔥狀的原子。

電子位在原子核周圍的殼層上，殼層中有大的殼層並且在裡面另外有小的殼層。我們經常稱為副殼層的的這層算是電子實際上存在的空間分佈，這副殼層可以對應到軌域，如今電子層會滿足某種規則來填滿電子。

能量殼層有白己的名字，從最靠近原子核的內部開始依序稱為 K、L、M、N、O、P 層，之所以字母表從 K 起頭是有個出乎意料的由來，是從殼層 shell 的希臘語 kelyfos 的字首來開始，事實上用高能量的電子撞擊原子時，原子會發出 X 射線，發現這事實之後，人們開始思考是否有能量更強的 X 射線，所以把 K 型態的 X 射線作為基準。原本打算如果有更高的 X 射線出現就從往字母表的前面命名為 J 到 A，不過直到如今原子發出的最高能量的 X 射線還是維持在 K，這殼層稱為主殼層或是副主殼層，在主殼層依照量子力學以自然數 1、2、3、4 來標示。

各個主殼層裡有最多可以填入的電子數。在 K 殼層可以填入 2 個，L 殼層可以填入 8 個，M 殼層可以填入 18 個，N 殼層可以填入 32 個。越是靠外部的殼層可以填入越多電子，電子會從靠近原子核的內部開始填滿。現代標準元素週期表上高低不一的排列是以波耳的電子殼層為基礎排列出來的，波耳考量電子數、電子的離子態能量以及原子半徑後修正為現今的元素週期表，將元素週期表上橫向原子個數加總後就可以發現，總和與量子力學所定義的電子數是一致的，儘管第三週期的元素個數總和是 8 個，但 M 殼層不只包含第 3 週期，它涵蓋第 4 週期後再進入過渡金屬的階段。

　　在原先波耳的電子軌道上，新增概念的波耳—索末菲模型中，他們認為同一種主量子數上存在數種模樣的軌道，並將可以區分為給予依自然數排列的角量子數 azimuthal quantum number 的電子殼層稱為副殼層。這副殼層另外命名為 s、p、d、f，這正好就是和軌域對應到的名稱，副殼層實際上是以三維空間中的方向定義的，具有數種模樣。舉 p 副殼層為例，它具有三種方向，所以會以三種軌域存在。該方向定義為整數，即為磁量子數 magnetic quantum number。索末非如此以波耳的模型為基礎，提出了三個條件來解釋塞曼效應，這理論雖然接近了原子的真實面目，但還是不夠讓人滿意。

在波耳─索末菲模型基礎上修正後的現代週期元素表中，直列的各位置，可以對應到原子的電子軌道的主量子數，橫列則可以表示軌道上的電子個數。這理論解決了直到當時仍無法解釋的許多難題，然而還是遺留了幾個問題，觀察在各軌道上最多可容納的電子數，會發現呈現 2、8、8、18、18、32、32 的規則，要說明這規則相當困難，另外塞曼效應之後，在其他重元素的光譜實驗中，會有因磁場而使譜線更發散的情況，也很難解釋偶數譜線的現象。自然界為什麼總是與這些數字這麼緊密呢？

古典物理定律無法解釋的部分仍需透過物理學家解釋，這起始於物理學家斯通納（Stoner）提出在波耳─索末菲理論中出現的主量子數、副量子數、磁量子數三個自然數總和的兩倍，等於元素週期表中橫列的電子數。事實上包立從這理論中得到提示，並發現依照波耳─索末菲理論中的每個軌域，都可以填入兩顆電子。在理論上應存在比 f 軌域更大的副殼層，但人類目前發現的元素中尚未發現含有超過 f 副殼層的元素，往後如果發現第 118 號以上的元素想必就會使用到 g 軌域了。在理論上也應會有 P 殼層以上的主殼層，並且越靠近原子核的殼層就越穩定，電子具有的能量也越低；離原子越遠的主殼層就會有越多的副殼層。例如在 K 殼層就只會有 s 副殼層，L 殼層會有 s、p 副殼層，在 M 殼層會有 s、p、d 副殼層，在 n 殼層

則會多出 f 殼層，現在我們為了區分同時在同一個元素中出現的同一殼層而命名，稱呼為 1s、2s、3s，前面的數字代表主量子數，因此電子用主量子數與副殼層來標註自己所在的軌域名稱。

就如同主殼層一樣，副殼層也有固定的電子顆數，s 副殼層有 2 顆，p 副殼層有 6 顆，d 副殼層有 10 顆，f 殼層有 14 顆，在主殼層的電子數，等於屬於主殼層中的副殼層的電子數總和，每個副殼層與原子核之間的距離都不同，左圖呈現主殼層和副殼層與原子核的距離，這距離可能是實際電子與原子核的距離，但不見得就是這樣。電子與原子核之間的引力大小會決定彼此的距離，這樣說明就更容易理解，就如同在人際關係裡會隨著物理上的距離以及內心的距離般看不見的力量來決定友情的程度。

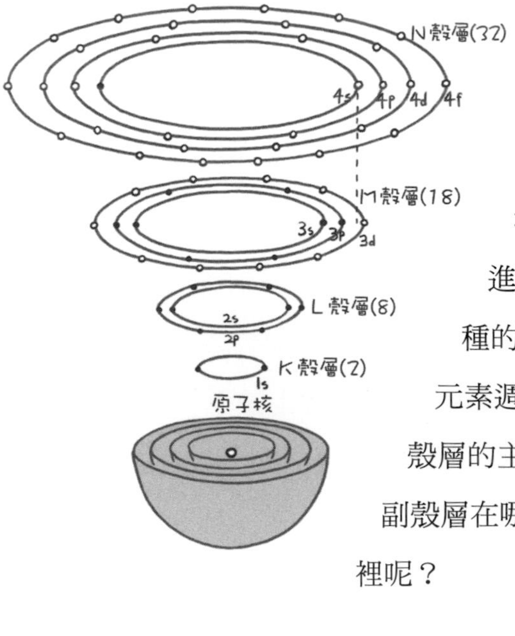

電子配置的基本規則，是從靠近原子核的主殼層中的副殼層開始填滿，副殼層填滿後就會開始繼續填進下一個主殼層，如果瞭解元素具備哪種的殼層，就可以預想到電子的排列。在元素週期表中橫列的週期所代表的數字是主殼層的主量子數，不過在元素週期表中看不到副殼層在哪裡，副殼層究竟在元素週期表中的哪裡呢？

電子組態的週期表機制

　　<u>元素週期表是按照原子量或質子數排列，但仔細觀察就會發現表中的排列中含有電子殼層和電子組態的原理，這原理正是元素週期表的機制。</u>如今我們要啟動這樣的機制，現在倒轉時間想像回到宇宙生成的當時。我們追溯到元素週期表中最上面第一週期的氫元素（H）和些微的氦氣（He）生成的那時候。氫原子分別有一顆質子和電子，電子會出現在最靠近原子核的主殼層 K 的 s 副殼層，由於不受到其他電子的影響干擾，所以電子組態沒有那麼困難。

　　有 2 顆質子的氦原子有兩顆電子。第二顆電子位在球狀的 s 副殼層並讓原子呈現中性。一個軌域根據自旋和包粒不相容原則會填入兩個原了。現在 s 副殼層不會再填入其他電子了。由於電子殼層位在主量子數或稱作能量基準（n）為 1 的 K 殼層中，所以加上副殼層的名稱標示為 1s，氫原子只有一顆電子所以電子組態就加上殼層位置標示為 $1s^1$，氦原子有兩顆電子所以標示為 $1s^2$，我們就這樣標註原子內電子位置的所在地址。

　　現在請想像一下星星正在生成且形成鋰，當然實際上並不是這兩個元素會合成鋰，但為了方便理解，我們增加一顆一顆

的質子和電子，現在第三顆電子需要新的空間，因為 s 副殼層只能容納兩顆電子，並且在主殼層 K 當中只有 s 層，所以需要下一個主殼層。現在就輪到主殼層 L 和副殼層 s 出場，與原子核距離較遠的能量基準（n）是 2，所以現在就是 2s 的軌域，可以填入第三顆電子了，我們將鋰的電子組態標註為 $1s^2 2s^1$，就像這樣我們可以把元素週期表第二週期元素中，從鋰到氖的八顆電子填入相同的主殼層。

直到四顆電子為止都是填入 1s 和 2s，但從含有五顆電子的硼（B）開始就需要 s 副殼層以外的新的副殼層了，p 副殼層是啞鈴狀，我們會想到 p 殼層也是軌域，適用於包立的不相容原則，p 軌域最多也是只能填入兩顆電子，而 L 殼層可以最多填入八顆電子，所以直到碳（C）為止填滿了 K 殼層和 L 殼層的 s 與 p 軌域，那麼有四個電子以上的氮（N），第七顆之後的電子該要去哪裡呢？

並不是下一個副殼層的 d 軌域，其實 p 軌域並不是只有一個，而是還有兩個軌域，所以 L 殼層中的 p 副殼層共有三個 p 軌域，這理論從波耳─索末菲的理論中出發，依據量子力學的波函數闡明因著啞鈴狀的 p 軌域方向而有三個軌域，這個就是前面所提的磁量子數會呈現軌道角動量的方向，藉此決定軌域的數量和方向。這裡要注意一點，並不是因為 p 軌域有 3 個軌

域、總共可以填入六個電子，不同自旋的一對電子就會按照軌域的順序填入排列，六顆電子首先在三個軌域中會各填入一顆電子，之後不同自旋的電子再配對成一組電子填滿軌域，這部分在過渡金屬時會仔細說明。

到現在已經學到主量子數、副量子數以及磁量子數了，那麼最後還要再加上一個，那就是包立所定義的自旋量子數。所謂的自旋量子數是用自然數代稱電子的自旋動量來區別電子，在相同狀態下存在兩個事件，因此每個軌域都可以填滿兩顆電子，只要有這四個資訊所組成的地址，就可以定位電子在原子的所在。

到目前為止，我們已經知道第二週期最後一個元素氖的電子組態是 $1s^2 2s^2 2p^6$，現在我們要不要再看下一個元素呢？第二層的電子殼層 L 殼層全部填滿後，從原子序 11 的鈉 Na 開始要進入第三個主殼層了，第三個 M 殼層有三個副殼層，並且有一個 s 軌域、三個 p 軌域以及五個 d 軌域，而每個軌域可以填入兩顆電子，軌域一共有九個，所以 M 殼層總共可以填滿十八個電了，下一個 N 殼層中含有新的 f 軌域七個，因此光是 f 副殼層，就可以填滿 14 顆電子，N 殼層總共可以填入 32 顆電子。

現在我們可以知道電子組態的確存在某種規則，因此鈉

的電子組態是 $1s^2 2s^2 2p^6 3s^1$，我們很容易就猜出下一個元素鎂（Mg）是 $1s^2 2s^2 2p^6 3s^2$，由於在氖之前的電子組態都是固定的，所以為了容易標記而寫為 $[Ne]3s^2$，直到氬為止會寫成 $[Ne]3s^2 sp^6$。不過為了理解電子組態，都可以這樣計算嗎？直到第二十個元素之前都算簡單，所以可以計算出或推算出，甚至有人是背起來的，<u>然而要把 118 個元素全部推算出或背下來是非常不容易的，但是不用擔心，因為仔細看元素週期表就會發現即使不用計算也可以一看就知道電子組態。</u>

這樣一來在元素週期表中，藏有什麼關於電子殼層和電子組態的訊息呢？看現代的元素週期表會發現就好像建築物一樣，但這並不是說像大樓一樣四角形，而是參差不齊，看起來似乎像是沒整理過的樣子，但是形成這模樣是有嚴謹的理由，因為其中包含了電子組態的關係。元素週期表現在跟下方的圖一樣，並且為各區域命名，命名為與副殼層一樣的 s、p、d、f。其中有兩個例外：最右上方的氦是包含在 s 區域中；另外我們將從上而下的橫列標註主量子數後，會發現 d 區域不是從主量子數 n＝4 開始，而是 n＝3 開始。這理由我們在後面的過渡金屬時會仔細說明。

現在我們都已經準備好開始玩遊戲了，觀察在各區域橫列上的元素，會發現 s 區域有兩個，p 區域有六個，d 區域有十

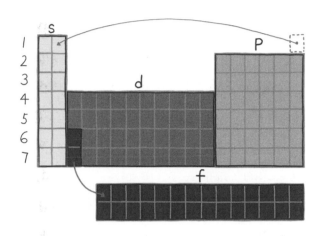

個，f 區域有十四個元素。這些數字有在前面提到，所以可以認出副殼層已經融入元素週期表裡面了，現在我們隨便找出一個元素來排出它的電子組態，這就像是我們看著捷運路線圖來做一樣，就像先確定目的地後，再來看我們過幾站後要換車一般，我們看著元素的地圖來轉彎就可以，只要好好記錄前往目的地時經過的元素順序即可。

　　要不要查一下離氫有一段距離的原子序 32 的鍺（Ge）的電子組態呢？讓我們從原子序 1 的位置開始順著原子序搭乘捷運前往目的地——鍺吧。經過 1s 的氫（H）、1s2 的氦（He）後換到 2s 區域，經過鋰（Li）和鈹（Be）之後記錄為 $1s^22s^2$，之後換到 2p 區域，經過六個電子後記錄為 $1s^22s^22p^6$，現在已經一口氣來到原子序 10 的氖（Ne）了，要換到原子序 11 的鈉的話就要再換到 3s 區域，經過 3s 再經過六個 3p 元素的話就

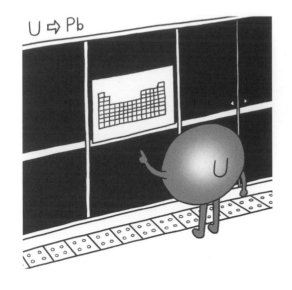

U ⇨ Pb

會抵達 18 氬（Ar），這時已經記錄到 $1s^2 2s^2 2p^6 3s^2 3p^6$。如果現在再抵達到鈣（Ca），其電子組態就會是 $1s^2 2s^2 2p^6 3s^2 3p^6 4s^2$。

然而從原子序 21 開始就進入新的 3d 區域了。儘管看元素週期表應該是 4d，但在前面我們提到例外是 d 區域不是從主量子數 n＝4 開始，而是 n＝3 開始。如果照著洋蔥殼層規則走，原子序 21 的 Sc 應該是 $1s^2 2s^2 2p^6 3s^2 3p^6 3d^3$，照理說應該是要先把 M 殼層的 3d 副殼層 10 個空軌域全部填滿後再到 N 殼層的 4s 才對，但這部分是例外。在能量基準中，4s 比 3d 更靠近原子核的關係，因此 4s 會比 3d 更深入內部，這個我們稱之為「返回」，是相當麻煩的部分，連門得列夫也不例外。但我們不用擔心，現代元素週期表已經包含返回規則來呈現電子組態了，所以從鉀（K）開始先把靠外的主殼層 4s 填滿後，再降一個階層到 d 區域填滿靠內的主殼層，結果鈧就標註成 $1s^2 2s^2 2p^6 3s^2 3p^6 3d^1 4s^2$，3d 區域可以填滿十顆電子，3d 區域最後一個原子序 30 的鋅（Zn）的原子基態電子組態為 $1s^2 2s^2 2p^6 3s^2 3p^6 3d^{10} 4s^2$，現在我們前往目的地——鍺的原子基態電子組態為 $1s^2 2s^2 2p^6 3s^2 3p^6 3d^{10} 4s^2 4p^2$。

就像這樣，元素週期表中隱含電子殼層和電子組態的資訊，在這裡重要的並不是正確找出了電子組態，而是我們了解到元素週期表中蘊含這樣的資訊。在 20 世紀時人們揭開了原子的構造，也了解到元素的化學性質是被電子影響而不是原子量。電子殼層中可填入的電子數量是固定的，如果從內往外依序填入電子，當然也有填滿電子殼層的元素，但也會發現有元素多出電子而無法填滿電子殼層。這就是最外殼層的電子會與其他元素反應的原因，較裡面的電子無法接觸到其他元素，最後是由最外層的電子個數來決定化學性質。化學反應是取決於原子之間的外層電子彼此如何交互影響，這說明了為何最外殼層全部填滿的原子不容易反應的理由。

　　製作元素週期表的門得列夫，算是在不清楚原子的構造下仍能正確排列原子，看每個元素的基態電子組態就會知道質子數越多，電子數也越多。元素週期表中，把最外層的電子數相同的元素放在同一直列，稱呼為「族」。門得列夫僅僅因為化學性質相似而把元素分類為不同族，並沒有計算到外層電子數，但結果就把留在殼層外的電子數相同的元素就排在一起。如今我們知道電子是決定化學性質的重要因素。那麼他的元素週期表是運氣好的果結果嗎？即使他不了解明顯的原因，但因為仔細的分析結果，所以也能得到同樣的解答。

元素的性質由剩餘的電子決定

　　我們是如何知道，電子是決定元素化學性質的重要要素呢？現在我們來打開元素週期表，看最左排直列的元素會發現氫、鋰、鈉、鉀、銫。這些元素我們稱為 1 族，氫以外的元素，我們分類為「鹼金屬」，氫是屬於非金屬的所以排除在這裡之外，它們共同的特徵是所有元素外層電子殼層中只有一顆電子。

　　跳過氫之後的第一個元素鋰主要應用在電池上，使用在可以反覆充放電的充電電池上的鋰，在最近因可以做為電動車電池的原料而受到矚目。電的流動是因電荷有在流動。正電荷的流動可稱為電流。在電池中作為電極的物質需要能釋放電子才合適。鋰很容易釋放一顆電子而形成 Li^+。

　　前面有提到鈉金屬會與水劇烈反應而爆炸，我們來仔細觀察其中的過程，兩個鈉原子與兩個水分子結合時，會釋放出電子而形成鈉離子 Na^+。水分子接受電子後，分解成氫氧離子 OH^- 以及氫分子，其中氫氧離子會與鈉離子結合為兩個氫氧化鈉 $NaOH$，這時產生的氫分子 H_2 與空氣中的氧分子反應，就會冒出激烈火花。

為什麼鋰和鈉會釋放電子呢？鋰的電子數很少，殼層也很少，所以我們用鈉當作例子，原子序 11 的鈉帶有 11 顆電子，我們知道在基態電子組態是 $1s^2 2s^2 2p^6 3s^1$，屬於最外層殼層的 M 殼層中在 s 副殼層有一顆電子，在鈉原子 M 殼層中的電子會釋放出來，內層的 L 殼層就會變成最外面的殼層，這 L 殼層就全部填滿了八顆電子。

這時變成的鈉離子外觀看起來就像很穩定的元素氖，當然和氖原子比較時，因為質子比電子還多所以是帶正電，因此在這狀態下的原子我們會稱作陽離子。相反的，也有沒有釋放出電子而是獲取電子，得以填滿最外層殼，因此電子數比質子數多的陰離子，這是元素週期表右側與 1 族相反方向的非金屬元素具有的機制。這兩種離子型態並不是電中性，但從粒子觀點來看這比殼層沒有填滿的原子更加穩定。原本應該是電中性的狀態下比較穩定，但奇怪的是在離子態更穩定，那麼所謂的穩定原子是什麼意思呢？

P92 事實上還不太清楚是原子為了變得穩定而釋出或接收電子，還是電子處理後才變得穩定。穩定這單字在字典上的意思是「沒有改變、維持同樣的狀態」，在化學中的意思是「不會反應或反應的速度很慢」。在這定義下，我們看元素週期表最右邊的 18 族元素，就可以輕易知道所謂穩定的意思是什

麼，也就是氦（He）、氖（Ne）、氬（Ar）、氪（Kr）、氙（Xe）等元素所屬的直列。

這些元素最大的特徵，就是它們並沒有和其他元素結合形成分子，也不會釋出或得到電子而變為離子態，簡單來說就是它們不會改變原子的狀態，也幾乎不會和其他物質反應，這麼看來就會發現大部分的原子都是獨自存在，當然較輕的元素會以氣態存在，我們會稱呼這類元素為「惰性氣體」，這類單原子不太會反應所以看起來沒有用處，因為大部分使用的物質多是由原子或分子結合形成的化合物。

但是大自然不會生成不必要的物質，18 族惰性氣體所具有的獨特性質也帶給我們許多幫助，那性質就是「穩定」。自愛迪生發明燈泡後直到交棒給 led 燈為止，白熾燈泡帶給了人類光明，在這燈泡中填入了氬氣。白熾燈泡使用燈絲，當電流經過時鎢元素的自由電子彼此碰撞散射，使能量以光和熱的型態發出。如果在燈泡內含有氧氣和氮氣等其他氣體就會和鎢反應而影響到燈絲，儘管如此但要是抽掉燈泡內的空氣就會無法承受外部的大氣壓力，因此填入氬氣可以保護燈絲不與其他物質反應也能維持內部氣壓。

穩定一詞可以用不太會反應的描述來形容，那麼我們就要思考原子的反應是什麼意思。事實上化學中的所有反應反應都是電子的轉移，一種交易的過程，我們知道轉移的中心必須要有電子才行，如果沒有可以轉移接收的對象，就無法接收但還是可以釋出，所以，即使沒有交易對象也可以自行成為離子，在 1 族或 2 族常常具有離子化的傾向，並且大部分的金屬都以離子態存在是因為外層電子是 1~2 顆的緣故，在外殼層的電子數少的時候，比起獲得電子來填滿不足的電子數，拋棄為數不多的電子是更容易的。

　　<u>化學性質是最後反應的結果，並且也使用在與其他外層電子數不同的元素反應時的狀況，結果我們瞭解到外層的電子數相同的元素可以進行相似的反應。</u>同族元素彼此的電子數不一樣、大小和質量也完全不一樣，但化學性質卻相似，我們可以理解到這是因為最外層的電子數的緣故，終究除了質子數量以外，電子也在元素的類型扮演重要的角色。

為何週期表上面的元素那麼少

　　我們看科學上使用圖表工具，水平線與垂直線在二維中排列，在每一行和每一列，內都含有我們要知道的資訊。典型的就是「粒子標準模型」。是由物理學中屬於基本粒子的夸克、輕子、規範玻色子與純量玻色子所組成的美麗表格，屬於純量玻色子的希格斯粒子比較晚才發現，也脫離了既有視角的框架，撇除偏移位置的部分後，整理出簡潔又容易理解的表格。

　　<u>但是現代的標準元素週期表，並不是像標準模型一樣井井有序，而是看似不規則狀的建築物，</u>在建築中的元素都有各自的房間，水平線與垂直線似乎蘊含些意義，但並沒有像棋盤上的格線這樣平均，而是有高有低，甚至有向外延伸的部分。元素週期表就像分別有本館與分館的建築物一樣，建築物裡的每個房間都有編號，氫和氦所在的 1、2 號房間看起來彷彿最高層、視野最好的空中別墅那般特別，並且越往下面，編碼就越大，特別編號較大的分館是最近蓋的，乍看之下，以為會看到這段期間另一個偉大的發現，完全無法參透大自然這偉大設計者既奧妙又幾何學的機制，結果卻反而只看到那時斑駁拼貼、漫無目的擴建的建築物一樣。

　　但形狀並不重要，重要的是每個房間的位置，因此是位置決定元素的命運。各個元素按照原子序的順序來看時，元素週期表下方的分館建築物是可以塞進本館的，本館向左右擴展，按照順序填入時自然就會水平左右延伸，**多數是勉強的，但現代元素週期表的樣子就像英國倫敦的西敏宮，英國現在將其做為國會議堂。**這建築物是在 1045 年開始施工，並在 1860 年幾乎完工，被列入世界文化遺產，現代的元素週期表歷經相當久的時間，在反覆的錯誤與正確中逐漸完成，與西敏宮以及經歷悠久歲月而累積的歷史，與元素週期表相當相似。再加上完成的時期與元素週期表的誕生時間相當接近，富有饒味。

　　但是當我們看接連原子序，而水平延伸的元素週期表時會產生一個疑問。中間是空的，上方的元素很少，是什麼原因呢？如果有好好看前面的故事就可以猜得出來，因為原子的電

子組態原理隱藏在元素週期表當中的關係，可以填入主殼層和副殼層，這兩種電子殼層裡的電子個數是固定的，離原子核越遠的主殼層就有越多的電子，因此電子殼層的電子數也會變多，這麼一來元素週期表就像金字塔一樣往下列出了，因為離得越遠，電子會增加的關係。然而上面中間凹陷挖空的原因是什麼呢？

我們依照前面瞭解的電子軌道規則將電子排入殼層中，如果元素只到氬氣，那麼元素週期表的粒子標準模型就會一模一樣了。**如果組成這世界的元素只有這些，化學就不會那麼困難，也許我們該怪為什麼星星要把化學弄得那麼困難**，因為星星產生了比氬氣更重的元素，氬的下一個元素鉀開始就脫離了電子殼層規則的關係。

事實上這些規則的確是依據量子力學決定的，然而如果將元素週期表投影到空間中，就會感覺到可惜的地方，現在我們來看鉀的電子會去到哪個殼層吧！鉀在填滿 K 層和 L 層，也填滿 M 層的 s 副殼層和 p 副殼層後，應該要填滿 3d。原本 M 殼層有三個副殼層：3s、3p、3d。這樣一來按照電子殼層的能量階層，鉀的電子組態應該就是 $[\text{Ne}]3s^23p^63d^1$。

然而鉀的電子殼層是顛倒過來開始填滿的，按照規則的話應該要先把所有內層都填滿後再到下一層才對，不過鉀的電子

在填滿 M 殼層的 3d 之前，會先填入下一層的 N 殼層，甚至 M 殼層的 3d 副殼層十個電子空殼層，連一個也不會填入。結果電子組態就變為[Ne]3s^{2}3p^{6}4s^1。理由是 M 殼層有和一部分 N 殼層的能量階層重疊，而重疊後的 N 殼層的 4s 副殼層比 M 殼層的 3d 副殼層更靠近原子核，所以包含鉀以後的元素，會先填滿 N 殼層的 4s 副殼層後，再往回填入 M 殼層的 3d 層。

因為有這樣「回填」的因素，元素週期表第四週期的元素，比第三週期更多，第四週期元素中把 3d 副殼層全部填滿的元素中，都會先把外層的 N 殼層的 4s 副殼層填滿一兩顆電子，這樣的元素有十個，過渡金屬就是因此產生的，具有自由電子的金屬大部分都屬於這區域，電子副殼層離原子核很近的意義，是能量很低而很穩定。因此即使內殼層有提供電子進入的空位，外層主殼層與原子核更靠近，所以會先進入穩定的副殼層。

這現象超越了週期的限制，在主殼層 N、O、P 的 3 族到 12 族之間反覆出現，現在雖然我們從量子力學可以知道，電子組態為何這樣排列，但過去「回填」的問題一直讓門得列夫百思不得其解，這樣現象也是組成副殼的球狀 s 軌域所擁有的特權。結果導致了現代元素週期表的過渡金屬、鑭系金屬和錒系金屬會回填，插入元素週期表的中間，佔據了水平排列的位置，完成了如今下方元素比上方元素更多的形狀。

原子量為什麼取中間值

現在我們越來越熟悉質子和中子聚集組成原子核，和質子數量相等的電子在原子核的周圍，中子不帶有電荷，所以即使說明到離子這塊，也不太能感覺到中子的存在。只有大約提及到中子數和質子數量相當，大部分對原子的說明，都是提到組成要素的三種粒子以及數量的共通性，如果說有例外，那大概就是氫元素的原子核，可以在沒有中子與電子的情形下，以氫質子的型態存在，因此有時質子可以表示為氫的原子核。現在我們知道了原子的成員那麼就來看看原子的質量吧，儘管電子的質量是小到幾乎沒有的程度，但三種粒子都還是有各自的質量。

這樣一來我們就可以計算整個原子的質量，將組成原子的各個粒子質量加總起來就能得到，當然數量增加時原子的質量也會增加，不過起初在探討原子時並不了解質量，科學史也可以說是測量史，更縝密的測量會可以帶給我們新的視野和知識。過去想要直接測量原子的質量是不可能的事情，所以過往的科學家連原子的真面目都不明白，僅能從原子的物理化學性質區分元素而已，例如硬度、水的比重、燃燒時的焰色、化學反應的相似性等。

儘管化學家很難實際上測量質量，但並沒有完全排除質量的概念，將性質相似的元素分組排成一列，分別測量出元素固定的重量，因此能以原子量為基礎編號原子序，製作出與週期性有關聯的元素週期表，儘管後來物理學家發現原子序並不是以質量排列，而是由質子數決定，但化學家研究質量也不全然毫無意義，一般都認為在 16 世紀後半由拉瓦節的實驗獲得證據，他測量化學反應中的反應物與生成物的質量差異，儘管並不是測量單獨原子的質量，他透過計算反應物和生成物的相對體積和質量，打算藉此找出元素的資訊，也就是相對於物質的本質。

　　接續了這努力，路易‧普勞斯特提出了「定比定律」，這發表變成了拉瓦節發展元素概念的提示，也讓道耳吞提出了具代表性意義的原子說。一開始就連道耳吞都以為水的分子式是氫與氧結合形成的「HO」。因為還不了解氫分子的存在所以這是當然的結果。他們提出的分子式或測量的質量雖然如今來看是錯誤的，但認為元素是由不同質量的原子所構成的，不論是道耳吞或拉瓦節的探測方法本身正確的。這就是一個成就，儘管還無法正確說明分子結構但已經能測量質量，而且能完全排除當時支配化學界已久的非科學概念—燃素了。

　　現在我們很精確知道組成原子的所有粒子的質量了，

質子的質量是 1.672621×10^{-27} 公克重，中子比質子重 0.002306×10^{-27} 公克重，這重量輕到很難用其他更重的東西來表現，在數學中這數字是有意義的，但在日常生活中將其視為 0 也不會有影響，然而電子比它們還要更小，電子的質量是質子的 1837 之 1，為 0.000911×10^{-27} 公克重。電子和質子質量的比例在過去七十年當中沒有改變，所以被視為自然基本常數，電子的質量幾乎可以忽略，質子和中子的質量視為幾乎一樣也不奇怪，**這麼一來被區分為元素的原子質量就是由質子與中子決定，**而元素由質子數決定，所以特定元素的質量用乘法就能容易算出。

不過雖然知道了單一原子的質量，但數值實在太小所以需要其他的方法，要計算的對象如果數字太大或值太小，就會用 log 函數換算將數字縮小或把數值擴大，較有利於計算。結果就將 1 莫耳的原子歸類為元素，由 6.02×10^{23} 個碳原子集合成的 12.01115 公克定義為原子量 12，其餘的元素就換算出相對的量。碳的質子有 6 顆，中子有 6 顆，因此用質子一莫耳的質量來表示 1。

現在使用的原子量是「國際純粹與應用物理學聯合會 IUPAP」，以及「國際純粹與應用化學聯合會 IUPAC」在，1961 年發表統一的原子量，並被國際原子能委員會所採用，

原子量沒有另外的單位，成為標準的數值本身就扮演單位的角色了。不過並不是一開始就用碳作為標準，道耳吞接續著拉瓦節以及班雅明的傳統將氫的原子量定為 1。道耳吞主張依據拉瓦節的實驗結果顯示，水是由 85% 的氧以及 15% 的氫所組成，所以氧的原子量會是 5.66。因為他認為水的分子式是 HO，所以當時這樣是正確的，以氫原子的質量 1 作為基準，以比率換算求得氧氣的質量。

不過即使我們現在知道水的氫原子有兩個，和現在的氧的原子量 16 仍有差異。結果拉瓦節的實驗並沒有那麼準確。當然透過道耳吞的實驗，更接近氫與氧的比例 1:8 的近似值。法國化學家給呂薩克發現了氣體反應的定律，也發現氫氣與氧氣的體積比例是 2:1 後提出了分子概念。模糊的分子概念由亞佛加厥創立，接著坎尼扎羅說明水的氫原子有兩顆，就此氧的原子量就訂為 16 了，之後的科學家們持續調整基準，瑞典科學家貝吉里斯將氧的原子量定為 100，其他的元素就按比例呈現。隨著測量更加精確，比利時的斯塔斯將氧的原子量重新修訂為 16，之後的科學界就此定為原子量的基準，然而這與物理學者發生了歧異，在自然出現的氧元素質量參差不一。

怎麼會每次測量質量時都不一樣呢？我們實際來看現代的元素週期表會發現，原子量並不是全剛好都是整數，即便有小

<u>數點的差異但也不是粒子倍數的差異。</u>為什麼會有這樣的差異呢？對於原子量不規則的疑問從英國化學家弗雷德里克・蘇迪（Frederick Soddy）後逐漸解開。他發現重原子核不穩定後衰變而形成不同質量的元素。分裂出來的元素明明是已經知道的元素但原子量卻和預期的不一樣。因此他發表了即便是同種元素但會有不同質量的存在。他將這類元素稱為「同位素」isotope。"isos"源自於希臘的相同，"topos"意思為場所。同位素意思是在元素週期表同樣位置，但質量卻彼此不同的元素。直到這時也僅僅只發現物理性質的不同，但謎底仍尚未解開。後來在 20 世紀初在物理學中知道原子核是由質子與中子組成後才知道同位素就是源自於中子數的差異。在自然界中存在的元素中有一定比例是同位素。<u>不同種類的同位素以一定比例存在，考慮其自然界含有比率後計算出質量的平均值，就此</u>

就成為我們在元素週期表上看到的原子量了。每個元素其同位素的種類也不同，含有比例也不同，所以原子量小數點以下也然不會一樣。最受這問題困擾的人就是門得列夫。他認為原子序越大應該原子量也要越大，然而元素週期表中卻有四處原子序較大，但原子量反而更小的情況。氬和鉀作為例子，明明鉀的質子多出一顆然而氬更重，這種反差是由於同位素的緣故，同位素當中如果中子數變多，就會發生這樣情況。

直到二十世紀初才揭開了質子與中子的存在，不瞭解那存在的門得列夫，原本以為按照原子量順序排列，元素會是正確的，然而若是這樣做，就會脫離規定元素性質的直列了，因此堅持在自己製作的元素週期表中比起原子量，更要優先以元素的性質作為基準，因此他認為偏離這規則的元素原子量是測量錯誤的，一再要求重新測量。

即使將氧氣定為原子量的基準，仍然接連有問題。因為在氧氣中有很多同位素，如果將化學家的標準套入物理學當中，就應該要乘以一定的比率來調整。但兩個學問計算出的原子量卻不一樣，終究因為在這上面的不方便，需要單一標準而在1961 年以最常見的碳-12（^{12}C）作為基準，也就是六個質子與六個中子組成的碳同位素，這基準滿足了兩門學問的需求，只有 0.004％的極小差異，因此直到如今都在使用。

週期表直的、橫的差在哪

　　我們知道元素是依照電子來區別，並且具相似化學性質的元素，歸類在元素週期表中直線上。週期性是橫向的，不過在橫向看到的週期性，僅僅是與物理特徵的原子大小及質量很相似，**但我們說元素很相似並不是說大小或質量，而是指元素具有的性質很相似**。我們在直列上按不同性質取了名字，不過在取名之前，我們將元素依照特性大致以幾項標準分類，第一個就是先區分為典型元素以及過渡元素。

　　先前有用英國的西敏宮比喻元素週期表，建築物有著象徵英國的鐘樓─大笨鐘 bigben，並且在鐘樓的另一側也能看到高聳的建物，這就是英國的參議院大樓。我們看元素週期表時就會發現它類似建築物在兩側有著像柱子般的部分，1 到 2 族就像鐘塔，而 13 到 18 族則像參議院，這兩個區塊就是我們所知元素的週期性是典型反覆地出現，所以稱為典型元素。電子組態中最外層殼層為 s 軌域或 p 軌域的元素屬於這類，因為原子只使用電子進行化學反應，所以同族元素的性質雷同，即使與其他族元素的大小與質量相似，也能藉由性質明確區分出來。

　　然而排列在元素週期表中心附近的 3 族到 12 族反而是橫行的性質相似而不是直列相似，這區塊就像英國參議院中的低

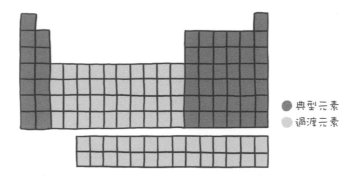

●典型元素
○過渡元素

矮建物，也很難找到像典型元素中直列線的特性，因此使用創立元素週期表一開始時，帶有連結 1 族及 7 族元素含義的「過渡」一詞。這痕跡直到現在都還留在元素週期表中，過渡元素大部分是金屬元素，所以又稱為過渡金屬，其元素的電子組態大多會填滿 d 與 f 軌域。

還有另一個分類是金屬與非金屬。已經有這麼多分類卻又分為金屬非金屬是因為 75%都是金屬的關係，我們提到金屬就會先想到堅硬的、有光澤的、具延展性也能導電的物質，然而金屬也有柔軟又呈現液態的，金屬主要就是在建築物的鐘塔以及參議院那部分，並且也有介於金屬性質與非金屬性質的類金屬。

非金屬在參議院建築物中呈斜的排列，沿著斜邊框的為硼、矽、鍺、砷、和銻、碲，金屬其中的一項特性就是導電

性，非金屬的導電性並沒有很好，這樣一來在邊界的非金屬導電性就介於中間，這意思並不是介於「有」與「沒有」的中間、或是微弱的意思，意思是外界狀況可以作為導體或絕緣體，因此該準金屬物質作為半導體材料。

如果要另外區別，那就是以物質的狀態作區分，這標準儘管在所有元素的性質，都知道後就只是一個共通的性質，但在以往這是最能一眼看出的性質，那就是物質的狀態，可以分為固體、液體以及氣體。事實上大部分元素在常溫下都是固體，常溫下為固體的元素只有汞和溴這兩種，並且在右側參議院裡的非金屬元素裡除了碳磷硫硒碘是固體外，其餘大多是氣體，最右側的 18 族元素都是氣體，因為結構很穩定所以不太會反應，以單一元素存在的情形很多的緣故，所以元素的發現也變慢了。

在這裡我們會發現在同一直列上會有同時包含固體、液體以及氣體元素的族，就是 17 族。氟氯是氣體，溴是液體，並且碘和砈是固體，在這裡原子越重就越會以固體存在，但為何最後的砈並不是固體呢？其實這並不是指不是固體，正確的表達是「不確定」，砈是 17 族中最重的元素，目前推測其物理性質與鉛相似，這元素實際上並不存在於自然界中，而是在粒子加速器中讓元素彼此碰撞而人為生成的元素，生成的元素非

常不穩定所以一合成就會馬上分裂，這未知的元素主要在第七週期，這也是我們還無法找到第七週期以後的元素的原因。

　　在這裡用建築物比喻為元素週期表的理由，是因為要說明排列在元素週期表裡的元素性質的關係，這些性質不能單用原子序就能全部背下，但都整理好後有條理地呈現在元素週期表中，因此元素在元素週期表中的位置相當重要，套入建築物時就會很容易聯想到元素週期表的結構，也會覺得元素週期表更加友善，元素週期表裡除了金屬、非金屬、典型元素和過渡元素以外，還有一些區分元素的分類名稱。這名字按照元素的性質而制定，看到不同的直列有不同的名稱，就會想到這可能與電子組態的外層電子有關，這是因為原子的性質與外層的價電子有關。

3

元素週期表
的豪宅住戶

極易反應的鹼金族

鋰（Li）、鈉（Na）、鉀（K）、銣（Rb）、銫（Cs）、鍅（Fr）

元素週期表的左側和中央大多是金屬元素，其中最左邊的直列是除了非金屬元素以外的特殊元素，我們稱呼這些金屬為鹼金族。在這裡我們稍微看一下氫，氫的最外殼層 s 軌域有一顆電子，但由於 s 軌域可以填入兩顆電子，所以還少一顆電子，所以氫可以在 1 族也可以在 17 族。實際上陽離子和陰離子可以結合成鹽類或金屬化合物，氫則同時具有兩種性質，如果光看氫的氣態會覺得放在 17 族更適當，但在低溫與高壓環境氫也會以金屬型態存在，實際上木星和土星等氣體行星內部，是金屬態的氫而不是氣態氫，足以說服我們把它放在 1 族。

我們再回到這族為何叫做「鹼」，這根源來自於阿拉伯，阿拉伯文明比我們想像中還更科學，這燦爛的文明傳播到歐洲和亞洲，阿拉伯語的 "al" 表示物質，"kali" 意思是灰燼。阿拉伯人將植物燃燒後剩餘的灰燼稱為鹼，其中大部分的組成是碳酸鉀 K_2CO_3 和碳酸鈉 Na_2CO_3，之後從草木灰中萃取出的物質和相似成分都統一稱作鹼，大多容易反應，也具有強鹼性，我們熟知的氫氧化鈉也是這一類的物質。

草灰水就像現煮咖啡一樣燃燒稻草桿或乾燥草後剩下的草木灰用麻布當作濾器過濾出的水，在草木灰中的鈉與鉀等鹼性離子溶在水裡後形成強鹼溶液，從數千年前就用在陶瓷器乳膠或染色，氫氧化鈉（原字為洋草灰水）顧名思義是來自西方的草灰水，這物質如果與油脂反應就會進行水解而產生肥皂。強鹼物質就連蛋白質也能溶解，我們的身體是由蛋白質與脂肪所組成，要是喝了這物質就會有可怕的後果。

鹼金屬是金屬中反應性非常強的元素的集合，金屬最普遍的反應是和氧結合的氧化，因此會生鏽腐蝕，通常金屬會從表面開始慢慢氧化，鐵會慢慢氧化、鏽蝕漸漸變大，氧化鐵一旦像傷口癒合後痂皮脫落般脫落，內裡的鐵就會繼續鏽蝕，到最後鐵就會消失，<u>然而也有像鋁般瞬間就氧化的物質，鋁的表面瞬間氧化時就會產生肉眼看不見的輕薄氧化膜隔絕外界，所以內部不會再被氧化</u>，所以我們才會知道鋁不會生鏽。

然而鹼金屬比其他金屬更活潑，因為會快速和空氣中的氧氣結合而立刻失去金屬的光澤，特別與水的反應更是激烈，會與空氣中的水分或水產生爆炸般的反應，鋰離子電子裡的鋰作為電極，電池表面密封以避免空氣進入，鋰離子電池膨脹或爆炸的事件大部

分是由於鋰電池密封有缺陷，讓鋰接觸到空氣中的水蒸氣後產生氫氣而導致膨脹或爆炸。因此不管是鋰或鈉、鉀的金屬塊都要放在石油內保存以隔絕空氣，不過較重的鹼金屬銣或銫的活性更強，所以要放在完全真空的容器裡保管。

它們大多為固態，但並不像一般常見的金屬那麼堅硬，而是如橡膠般柔軟，鋰或鈉可以用刀切開。鹼金屬柔軟且氧化後會失去光澤，用刀剖開後的切面雖然會呈現金屬原有的光澤，但過了沒多久又會氧化而失去光澤，因為有這樣特性所以在自然界中尚未發現純粹的鹼金屬元素，鹼金屬中最大的元素是鍅（Fr），是由好幾種元素彼此撞擊下的人工核反應合成的元素，重元素非常不穩定，會馬上衰變而形成其他元素。因為尚未製造出足夠肉眼看見的量，所以大部分的活性反應只是推論，不過推測物理與化學性質與其餘的鹼金屬沒有差異。

<u>為什麼鹼金屬的反應這麼活潑呢？原因與電子有關</u>。其實與化學反應有關的所有問題，都回答說與電子有關的話就不會答錯，鹼金屬原子中最外層的電子都是一顆，原子是直到電子填滿外殼層的軌域才會變得穩定，所以會想盡辦法用電子填滿空位，不過即使得到電子並填滿殼層也還是不穩定。

即使它的外殼層全填滿電子，但因為質子比電子還少，所

以抓住所有電子的引力較弱，結果原子選擇失去外層電子，這樣一來內殼層就成為外殼層，反而變得更加穩定。因此原子更傾向失去電子後變成陽離子。質子和電子更多的重元素更有這類傾向，因為只要失去一顆電子就可以變成像 18 族惰性氣體一樣的狀態，那是不會與其他物質反應的元素，這麼一來元素都喜歡像 18 族一樣單獨存在嗎？**離子帶有電荷，所以會與帶相反電荷的原子或分子產生強大的引力而吸引彼此靠近，結果就不會單獨存在。**海洋中大量的鈉正離子會與非金屬的鹵素負離子形成鹽類，這並不是偶然，鹼金屬的高反應性就是這類元素的特性，其根本的原因就是電子的因素。

合成鹽類的鹵素
氟、氯、溴、碘、砈、鿬

現在我們來看鹼金屬的相反一側，其實說相反是沒那麼適合，因為元素週期表就像二維平面上攤開的世界地圖，在二維地圖上以亞洲為中心時，右邊的非洲大陸以及左邊的美洲是分別兩端，但在三維的地圖中它們是彼此靠近的。同樣的在元素週期表中最右邊的 18 族，其實是與鹼金屬很靠近的元素，在下一章會提到，但惰性氣體的最大特徵就是不太和其他元素反應，**在元素週期表中看得出惰性氣體成為了左邊 17 族的非金屬元素以及鹼金屬元素的交界，就像兩邊的元素互相對峙而快要爆發衝突的緊張局勢中，規劃一個和平緩衝區域。**

實際上惰性氣體兩側的元素會產生激烈的反應，17 族的鹵素元素會和屬於 1 族的氫及鹼金屬反應，鹵素元素的最外殼層有七個電子，看電子組態最外層的，s、p 副殼層的排列是 s^2p^5。17 族元素按照週期別各有不同的能階，但最外殼層的電子組態都是相同的，所以如果像下一個惰性氣體一樣把電子填滿，形成電子組態 s^2p^6 就會變得穩定，因此 17 族的 p 副殼層中的 3 個 p 軌域總是有 2 個 p 軌域填滿，另一個軌域還缺一個電子的狀態，所以從其他地方獲得一顆電子也不足為怪。所以從容易失去一個電子的鹼金屬電子過來是非常自然，鹼金屬如

果少一顆電子就會更穩定，兩個元素彼此授受電子後形成離子或者共用一對電子而變得穩定。

那麼現在鹵系元素得到電子後變得穩定，所以就會像惰性氣體那樣不會反應了嗎？如果是這樣，世界就不會被創造出來了，原子為了變得穩定而離子化，如果彼此不會反應就會處在原子或離子的狀態，這世界就只會充斥著氣體，鹵素元素其離子化的原子帶有負電荷，鹼金屬和氫失去電子後呈現陽離子，鹵素元素獲得電子後變成帶有負電荷的陰離子，現在兩種粒子彼此是相異電荷所以會產生吸引力，產生離子鍵並形成物質，我們經常能看到這種鍵結，最常聯想到的物質就是「鹽」。

具代表性的鹽類—食鹽又稱作氯化鈉（$NaCl$），是氯離子和鈉離子的晶體，有說過他們會產生很強烈的反應，但在海洋中合成食鹽時不要因為沒有爆炸就感到失望，離子的結合與原子的結合是不同的，鈉金屬與氯氣在原子狀態下接觸時，會看到爆炸的現象，而我們在海邊鹽田中看到的食鹽，是兩元素已經在離子化的狀態下鍵結形成的。

結果我們可以知道這兩族的元素非常容易反應並形成鍵結。在這裡我們稍微看一下鹽類的定義，鹽在英語或漢字都是直接想到食鹽，但其實並不是只有氯化鈉，因為在化學中的鹽

類是由金屬陽離子與非金屬的陰離子鍵結形成的離子化合物總稱。從學術上的觀點來看，氧與金屬反應後生成的物質就是常見的鹽。金屬的陽離子並沒有單純只在鹼金屬就結束了，在他旁邊的 2 族的元素也有離子化的傾向，非金屬也是一樣，並沒有只在第 17 組才有離子化的傾向，因此鹽類的確有各種組合。

　　了解原理以後現在就可以應用了，容易失去兩顆電子的 2 族元素，會和容易得到兩顆電子的 16 族元素形成鍵結嗎？並不是這樣。在下雪時灑在道路上的氯化鈣也是鹽類的一種。氯是 17 族而鈣是 2 族，鈣失去兩顆電子但接受電子的氯只需要一顆，看起來不知道該怎樣讓兩個元素結合在一起但方法很簡單，只要氯原子再多一個就行了。這麼一來氯原子與鈣原子可以用 2：1 的原子數比，形成氯化鈣固體在化學式裡元素的右下角數字是反應所需的元素原子數量，結果現在我們知道原子會視電子的需求而調配。

　　終究在反應中重要的部分並不是原子核而是電子，雖然這是一再重複的內容，但化學就是電子的故事。並且電子不論再怎麼多但參與反應的是外層電子，在內殼層的電子是不會接觸到其他元素的，正確來說應該是其他元素無法靠近，因為在內部電子殼層內的電子比起外層的電子雲是更難靠近的。

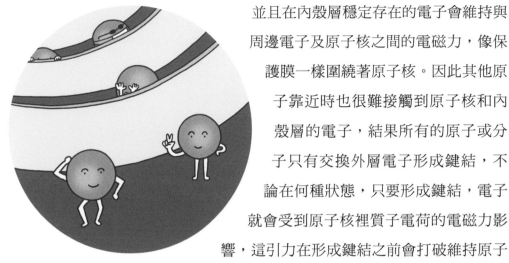

並且在內殼層穩定存在的電子會維持與周邊電子及原子核之間的電磁力，像保護膜一樣圍繞著原子核。因此其他原子靠近時也很難接觸到原子核和內殼層的電子，結果所有的原子或分子只有交換外層電子形成鍵結，不論在何種狀態，只要形成鍵結，電子就會受到原子核裡質子電荷的電磁力影響，這引力在形成鍵結之前會打破維持原子的電磁力平衡，結果參與鍵結的原子與電子會重新定位，原子形成鍵結且形成各種的分子模樣，都是從這樣的力量出現的。

高高在上的貴族，惰性氣體

氦（He）、氖（Ne）、氬（Ar）、氪（Kr）、氙（Xe）、氡（Rn）

　　我們有時會用某人所擁有的資產衡量那人的價值，比如說存摺上有很多的數字，或是擁有好房子、豪華轎車、穩定的工作和優秀的子女等等，擁有這些的人就似乎高高在上，很完美的人與其他平凡人比較時，就會產生格調差的距離。在元素中也有這樣高高在上的一族，<u>元素週期表中在最右側有直線的18 族元素，大多是氣態且被描述為惰性或不易反應，用英文代表高貴的詞彙稱呼它們為高貴氣體 noble gas</u>。高貴這詞語適合用來描述金與銀之類的貴重金屬，不過在這裡的高貴比起描述價值昂貴或稀有珍貴，更是帶有理想與完美的意義，因為人類認為這類元素是最完美的元素型態的關係。

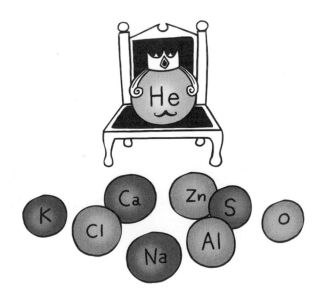

現在我們知道原子是由質子與中子組成原子核，並且在周圍有與質子數相等的電子按照能階填入。但不幸的是在大部分可以在自然界中看到的原子都在該定義之外，就像前面所提的鹼金屬以及鹵素的情況，原子不會什麼都不做，電子會轉出或移入而形成離子態，原子明明該呈電中性，卻因為電子個數改變而變成帶有電荷的離子了。並且會與其他物質形成鍵結。

在這過程中會以離子態共用形成鍵結的電子，因此電子可以藉由電子共用更牢固地在原子之間連結，大部分的元素都可以和其他物質鍵結，稱元素的發現是將原本隱藏的元素分離出來也不為過，因為在這過程中，大部分的元素都會改變原子構造，並和其他元素鍵結後隱藏起來的緣故，所以一開始認為在構成世界的物質中，只以單獨一顆原子存在的情形非常稀少，大部分都是形成化合物。

不過這常識在 20 世紀初時產生裂痕了，與冷卻有關的研究原本非常艱難，但因著某元素的特性而在最後變得不同，對科學家而言，將物質冷卻到低溫具有許多意義，現今我們所知的絕對零度 0K 是攝氏零下 273.15 度，也沒有比它更低的溫度。因為在絕對零度時物質會停止運動，現在研究物質的人比較關注熱力學，也有持續冷卻的研究，將氣體液化是降到低溫的捷徑，理想氣體方程式定律提到氣體的體積與溫度及壓力有

關聯，因此當對物體加壓並減少體積時，氣體會減少運動，溫度也會隨之下降。這是最簡單的降溫方法。

但大自然本身運作的原理，並不是輕易就能發現，在查理定律提出的很久以前就知道，如果氣體壓縮就會變成液體，但並不是只要加壓就會讓所有氣體變成液體，每種氣體其加壓後液化的臨界溫度各有不同。再怎麼增大壓力但仍會有氣體液化的溫度界線，液化氣體的另一種方法是隔熱膨脹，在狹窄的空間裡隔絕熱能後，將氫氣以外的高壓氣體在低壓狀態下，使其膨脹時氣體的溫度就會下降，不過相反的氫氣則會上升。這現象是因為有焦耳-湯姆森效應 Joule-Thomson effect 的關係，就像這樣氣體的冷卻對科學家而言是相當有趣的實驗對象。

有些科學家想測出更低的溫度，就像尋找元素週期表的元素一般爭相持續研究，原本以為把空氣中含有的氧氣與氮氣液化，就連氫氣也液化時，就不會有其他氣體可以液化了。不過在天文學家發現的太陽光譜中，有一條光譜是當時為止都沒有在地球上發現的，這個不存在地球上而是存在於太陽中的元素，就是源自希臘語中的太陽 helios 的氦 He。不過焦耳-湯姆森效應提出後快 40 年的 1895 年含鈾礦石中發現了氦，在礦石中測出的光譜與先前太陽的光譜是一致的，並且在 20 世紀初的 1903 年發現到氦會在放射性物質衰變時合成出來，結果在

地球上也發現氦。

不過奇怪的是，在宇宙中除氫氣以外，最多的就是佔了23%的氦，但為什麼並沒有像氫氣那樣在空氣中就發現到呢？氦在地球大氣中頂多含有 0.0005%，但事實上發現到的氦，並不是一開始就存在，而是放射性衰變後形成才存在於大部分的地殼中。即使在空氣中但因為氦氣很輕，所以很難被地球的重力捕捉，在地球上要找到氦氣不是容易的事，研究低溫的科學家便往沸點比氫氣更低的氦氣的液化發展，為了達到絕對溫度0 K，液化氦是不可或缺的，因著低溫研究才發現的氦氣顛覆了我們看待原子的視野，打破了以往認為大多數原子不穩定而容易改變或會和其他元素結合。

仔細看空氣中的氫、氧、氮等純物質時，會發現大多以分子態存在，化學看似在原子層面完成但並不是這樣的，實際上水分子不是原子型態所組成的，是許多的氫分子與氧分子經過無數次撞擊後，超過了所需的活化能而形成水，然而發現氦氣的科學家察覺這元素與其他元素有不一樣的特徵，氦之所以具有這獨特的性質是有原因的。

我們將到目前為止所學到的知識統整看看，從原子內殼層開始填滿電子後，若沒有填滿最外層就會失去或搶奪電子，也

可能會與其他原子共有電子以填滿外殼層。氦帶有兩顆電子，
一個殼層：屬於主殼層的 K 殼層中有 s 副殼層中存在，這副殼
層帶有兩顆電子，結果外殼層全部填滿電子的氦，符合了概念
中的完美原子。了解氦氣的發現及特徵後，也另外發現了其他
相同性質的元素，發現到氖、氪、氙，最後發現到氡，當然這
些元素因為完全填滿了外殼層，而沒有可以讓其他元素接近的
空軌域。找出不與其他的元素或物質反應，且獨自存在的元素
並不是件簡單的事情，儘管許多科學家付出努力去尋找，但難
以發現其他的惰性氣體的原因，就是因為這些元素很難與其他
元素反應的特性。

週期表的接合處，過渡金屬
鑭系鋼系之外的第 3～12 族

　　到目前為止我們已經看過位在英國倫敦西敏宮鐘塔的第 1 族以及參議院盡頭的第 17 族和第 18 族，在這區間元素的週期性是典型出現，因此稱為典型元素，儘管還有第 2 族鹼土金屬、第 13 族硼族元素和第 16 族硫族元素也屬於典型元素，不過我們先將視線轉往元素週期表的中央，也就是比兩側低矮的英國參議院，元素週期表的第 3 族到第 12 族稱為過渡元素，另外由於大多的元素都是金屬所以稱為過渡金屬，首先因為有關過渡金屬的課題相當多，先解決這些問題再說。

　　直到目前為止電子仍在電子殼層中形成軌域，我們提到最外層的電子，是會進行化學反應的主要區域，看第三週期會發現 11 號鈉元素（Na）帶有 11 顆電子，12 號鎂元素（Mg）帶有 12 顆電子，並且下一個鋁元素（Al）有 13 顆電子；M 殼層的 s 軌域和 p 軌域裡分別填入 2 顆和 6 顆，這樣一個個填入電子後在氬氣（Ar）的 M 殼層裡的 3s 軌域和 3p 軌域填滿了全部八顆電子並形成了穩定的氣體，「八隅體定律」在這時被提出了，原子想填滿外殼層的電子個數是八個。氬之後的下一個的鉀（K）是 19 號元素，當然自第 19 顆電子開始會從比氬的外殼層更大能階的 s 殼層填入，20 號元素的鈣（Ca）也屬於

這殼層。

　　不了解電子層構造的門得列夫從這裡開始感到困惑，因為鉀與下一個鹼金屬的性質相似，但原子量的順序卻對不起來，因此門得列夫不以原子量，而是以元素的性質來排列順序。如果按照電子組態的規則，電子增加時 s 層軌域的兩顆電子都填滿後，會從第二個副殼層 p 軌域填入鈧元素（Sc）的第 21 個電子。第 21 個電子元素最外層的電子應該是 3 個，s 軌域有兩顆，p 軌域有一顆，門得列夫當然不了解原子的真面目，也不了解軌域的概念，單單僅以化學性質等物理上的特徵判斷這區間。

　　因此從這時開始鉛垂線的性質對不起來了，原子量增加但外殼層卻還是只有兩顆，實際上從鈧元素後的一系列元素，都沒有看到增加的電子數，最後一樣維持著兩顆電子，直到原子序 31 的鎵（Ga）之前的十個元素都出現這現象，甚至鉻（Cr）與銅（Cu）的最外層電子只有一個，電子消失的現象在某區段的更重元素中出現，從這點來看就不難知道為何門得列夫會這麼苦惱了，雖然很著急但這些原子脫離了電子堆疊的原理，和一般觀察到的規則呈現異常的狀態，看得很不習慣。

　　嚴格來說並不單是鈧元素，從原子序 19 的鉀開始就開始

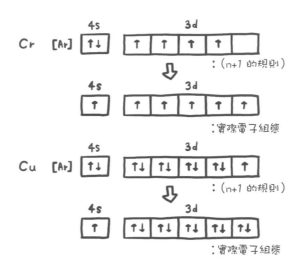

偏移了，原本使用到氬氣的 M 殼層最多可以填入八顆電子。
主量子數為 3 的 M 殼層還包含 d 殼層的關係，不過原子序 19
的鉀元素將第 18 個電子填入 M 殼層的 3p 軌域，剩下的一顆
電子並沒有填入 3d 副殼層而是填入 4s 副殼層，這是因為 N 殼
層 4s 副殼層的能階比 M 殼層 3d 副殼層的還靠近原子核，具
有球型 s 軌域特徵的 4s 副殼層，比起內殼層中最外面的 3d 副
殼層更靠近原子核，所以符合先將電子填入較靠近的殼層之
法則。如果光看主殼層就會有回填內層的現象，也因此過渡
金屬的外殼層只有一到兩顆電子。結果電子在填滿原子的 4s
副殼層後，沒有繼續填入第四週期 p 軌域的 4p 副殼層而是回
到 M 殼層去填滿 d 軌域的 3d 副殼層，到這裡我們就可以理解
了。這個 3d 軌域的能階比外殼層的 4s 軌域更大，所以會先填
滿 4s 軌域後，再回填滿內層的 3d 軌域，不過問題是回填也並

沒有一致性，鉻和銅中原本已經填滿電子的 4s 卻又會少一顆電子，實際上並不是電子消失，而是移動到 3d 軌域，這是因為原子會將 4s 軌域空下一顆電子，先將 3d 軌域填至半滿的狀態，這樣整個原子的能量會更均衡。

半滿的意思並不是填滿一半的 d 軌域，而是將五個 d 軌域都分別先填入一顆電子，但是 d 軌域填滿的元素中，鉻會脫離這原則，如 123 頁的圖所示，原本 d 軌域中有五個軌域，總共可以填入十顆電子。依據包立不相容原理，每個軌域可以填入兩個自旋量不同的電子，但比起依序將每個軌域都填滿一對自旋量的兩顆電子，先把五個軌域都填入一顆電子會更穩定，例如鉻會在 3d 軌域的第四個軌域中填入電子，電子組態應該是 $[Ar]3d^44s^2$，這樣才符合我們學過的原理，但實際上電子組態是 $[Ar]3d^54s^1$。所以我們可以判斷出一點：比起填滿外殼層的 4s 副殼層而留下 3d 軌域中的一個空軌域，將電子分給 3d 軌域填至半滿會讓原子更穩定。所以 3d 軌域會帶走一顆 4s 的電子並填入軌域，這樣一來，我們就可以預測出下一個元素－錳（Mn）的電子組態，補上 3d 軌域的一顆電子時，會將原本變成半滿的 4s 副殼層填至全滿。並且從鐵（Fe）開始，已經填至半滿的 3d 副殼層會再從第一個軌域開始重新填入相反自旋的電子，每個軌域都會填入相反自旋的電子後填滿兩顆電子，又會輪到要填滿第四個 d 軌域的銅。到這裡我們又可以預測

到，在銅這處又會出現類似的情形。銅的電子組態原本應該是[Ar]3d⁹4s² 但如同鉻的情形，只要將最後一個軌域，填入一顆電子就能將 3d 軌域的房間全部填滿。所以就像我們預測的一樣，銅會將 4s 軌域的一顆電子轉移到 3d 軌域，結果電子組態就變為[Ar]3d¹⁰4s¹。然後下一個鋅（Zn）會將第四週期的 s 軌域繼續填滿後，從鎵（Ga）開始才進入到 4p 軌域，從這時開始才適用我們熟悉的雙電子原理，隨著週期的增加，重元素的 d 軌域都有類似的傾向，下一個週期的鉬（Mo）和銀（Ag）也有類似的情形。

　　從這裡我們會發現一個有趣的事實，我們理解了前面提到的離子化，金屬失去電子就會變成陽離子，鉻和銅現在外層軌道只有一顆電子，所以想必應該會像鹼金屬的鈉，一樣喜歡失去電子後形成陽離子，不過銅如果要失去電子，會失去哪些電子呢？從能階的角度來看 3d 是最高的位階，所以應該是從 4s 拿去填滿 3d 的電子要先失去才對，然而結果是最外層的 4s 先失去一顆電子，所以填入電子的順序和失去電子的順序是不一樣的。<u>嚴格來說這樣的順序並沒有意義，僅僅是為了用我們人類的語言說明電子組態而強制填入順序的概念，看似電子也像原子序般有順序地填入，但我們除了具唯一特性的自旋以外無法區別電子。</u>實際上原子在形成時，電子很難按照順序填入原子內，因為是無數個粒子經過撞擊後合成的關係。我們用更專

門的語言來描述時，原子在離子化時是先從主量子數最大的軌域失去電子的原因，是因為主量子數較小的副殼層「有效核電荷」很大的關係。這樣的說明是最好的。

事實上這堆積原理，並未考慮到電子之間的交互作用，這是因為幾乎不可能用言語說明，當電子增加時同電荷的電子間的斥力，與原子核內質子間的交互作用。物理學可以用數學的語言說明這現象，並且最終軌域的能階，只能用包含電子與電子間的交互作用的量子力學計算方法來說明，甚至這也包含自旋與軌道之間的交互作用，所以用人類的語言來解釋這現象就變得越來越困難了，現在看第五週期，就連過渡元素區域中更重的元素都很難解釋了，困難的例外電子組態反而就變得容易接納了。門得列夫當然不會了解這件事，他不了解這是因電子的緣故，所以他也為過渡元素的異常行為而感到苦惱，後來他將原子量增加，但性質沒有改變的這些元素「另外」歸類。現在這些性質相似的元素不是照原子量排列而是按照原子序（質子數）的規則排列，放置在元素週期表的中央位置，屬於過渡金屬的元素都有電子藏在 d 軌域裡面所以若要與它們反應的其他元素都無法接觸到 d 軌域的電子，可以接觸到的電子就是外層 4s 上的一兩顆電子，<u>這些元素大部分都具有共通的化學性質，這就是我們所知的許多金屬為何都具有相似外表和相似的物理化學性質的原因。</u>

類金屬和非金屬
硼族、碳族、氮族、氧族

　　現在我們將視線轉向過渡金屬，與鹵素元素之間比較寬敞的部分。這是在鐘塔對面的參議院所在區域，這裡是之前為了瞭解鹵素元素和惰性氣體而拜訪過的地點，這裡混合著貧金屬、類金屬以及非金屬，元素週期表當中雖然有元素直列和橫行的規則，但是在這區域，沒辦法直接代入金屬有的直列橫列規則，這並不代表元素是隨機毫無章法可言地排列。**金屬與非金屬各自聚在一處，區分這兩塊的交界的類金屬是從第 13 族第 2 週期的元素與第 17 族第 6 週期元素所連出的對角線，**屬於 p 區塊的這些元素隨著質子和電子增加，會呈現金屬的性質變更強烈且非金屬的性質減少的傾向。這樣來看這些元素比起說隨著族的增加而呈現獨特的性質，更可以說每個元素都帶有不同的性質，在這裡比起說規則，傾向一詞是更適當的，尚未提到的直列族的名稱有第二週期的硼、碳、氮、氧。我們分別來看看各族具有怎樣的特徵。

　　第 13 族包含硼總共有六個元素，最重的元素是 （Nh），從名字可以知道這是日本研究人員在 2016 年發現的，我們在日常生活中接觸到的物質中比較沒有元素型態的，在僅有的幾種物質中鋁（Al）具有代表性，硼族元素的電子組態結尾都是

s^2p^1。因為有參與化學反應最外層的價電子，所以預測它們的化學性質很相似，但鍵結各有不同，硼是類金屬，只會形成共價鍵；鋁和鎵（Ga）具有一部分的非金屬性質，所以同時會形成離子鍵與共價鍵；銦（In）和鉈（Tl）帶有金屬性質所以形成離子鍵，它們特性各有不同，以至於讓人忘記垂直線規則的存在。有這樣的傾向是因為原子形狀的關係，硼有兩層電子層，但鉈有六層電子層，即使外層的價電子數量一樣但因為與原子核的距離變遠，所以電子也會游離，這意思就是容易離子化的意思，這傾向也有在鹵素之前的其他族出現。

第 14 族的碳族元素有比第 13 族更明顯的特性，所有碳族的元素都有四顆電子，電子組態的結尾都是 s^2p^2，在八隅體規則下，填滿一半電子的電子殼層有特別的物理與化學性質，尤其碳更是特別明顯，s 軌域和 p 軌域混合後形成不同形狀的混成軌域，一般形成的混成軌域有 sp、sp^2、sp^3，這樣的構造在原子核周圍平均分配電子，因此能與其他原子鍵結，特別在原

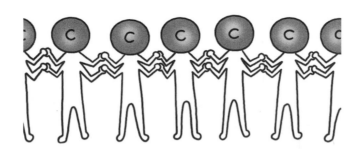

子核的周圍均衡共用電子而結合的碳化合物之一－鑽石，是地球上最硬的物質。鑽石的特徵是因為碳的鍵結結構而形成，但同樣都只由碳元素鍵結形成，如果改變鍵結的結構就會變成像石墨般具截然不同性質的物質。**碳藉著 s 與 p 軌域形成的混成軌域組合，碳與碳之間可以形成各種的鍵結，碳之間的共價鍵可以形成具有三組電子對的參鍵**，想必有人會問說四顆價電子的碳是否能形成四組鍵結，但電子在兩個碳原子核間狹窄空隙會因斥力而變得不穩定，所以並不是容易的事情，**透過碳特別的鍵結，而能使地球上的生命體組成各種有機化合物的骨架。**

我們日常生活中接觸到大部分的物質，都是包含碳原子，都是因為這樣獨特的原子構造，區別出碳族元素和其他族的另外一種方法，是會形成與金屬性質相似的「電子海」。這意思是電子並不侷限在原子中，而是能像金屬一樣可以在原子之間自由流動，形成了一種「傳導帶」。一般而言碳本身並不是好的導體，但石墨中形成了石墨烯，剩餘的電子就形成了傳導帶，矽和鍺也是半導體，**半導體並不是說導電度只有一半的意思，而是藉由吸收光和熱而出現可以穿越傳導帶的電子，導電性介於導體與非導體性質之間的意思。**

15 族的氮族又帶有另外的特性，稱為「氮族元素 pnictogen」。這元素的價電子有五個，電子組態大多以 s^2p^3 做結尾，s 軌域

是球型的，但是 p 軌域是呈現三個不同方向的啞鈴型，所有 p 軌域總共可以填入六顆電子，每個 p 軌域可以填入兩顆電子。不過即使有空房間但並不是首先填滿兩顆電子，氮族元素的最後三顆電子各自填入不同方向 p 軌域，軌域填至半滿的原子會將 p 軌域塑形成球型的對稱，原子變成球型時的狀況是，電子殼層全部填滿的 18 族或像這樣填滿一半時會發生的。

16 族元素是氧族元素但有另外的名稱，又稱為「硫族元素」。 Chalkos 在希臘語中意思是金屬和青銅，因為氧和硫包含在大部分的金屬中，因此用 chalcogens 指稱合成這類物質的元素，這類元素的電子組態是 s^2p^4，原子當填滿外層電子時是最穩定的。現在氧族元素有三種選擇，可以獲得兩顆 p 副殼層的電子就能填滿 p 殼層，另外一種方法是將包含 s 副殼層在內的六顆電子全部丟棄，原子會視情況選擇方法，原子大小是最大的影響因素，氧在氧族元素中大小是最小的。外層電子與原子核很靠近所以電子很難失去，於是會傾向獲得電子，因此氧具有非金屬的性質，而氧族元素比較重，直徑也大所以容易失去電子，於是它們具有金屬的性質。

我們一般認為同樣電子構造，應該會有相似的化學性質，這原則是元素週期表的根本原理，但是硼族和氧族的元素，他們和原本的預測不一樣具有多樣的特性。即使是同一組但有些

元素是金屬其他元素是非金屬的性質，這原因是組成原子的電子殼層的電子構造的關係，全部 118 個元素中有 85 種歸類為金屬，17 種歸類為非金屬，並且最近發現的八個元素中尚未發現這樣的性質。

　　不過電子構造和原子核之間的引力的特殊條件會形成特殊性質，就是半導體的類金屬，七個類金屬在元素週期表上斜方向橫貫整個 p 區域，這些元素不是像金屬那般容易導電，而且金屬溫度越低導電性越好，這些物質反而溫度越高越能導電。熱能扮演著能縮小電子越過價帶能階差的角色，但只看物理性質它們帶有金屬的性質，半導體是僅考慮發電特性的條件，<u>金屬與非金屬的交界終究會隨著標準如何設定而左右。</u>

鑭系和稀土元素

　　到目前為止，算是已經看完英國倫敦的西敏宮了，有去過英國的人，不論是誰都會拍一張以橫跨泰唔士河的西敏橋為背景的照片，從那取景看到的西敏宮全景，就跟元素週期表的上半部相當相似，但無法從那位質看到宮殿對面的另外區域。我們過去看一下對面吧，目前可以說明前面提到的第四週期過渡元素在「填入原理」的現象。

　　但是從第五週期原子序 41 的（Nb）開始直到 47 的（Ag）為止，在搶得外層電子的現象中有更奇怪的行動，甚至原子序為 46 的（Pd）把最外層 5s 上的電子搶走，因此出現 5s 軌域完全消失，4d 軌域完全填滿的奇怪現象，這種令人摸不著頭緒的現象在第六週期時達到極致，甚至完全扭曲元素週期表的形狀。<u>如果看現代元</u>

<u>素週期表就會發現，從 57 號開始連結到另外的區域，那區域即是包含 57 號在內原本該留在那位置的十五個元素，西敏宮後面的阿賓登街（Abingdon street）的就會看到如同外屋般的建物。</u>

那就是西敏寺 Westminster abbey。這裡是英國國王和偉人安眠之地，abbey 被用來稱作「修道院中的修道院」的地方，熟為人知的物理學家牛頓和進化論的創始人達爾文也長眠於此。2018 年以 76 歲年紀辭世的物理學家史蒂芬‧霍金安眠在這兩位學者的中間，這寺院就像現在要提到的元素週期表的外屋，這裡似乎聚集一些特別的元素，外屋是低矮的兩層建屋，每層都有十五個房間，我們將居住在這外屋二樓原子序 57 至 71 的元素命名為鑭系元素 lanthanoids。

　　這些元素的化學性質非常相似，很難用一般的方式分離出來，就像偉人們也很難分出高下一般，因此發現到源自希臘語中的「隱藏」lanthano 的鑭（La）之後，將同一系列的大部分元素都稱作鑭系元素 lanthanoids。英文字根 oid 有「相似」的意思，所以這單字表示為「與鑭相似的」，一開始原子序 58 的 Ce 到原子序 71 的 Lu 有很多種稱呼，但後來為了避免混亂，IUPAC 在 1970 年將包含鑭在內的十五種元素統一命名為鑭系元素，也可以稱呼為鑭系。鑭系元素都具有相似的性質，所以很難將各個元素分離出來，我們知道具有相似化學性質的元素大致都歸類在同一條垂直線上，不過實際上距離元素週期表中央有段距離的外屋是例外，同一橫列的元素具有相似的性質。

元素週期表
的豪宅住戶

但是為什麼鑭系元素很難區分呢？這理由也是電子組態的關係，我們已經提過好幾次，在化學裡牽涉到困難的問題只要回答是電子的話最少不會錯，化學終究都是牽連到電子的，原子序 57 以前的過渡金屬元素主要都是填滿 d 軌域，鑭系元素則是在填滿 d 軌域以前，從 58 號鈰開始填入 f 軌域，第六週期的鑭的電子組態為$[Xe]5d^{10}6s^2$。這類回填的電子組態已經在第四週期和第五週期的過渡元素經歷過了，從第三族到第十二族的過渡金屬元素會將內部殼層的 d 軌域填滿，然而從鑭元素的下一個元素鈰開始，f 軌域出現了，不過是從裡面的第四殼層的 4f 開始填滿；鑭系元素主要都是第六週期但卻從第四殼層開始變化，這理由是 4f 副殼層比起第六週期的 6s 副殼層，和第五週期的 5d 副殼層更靠近原子核的關係，雖然已經有回填的現象但這次去到更深的地方。

　　因此鑭系元素的新電子，比起過渡金屬更往內部深處的殼層填滿，並且填滿了最外層的 6s 軌域，鈰的電子組態是$[Xe]4f^15d^16s^2$。這現象並不是只有鈰而是在所有鑭系元素中出現，電子殼層中的主電子層是從 K 命名到 P，鑭系元素是即使 N 殼層有空位但也是先填入 O 殼層和 P 殼層，P 殼層的 s 軌域填滿並填入一顆電子到 O 殼層後，（電子短暫填入 O 殼層的 d 軌域後，從鈰之後就會移動到 N 殼層）就直接填滿內層 N 殼層 f 軌域的 14 顆電子了，並且要填到原子序 72 的 Hf 才會開

始填滿 O 殼層的 d 軌域。

　　電子像這樣被藏在能階低了兩階的安全層裡面，因此鑭系元素比起過渡元素更難區分彼此，很難找出鑭系元素的原因，雖然也與天然元素的分佈量很少有關，但更大的因素是因為鑭系元素非常穩定，而且類似的鑭系元素會混在一起。例如釓（Gd）元素即使科學家發現到了，但還是花了很久的時間爭論它到底是不是新元素，曾經有過把數百公斤的礦物，經過一萬次的提煉過程，獲得數萬分之一的數十克銩（Tm），但還是混雜了其他鑭系元素的例子。

　　不過也有和鑭系元素化學性質相似的過渡金屬，那就是鑭所在位置上的同一直列元素，在上面的元素是鈧（Sc）和釔（Y），結果來看會發現與鑭同一條直列橫行的元素，全都具有相似的化學性質，這樣現在需要新的名字了。科學家原本以為只有同直列的才會相似，但因為直列橫行都有相似的性質所以不能放著不管，後來將過渡元素的兩個元素以及鑭系元素等，總共十七個元素稱作稀土 rare earth 元素，earth 這個單字代表土，很久以前被指稱為金屬氧化物；rare 意思為稀有的。雖然被稱作稀有，但比起說含量很少更是表示各元素彼此混合在礦物裡所以很難找出，除了本身很不穩定而容易衰變的鉕（Pm）以外，大多數的稀土類元素其實在地殼中的蘊含量很

豐富。

　　除了沒有穩定同位素的鉅以外的鑭系元素大多是在同樣的礦物中發現。是在 18 世紀的瑞典發現到的矽藻土和輝石中發現的。鈰（Ce）、鑭（La）、鐠（Pr）、釹（Nd）、釤（Sm）、銪（Eu）在矽藻土中發現，釓（Gd）、鋱（Tb）、鏑（Dy）、鈥（Ho）、鉺（Er）、銩（Tm）、鐿（Yb）、鎦（Lu）則在矽鈹釔礦中發現，這些元素直到 19 世紀的科學家們一個個發現，這些大多是混合物所以很難分離出來，直到 1950 年代發明電流的離子交換技術為止，科學家主要都還是依賴化學分析和光譜學，結果這些方法反而在發現混合物的領域上產生更多混淆，延緩了發現的腳步。

　　最近稀土正成為新一代的經濟戰工具，但這並不是因為含量不夠，而是因為只能從特定地區提煉生產出來，例如鈰是組成地殼的元素中含量第 25 多的元素，這含量與常出現在我們周遭的銅（Cu）很接近，但並不是因為元素有特別的能力就在元素週期表另外分門別類出來。西敏寺裡雖然有卓越的科學家包含在內的偉人安眠，但<u>鑭系元素在元素週期表中另外放置在外屋，並不是因為他們非常特別的關係，如果將所有鑭系元素放在原本的位置上，元素週期表就會變得太長，在使用上很不方便。</u>特別是一眼就能分辨元素性質的電子組態會看得眼花撩

亂。如果要方便查出電子個數，特別是價電子數，從第 1 族開始到第 18 族結束的方式是最方便的，或許會有人因為將這些元素獨立到外屋的理由並不冠冕堂皇而感到失望，但除了空間與美觀上的理由外，沒有科學性的論述了。

事實上把鑭系元素的位置移到主表之外，就變得不容易一眼就認出週期上的性質，以及同一族的性質，儘管會對理解它們的電子組態和其他化學性質的方面產生阻礙，但鑭系元素的化學性質很相似，雖然這十五個元素的電子數都不一樣，但因為外殼層的 P 殼層的 s 軌域上的電子數是一樣的關係。雖然副殼層的 s 軌域是填滿的，但大部分會先填入 f 副殼層的關係，所以最外面的主殼層都總是空的，這類元素可以製成磁石的原因就是這些空軌域，當接受能量時，內層的其他電子會移動到 N 殼層的空軌域後再次回到原位置並放射出光。大部分的螢光主要是使用大部分的鑭系元素作為顯示器的螢光體。

稀土金屬元素又可稱為「尖端科技的維他命」，維他命是動物生長發育和生理反應時必要的有機化合物。為了支撐並發展現代尖端科技一定需要稀土金屬元素，所以用維他命來比喻這類元素，因此稀土生產國會將稀土金屬元素，視為戰略物資並特別管理。

包含鑭系元素的稀土元素，電子藏在內層的深處，而外層的 s 軌域全部填滿，以穩定的型態與人類共存，人類還不清楚取出在深層的電子、輕易分離原子的方法，從現在開始要看的錒系元素，位於外屋的一樓比起鑭系元素更難發現，是人類很不熟悉的元素所聚集的地方。

錒系和超鈾元素

元素週期表下方的西敏寺，也就是 f 區域的二層樓建築，鑭系元素下面的第七週期元素有十五個，其中依照第一個元素錒（Ac）的名字稱作錒系元素，這元素除了用來發展原能或核子彈一類核分裂的鈾（U）以外，沒有太多用途，特別是原子序 92 以後的超鈾元素，大部分都是不穩定的放射性同位元素。

錒系元素的原子核帶有 89 顆到 103 顆的質子，並且它們是具有許多中子以維持原子核的重元素集合，**錒系元素大部分都不太穩定，算是原子核容易衰變的放射性元素，因此元素會自行衰變並發射出粒子，變成其他元素**。並不是變成其他元素，元素就會從地球上消失，釷（Th）和鈾的半衰期很長，自超新星爆發後生成元素、組成地球後過了數十億年，但地球上還是能發現到當時生成的鈾。

在鈾礦中發現了少量的鏷（Pa）、錼（Np）和鈽（Pu），這些元素並不是一開始就存在，而是從鈾的原子核衰變後生成的，直到原子序 92 的鈾為止，都是在自然界中存在的元素。衰變這用詞聽起來就像原子核分離後，質子數減少而變成較小的元素，但並不是只有失去氦原子核的 α 衰變 Alpha decay，

也有包含原子核裡質子變成中子或是中子增多後變成質子的 β
衰變 beta decay，β 衰變導致原子質量沒有減少，反而增加原
子序。

　　這麼說來，要該在何時、怎麼合成比鈾還要大的元素呢？
比鈾還要大的元素，是直到人們 20 世紀中後期開始能控制原
能，在核反應爐中合成後才被發現到。雖然稱這些元素為超鈾
元素，但並不是都只有在錒系元素，看元素週期表，第七週期
中的 d 區域和 p 區域也有超鈾元素，因此發現超鈾元素之前
創立的早期元素週期表中，鈾位在鎢（W）的下面，釷位於鉿
（Hf）的下面，人類在能掌握原子核之前僅知道 92 種元素，
錒系元素的完成後，便與鑭系元素一起移出元素週期表的本
館，搬移到外屋。

　　1940 年代在進行原子核的實驗時，發現到一部分的錒系
元素之後，化學家和物理學家了解到新的元素與當時的元素
週期表並不相符。1944 年美國的物理學家格倫・西伯格 Glenn
Seaborg 提出了錒系元素的存在，他主張就像鑭系元素另外獨
立於標準元素週期表組成一般，錒、鈾、源自鈾的釷和鏷以及
在原子爐裡合成出的新元素，也要另外分出新區域。因著這主
張而規劃了現代元素週期表下方的外屋。

事實上，當處理到錒系元素時，一般都會先提到原子序 103 以後的元素，這些元素都有符合先前提過的過渡金屬和貧金屬之直列規則，但並不是因此化學性質都有和該族對應到。**這是因為自 103 以後的元素大多不是由化學家合成，而是由物理學家透過人工合成的研究合成，尚無法好好瞭解的關係。**嚴格來說，在掌握元素的化學性質之前就已經消失，一生成後就馬上衰變，元素存在時間不夠科學家觀察，因此我們雖然將 103 以後的元素歸類為超重元素，但它們在元素週期表中只能說明到電子組態為止。

所有鈾同位素的原子核都有 92 顆質子，直到 1930 年代為止，科學家都以為鈾是最重的元素。然而核物理學開始發展後，出現了原子爐也能進行核試驗，並且可以在粒子加速器中使質子與中子碰撞，人工合成超鈾元素，因此鈾以後的 26 個超鈾元素，得以合成並填滿了 118 個元素。

超鈾元素並不是全都是人工合成的，在天然鈾礦當中有發現到微量的 93 錼的到 98 鉲（Cf）這六個元素，但我們首次在自然界中發現這些元素，已經是在科學家從人工實驗中合成之後的事了。所以首次發現這六個元素的科學家，比起被稱作發現者，更常被稱呼為生產者或製造者。元素是怎麼製造的呢？超鈾元素是由中子撞擊重元素後所產生的，在撞擊的中子裡，

一部分會被原子核吸收，而導致原子核更不穩定。雖然質子數相同但形成了同位素，本來就很不穩定的重元素，又變成更重又更不穩定的同位素，新生成的不穩定原子核裡的中子會變成質子，同時發生會發射出電子和微中子的 β 衰變，此時質子的數量會變多，形成更大原子序的新原子核。

不過看元素週期表時我們又會產生疑問了，能一言貫通鑭系元素與錒系元素的用詞就是「f 軌域」。不過兩族群首位的鑭元素以及錒元素雖然在 f 區塊的外屋中，但實際上這兩元素並沒有 f 軌域存在，再加上兩個群組的數量，與可填入軌域的電子數不一致。原本 f 軌域可以填入 14 顆電子，但鑭系元素與錒系元素都包含了 15 種元素。因此許多科學家主張，鑭與錒這兩元素應該要被排除在外，儘管它們系列元素的名稱是源自於鑭與錒。

由於這兩種元素並沒有 f 軌域，因此它們應該要放置在元素週期表 3 族的 Y 下面的空位，不過也有聲音說將 f 區域最右邊的鑥和鐒（Lr）填入這空位才是正確的。<u>儘管不知道哪個建議會被採納或忽略，元素週期表並不是非得要只能有一種存在，元素週期表可以根據不同的視角而有不同的版本，實際上有數百種版本的元素週期表存在。</u>現在我們所看到的元素週期表，不過是科學家在無數種版本中，協商出最具代表性的元素週期表罷了。

鹼土金族和游離傾向

　　我們所知道的「科學現象」中有很多是被誤解的，鈉就是其中一種。人們都認為很鹹的食物中含有許多鈉，因為以為食鹽的鹹味是從鈉而來的，但其實食鹽的鹹味是從帶有氯的中性鹽而來，如果鹽分離為元素，鹹味就會消失。氯會使構成血管的蛋白質收縮硬化，鈉在人體中最重要的功用是調節細胞內外的鈉離子濃度，並與神經傳導有關聯的。因此並不是鈉本身有鹹味。<u>產生的鹹味是從鹽的化合物而來，食鹽只是許多鹽類中的其中一種而已。</u>不過食鹽若過量也不好，要是過度攝取食鹽，血液中的鈉離子濃度會變高，同時也因著滲透壓而使水流進血液內，結果血管內就會產生更多壓力，即為心血管疾病之一的高血壓，「吃太鹹對身體不好」雖然這句話乍聽之下是對的，但實際上也有錯誤的地方。

　　我們從第 1 族的鹼金屬開始介紹後跳過第 2 族，探討了惰性氣體、鹵素以及中間的過渡金屬、非金屬和類金屬，也認識了鑭系元素與錒系元素，這樣繞完了一圈是有理由的。是為了能幫助我們更好理解接下來的這群元素，<u>第 2 族元素也稱為鹼土金屬，從名稱就可以知道，同時混合了鹼金屬與稀土金屬兩種特性，</u>第 2 族元素也會像鹼金屬一樣，與鹵素結合形成「鹽」。雖然不會像鹼金屬的鈉或鉀那般與水產生激烈反應，

但會與水蒸氣或在高溫下的水反應，形成強鹼氫氧化物。反應性比鹼金屬弱的原因也是電子組態的關係，看第 2 族元素會發現元素的反應和電子構造的關係在這裡做個結束。

化學是電子的語言，物質以電子為中心進行酸和鹼、氧化和還原的機制，大部分複雜的分子，都是從這樣一連串的反應網絡所構成。酸-鹼反應中，雖然核心是成為質子的氫離子的移動，但從原子角度來看，同時是氫離子的質子向鹼基的電子雲移動時，也改變了鹼基的電子雲，形成了新的鍵結。氧化和還原彼此確確實實是交易電子的關係，**這類反應所得產物中具代表性的鹽類有更廣泛的定義，光看我們日常生活中經常接觸到的鹽類也有數十種。**為了說明鹼土金屬而先提到前面鹽類的理由是為了更好理解電子構造的關係。

我們來看看第 2 族元素所組成的簡單的鹽類─氯化鎂 $MgCl_2$。氯化鎂是在製作豆腐過程裡，讓豆腐變硬的鹵水中含量最多的成分。氯化鈉是即使只有一個氯原子也能形成鹽類，但氯化鎂需要兩個氯原子。理由是因為鹼土金屬所帶有的電子組態關係，元素週期表中的第 2 族元素比同週期的第 1 族元素還多一顆質子，外殼層的副殼層 s 軌域中有兩顆電子，實際上氦的電子組態也是相似於第 2 族元素。

不過氦的情況是 s 軌域本身就算是外殼層，所以只是將它放在第 18 族的惰性氣體中，從主量子數 2 開始，鋰以後的元素其電子殼層在 s 副殼層以外，還有其他的副殼層。若要填滿外殼層還至少需要六顆以上的電子。因為至少要把 p 副殼層填滿的關係，儘管也可以填入許多電子，讓外殼層填滿後形成穩定的陰離子，不過這樣得需要很多的能量。因此，原子會選擇比較快的方法，失去最外層的兩顆電子的話，就可以形成和穩定的 18 族惰性氣體一樣的構造。

現在原子的正電荷比電子多出兩顆，所以形成+2 的陽離子，與陰離子結合時，就會形成非常穩定的化合物，因此在自然界中很難以純元素的型態存在，這就是第 2 族元素大多以鹽類存在的原因。鎂失去兩顆電子，形成+2 價的陽離子 Mg^{2+}，氯以陰離子的型態存在但只需要一顆電子，結果還需要一個氯陰離子，第 2 族元素大部分都與這樣型態的陰離子結合形成鹽類。

結果我們可以依照電子組態了解游離的程度，金屬游離的過程的大小我們稱作「游離傾向 ionization tendency」。例如鈉與鎂一類，具有不同游離傾向的物質混合在一起時，就會依據游離傾向定出形成化合物的優先順序。不過外層電子數相同並不代表游離傾向就相同，即使在同一族但游離傾向也會隨著原

子核的大小和電子數，以及電子之間的交互作用而有所不同。同樣非金屬也會有不同的游離傾向，陰離子有很強的填滿電子以完成外殼層的動力，我們稱之為「電子親和力」。

　　我們正利用這類的游離傾向來使用物品，代表性的例子就是「犧牲陽極法」，鐵接觸到氧就會氧化，反應物是氧化鐵 Fe_2O_3，我們將鐵氧化的過程稱作生鏽。看反應過程時會發現鐵發生游離現象而與氧氣結合，嚴格來說電子被氧氣搶走。雖然在過去，以為氧氣與氧化反應有關，所以用「氧化 oxidation」來描述，但實際上失去電子的過程就可以統稱為氧化，船隻大多由鐵所製成，因此造船時最重要的作業流程之一，就是防止鐵生鏽。這時將比鐵還要容易氧化的物質，附在鐵上代替鐵生鏽，鐵因此就不會生鏽了。這化學定律被稱作「犧牲陽極法」，鋅或鎂就是犧牲陽極。

　　曾經被使用在房屋外的建材中會使用「白鐵」，白鐵皮屋頂是便宜的建材但有特殊的功用，就是很耐腐蝕。白鐵是鍍鋅的鋼材，鐵和鋅當中鋅更容易釋出電子而游離化，所以含有鋅的鐵不太會生鏽，即使接觸到氧氣也是其他物質先提供電子，所以鐵提供電子的機會就

游離傾向大小順序

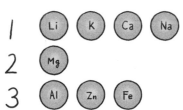

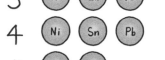

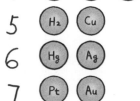

變少了。游離傾向是外殼層的電子數少的時候容易釋出，所以第 1 族、第 2 族以及只有一兩顆外層電子的過渡金屬有很多。左圖是金屬按照游離傾向的大小順序排列。

我們從鐵或各種金屬礦中冶煉分離出鐵一類的金屬，我們可以看到這過程會使用木炭，這時碳會和一氧化碳反應後分離出鐵，結果原本在鐵礦裡的鐵離子，得到電子後變成鐵原子。這過程稱作還原。**氧化和還原是電子的交換過程，在這樣電子交換的過程，分為游離傾向和電子親和力，如果善用容易釋出電子的機能，就能讓其他物質容易接收到電子。**

電子是帶有電荷的粒子，而電子的流動我們稱作電流，因此若善用這特性，就可以把元素作為電池的材料，觀察具有這類游離能的元素，就會發現它們常用做電極或電解質。電池是將電能轉換為化學能，儲存後可以再釋出電荷的裝置。可以作為電池兩極的元素，是透過失去電子或得到電子進行氧化還原反應，藉此產生電位差讓電荷可以移動進而形成電流。

4

元素屬性和
元素週期表
的未來

元素的物理性質中也有週期性

我們在使用能量、質量或速度一類的物理量用語時，經常會定義為可以定量和精準測量的數值。而在化學領域處理元素時，會描述顏色、氣味，也會描述與其他物質的反應程度，先前提到游離傾向，但「傾向」這一用詞感覺沒那麼嚴謹也不明確，會因著條件和狀況而有例外。不過游離傾向，是可以從能將電子拉出的引力發生過程的能量觀點看出的。這意指能量是一種物理量，在元素週期表中的週期性，也可以解釋為反應更嚴格的物理性特徵。

我們知道電中性的原子變為離子的指標，就是「游離傾向」以及「電子親和力」。嚴格來說電子本身不會自己從原子離開，因為電子被原子核內質子的引力吸引著，電子離原子核越遠、且未填滿軌域，就具有越高的能量，原子若要釋出電子就要從外部接收到切斷引力的能量。氣態電中性原子或已經游離化的原子釋放出一個電子時，所需的最小能量稱作「游離能 Ionization energy」。因此游離能越小，表示越具有變為陽離子的傾向，因為用低的能量也能輕易取出電子的關係。

具有高游離傾向的元素排列順序，是依照游離能的大小排列，相反的，原子得到電子時會釋放出能量，這是因為從外部

獲得的電子被原子核的引力吸引時，會形成能量較低的狀態。原子獲得一顆電子時所釋放出的能量，就是前面提到的*「電子親和力」。與游離能相反，電子親和力越大，越容易形成陰離子，元素中游離能很小而容易形成陽離子的元素是銫（Cs）與鍅（Fr），電子親和力很大而容易變為陰離子的元素是氯（Cl）與氟（F）。

＊註：目前 10PAC 將帶一個負電荷氣態陰離子移除一個電子時，所改變的能量稱為「電子親和力」

先前只有討論到金屬的游離傾向，但游離能不光只是金屬元素，也是所有元素週期表的元素都具有的特性。不過游離能並不是隨著元素高低起伏，而是在元素週期表中本身的排列就有其意義。這是因為元素週期表，本身就是依照會影響游離能的元素原子量、電子數與受電子影響的性質來排列的表。游離能也與電子有關連，所以同樣地在元素週期表上也可以看見清楚的週期性關係，這類傾向雖然也有在電子親和力出現，但是電子親和力並沒有像游離能那樣明顯。

從游離能的觀點來看，該如何表示每個元素的物理週期性呢？在元素週期表同週期，也就是同一橫行的元素中越靠右側，游離能就越大。儘管當進入過渡金屬的交界時，會出現例外的元素，但用傾向可以表示包含部分例外的普遍情形。出現這樣傾向的原因，是因為同一週期的元素有相同的外殼層，越

靠右邊就有越多質子，所以吸引電子的力量更大。這樣的傾向在直線中也會看到，同一族也就是同一直列，越往下面，游離能就越小。

這與原子半徑有關。因為最外層電子與原子核距離較遠，所以吸引電子的力量也變小。儘管這傾向在過渡元素中也呈現鋸齒狀。將橫向或直向上的游離能再加入立體概念時，可以在元素週期表中呈現特別的模型。並且游離能也按照原子序呈現特別的模型，其實當初製作元素週期表時並沒考慮到游離能，早期元素週期表僅僅依照質子數，也就是原子序排列出來，<u>波耳</u>在提出波耳—索末菲模型後，想用自己提出的原子模型來解釋元素週期表。所以<u>波耳</u>依照自己提出的早期模型主張電子吸收能量多少就會進入激發態，之後會放出能量以變得穩定。這麼一來帶有許多電子的重元素，會為了保持穩定讓使電子聚集在內層軌道上，所以想當然爾原子會按著質子數的比例增多而變小，然而實際測量結果指出，原子的大小隨著原子序的增加會呈現一個週期，規律性地變小後又變大。

同樣地，游離能也應該要按著質子數的比例增多而變大，但原子大小也同樣只有在較小的元素，才出現游離能的週期性規律。波耳依據這實驗結果規劃出自己的模型，他將週期性的特點運用在他的電子軌道上，認為原子較小且游離能較大的原

子有在最外層軌道上填滿電子，所以與原子核的吸引力較大；相反的，原子變大時游離能卻反而變小的原子在最外層軌道上有一個電子，奠基在波耳理論基礎之上，電子會有週期性地排列是現代元素週期表樣貌的起點。

　　人類透過好幾種方法，從散佈在地殼的物質中取得純金屬，在其中最好用的方法就是氧化與還原。不同物質以離子態存在時，會產生氧化與還原反應，因此某一邊會被還原而轉換為純元素，簡單來說就是從礦石中取出純金屬，此時游離傾向較小的離子容易被還原出來，氧化還原反應的終極目的，就是達成化學平衡。平衡並不是說不再發生反應，而是不僅移出與接收電子的過程持續進行，更是要雙向反應都平均進行，不偏向任何一方。從外觀看時似乎沒有發生任何反應一樣平靜，人

類即使不知道電子的存在與價值，但也領悟到如何將物質還原為原狀的方法，很明顯地游離能也有介入，然而氧化還原進行的方向並不是單純只以游離能的大小來決定。

化學平衡有好幾種不同的條件，條件本身很繁瑣。在這裡又有另外一個特性介入，就是電子親和力，當基態存在的氣態原子接收一顆電子時，就會變成陰離子並釋放出能量。比較在元素週期表橫向同一週期上的元素時，越靠右側的元素，其電子親和力也會變大。不過最右側的第 18 族元素的電子親和力尚未知，科學家因為第 18 族已經填滿電子的關係，只能主張說電子親和力是極小的正值或極小的負值，已經完整的原子自然不會理睬電子，排除第 18 族的惰性氣體後，同週期的元素有相同的電子層，所以越往右邊的元素會因為質子數變多的關係，吸引電子的力量變大所以電子親和力也有變大的傾向。

所以元素週期表中同一族（直向）的元素會如何呢？同一族中越下面的元素，電子親和力就會像游離能一樣變小，在同一族中越下面的元素，最外層的電子層也會離原子核越遠。因此原子核對最外層電子的吸引力也比較弱，電子親和力也會變小，電子親和力與游離能相似，也是越靠元素週期表右邊的元素就越大，越靠左下方的元素就越小，具有這樣的週期性，氯（Cl）與氟（F）是電子親和力特別大而容易變成陰離子的元

素。

現在我們會提到另一個原子，吸引電子的標準來說明這兩個指標，就是電負度。原子或分子內的原子價鍵會涉及到電子對被吸引的程度。這標準是取自游離能與電子親和力的平均值，在元素週期表中這兩個傾向很相似的關係，所以電負度也是很類似的傾向。然而過渡元素同樣如其他物理特性一樣，也是脫離這樣的傾向，「過渡金屬總是例外」這句話在這裡也不例外。我們知道在 p 區域的金屬與非金屬交界處可以確認的是與物理上的週期性有關。元素的游離能、電子親和力、電負度越小，金屬性質就越大，非金屬性質變小，p 區域中很明顯看出的金屬性質從左開始越往右側就越小，從上開始越往下就越大，現在會透過 p 區域中用斜線畫出的分界線上的類金屬來說明這三個指標。

這些物理性質和週期性，也形成了元素本身的特殊性質，但週期性就像公式一樣，在原子彼此之間、原子與分子之間轉移或共用電子後形成物質的複雜規則中打下基礎，稱元素週期表是組成世界的設計圖也不為過。如果所有原子都像第 18 族元素般完美，想必學化學就會輕而易舉，然而這樣的話不僅我們，就連世界都不會存在，原子為了自行變得穩定而移出電子或接收電子的行為，雖然看起來很像貪圖變成像第 18 族元素

那般的高貴氣體，但也具有要創造組成世界的各樣材料的崇高意義，這是因為週期性是組成世界的規則的基礎，這樣一來原子帶著怎樣的設計圖、彼此以什麼型態來見面呢？

為什麼原子討厭獨自存在？

　　氣象學家將溫室氣體之一的二氧化碳，視為氣候變遷的罪魁禍首。由於氣候異常，人使用暖氣與冷氣時燃燒更多燃料，所排出的溫室氣體慢慢影響了氣候，環環相扣的問題似乎要從某處開始解開才是，我們在限制碳排放與石化燃料替代能源中找到解答，人類的科學技術到目前為止突飛猛進，然而浮出了「無法製造出更好的空氣」這問題。做得到不光是限制石化燃料而是消除二氧化碳嗎？如果可以輕鬆分解這單純的物質，就可以解決氣候變遷帶來的苦惱，那麼在回答這問題之前先問另一個問題，為何人類在許多的物質中，非得要使用會排放二氧化碳的石化材料作為能源呢？諷刺的是，從能源觀點來看難以消除二氧化碳的原因，正與人類使用石化能源的理由相同。

　　在原子的鍵結基礎中有物理定律，就是熱力學第二定律：所有物質都具有「能」，「能」會自己從高處往低處移動，這道理就跟熱水在常溫下會冷卻一樣，水會燙的原因是水分子很活躍所以彼此碰撞後產生熱能，<u>結果高動能就會自己轉變為低動能，形成穩定態</u>。上面提到的電池也是一樣，我們提到兩極之間的電位差是電子流動的原動力，就像高處的水會往低處流一般，放電的原理是電荷也會隨著電位差移動，這裡用水來比喻

反應能

電子，低處的水再次回到高處的過程即是充電，現在我們也要用這樣的能量觀點來看原子間的鍵結。

最好的例子是氫分子 H_2，我們無法親眼看到原子所以要發揮一下想像力，想像在真空中有兩個氫原子距離彼此無限遠，兩個原子距離相當遙遠，所以兩個原子之間不會有什麼變化也不會給彼此影響。一顆原子本身也會帶有能量，那麼兩顆氫原子的總能量和，就會是一顆原子具有能量的兩倍。

現在兩個原子開始拉近，然而隨著距離越來越靠近，總能量也有所變化，**兩個氫原子會比遠離時的總能量更低，後來彼此鍵結形成分子時，會比單一氫原子的能量更低，就像引力在作用般彼此互相拉扯**。那麼現在更靠近的話會怎麼樣呢？質子之間的斥力變大時總能量會再次增加，我們有說過所有物質都會自行往低位能移動，分子在能量最低的時候形成，這能量與原子相距無窮遠時的總能量之差就是鍵能。不同種類分子的鍵能都不同。

實際上測量能量時，兩個氫原子在彼此最適當的距離時即為最低位能量的狀態，距離約為 0.074 奈米，鍵能是 436 仟焦／莫耳。換句話說，當施加超過 436 仟焦／莫耳以上的能量時氫分子就會分離成兩顆氫原子，在結合比起分離更好時就會

形成分子。所有物質皆由分子組成、分子生成的原理中都可以用原子的交互作用來解釋，原子的交互作用是能量與距離的函數。

　　鍵能對分子有什麼意義呢？我們來看幾個簡單的氣體分子，我們地球大氣中氮分子（N_2）佔了絕大部分，佔有大氣中的 78.09%，氮分子的鍵能是 941 仟焦／莫耳。氮分子是不太容易發生化學反應的氣體，氮分子相當穩定所以不太容易分解。941 仟焦／莫耳對分子的鍵能來說是相當大的能量，現在我們再來看二氧化碳，二氧化碳（CO_2）是一個碳原子和兩個氧原子結合形成的，這分子的鍵能是 799 仟焦／莫耳，我們再來看氯分子（Cl_2），這分子在化學上具有危險性，在前面我們有解釋第 17 族會為了得到一個電子而強硬地形成鍵結，氯氣實際上在二次世界大戰上被用為殺戮武器，氯分子的鍵能是 242 仟焦／莫耳。

觀察這三種分子的鍵能，我們似乎可以知道些什麼嗎？看得出來氮分子很穩定但氯分子很危險。鍵能大的分子要從外部施加能量才能分離，鍵能小的分子就很容易分解，換句話說就是很容易反應，那麼二氧化碳呢？從鍵能角度來看算是相當穩定的，我們會發覺一旦形成二氧化碳，就很難分離。為了減少溫室氣體，我們要減少二氧化碳的排放，如果鍵能很低，想必大家就會為了空氣中的二氧化碳更付出努力了。

　　<u>如果要分解二氧化碳，在分離過程中就需要大量的能量，而且這能量只能從石化能源中獲得，為了分解二氧化碳結果又會陷入排放二氧化碳的陷阱。</u>這是什麼意思呢？我們使用石化燃料的理由，是因為燃料內含有的碳與氧氣鍵結時釋放出的能量很高。結果很難減少二氧化碳的理由，跟人類使用石化燃料的理由一樣，需要大量能量的關係。比起單獨存在，原子在鍵結的狀態下更穩定，儘管鍵結需要滿足數種條件。原子形成分子後，分子彼此之間也會開始聚集成團，組成世界的物質大部分都是這樣分子的集團，雖然我們在二氧化碳上吃不少苦，但是二氧化碳確保了光合作用與呼吸循環系統中生命的延續，而且是鍵結過程中可以得到能量的重要分子。我們想要將二氧化碳再分離為原子基準，但是大自然並未輕易妥協，我們要更理解讓原子彼此結合的大自然這設計師的想法，才能解決人類眼前的氣候危機，現在就讓我們來看看精密的原子間鍵結的設計圖。

化學鍵 | 離子鍵

　　組成物體的元素很多元，並且比起由單一元素組成，更多的情況是由好幾種元素結合形成。當然也有像鑽石或石墨是只由碳構成同素異形體的情況，但我們周遭大部分的物體都是由多種元素構成，像這樣結合後會出現原本元素以外的其他特性，這特性不只是外觀不一樣，也包含物理和化學性質。

　　事實上要從外觀分辨出物質的成分相當不容易。糖與食鹽晶體在外觀上不太一樣，但如果食鹽和糖兩者磨得很細後要從外觀區分出來相當不容易，特別溶解在水中時又更難分辨，然而它們仍會透過分子具有的特性區分。<u>如果將分子再分解成原子了，分子的特性就會完全消失，也就是物質的特性會消失。元素固有的性質也很重要，但是決定大多數物質特性的還是分子帶有的性質</u>，所以原子的結合以及鍵結方式有重要的意義。

　　我們知道每個元素有電子數的差異，也知道元素特性是原子最外層電子，與位於原子中心的質子數量之間的引力決定。原子多樣的鍵結和反應，也是與外層的電子有很深的關聯。元素具有外層電子的週期性，所以也預測元素之間彼此有特別相合的鍵結，不過元素鍵結有幾點共同的特徵，鍵結外觀也隨著特徵而有不同。

在理解元素鍵結方面，最常應用的物質就是食鹽和糖。食鹽是氯和鈉形成鍵結合成的物質，氯的電子親和力大所以容易接收電子後形成陰離子。相反的，鈉的游離能很小所以容易釋出電子，結果游離傾向變大而形成陽離子，極性不同的兩個離子就像兩人相愛一般，彼此吸引後形成鍵結成為氯化鈉。與這不同的，若兩元素在純元素的狀態下相遇，就會交換電子形成鍵結時產生爆炸。因著激烈釋出電子與接受電子，原子本身變得穩定而過程中釋放能量，事實上食鹽激烈的結合可以在實驗室中看見，因為我們比較熟悉食鹽大多在海洋經歷許久後才形成，所以這樣爆炸的現象很難觀察到。

　　氯化鈉的鈉在水中溶化時很容易理解它的鍵結，在氯化鈉晶體中如果有水進入，四個水分子就會包圍一個鈉離子，因為水分子具有極性，一個氧和兩個氫形成共價鍵而合成的水分子，其中電子對會被較重的氧原子核吸引，電子會被氧原子抓住，氫原子形成電子不足的情況。**<u>雖然使用「共價 ocvalent」這一用語，但並不代表它們平等，其實電子會更靠近力量大的一方。</u>**因此水分子這時就像磁鐵一樣在兩處個有不同的極性，氧原子一側帶有部份的負電荷而氫原子一側則帶有部份的正電

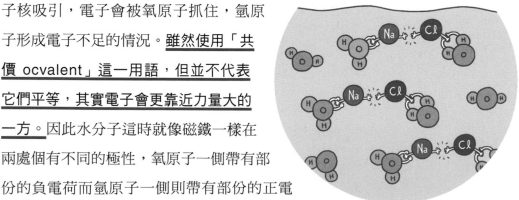

荷，具有這樣極性的水分子在氯化鈉晶體中會將鈉離子拉出。水分子的氧原子就會吸附在鈉離子上，同樣地水分子的氫原子也會拉扯氯離子，因此兩種離子就會從食鹽晶體中分離，散布在水中。

雖然拆開這過程看似相當複雜，但實際上我們經常看到這反應，我們稱之為「溶於水中」，但是若要從科學角度嚴謹來剖析，比起說「溶化」，意指分解為離子態的「解離」這用語更為適當，**因為在肉眼看見的「食鹽溶於水中」現象中，實際上是分子分解為離子大小的過程，在這過程中重要的一點是晶體分解為陰、陽離子。**

那麼氯化鈉無法分離為鈉原子和氯原子而不是離子態嗎？當然可以，但必須得供應與兩者產生鍵結時，釋放出的能量相等的外部能量才行。要這樣才能變為電中性原子態的鈉金屬以及氯氣，要原子勉強地取得或移出電子，就需要足夠的力量，我們常見的食鹽晶體，是由彼此異極的鈉離子和氯離子以庫侖吸引力鍵結形成，我們將這樣的鍵結稱作離子鍵。

糖也是像食鹽一樣我們經常使用的材料，外觀也和食鹽很像，這樣一來糖也會在水中解離嗎？砂糖的確就是「溶於水中」。砂糖並不會像食鹽一樣解離為陰、陽離子，糖分子僅

會從團晶體被切分為糖分子後分散開來，糖的主成分為蔗糖 sucrose（$C_{12}H_{22}O_{11}$），蔗糖晶體溶於水時，水分子會包圍蔗糖分子使其從蔗糖團中分離，由包含三種元素 45 顆原子組成的物質無法再單純以水的極性來使其分離。

化學鍵 II 共價鍵、氫鍵與金屬鍵

　　溶於水中的砂糖分子，為什麼無法再分解為更小的原子？這是因為光靠水分子具有的極性，無法打破組成砂糖分子的原子鍵結。比極性更強的力量把原子綁在一起，我們來看前面所提到的原子鍵能，當兩個原子處在最適當的距離時，這時總能量最低並形成鍵結，所以原子不會獨自存在而是形成分子，**發生這現象的根本理由就是原子所具有的電子。**

　　我們再來看氫原子，電中性的氫原子帶有一顆電子，位在最外殼層，雖然 s 軌域的球型電子軌域有兩個電子是穩定的，但帶有一顆電子的純氫原子大部分會把電子捨棄，以一顆質子的狀態存在，缺乏電子的軌域證明了處在不穩定的狀態。氫一般都稱為氕 protium，在自然界中佔有 99.958%，然而要看到完整的氕狀態並不容易，氕是單獨只有原子核的狀態，一般的環境大部分都是與其他原子結合的狀態，我們用質子來表現。

　　當然也可以多加入電子形成陰離子，氫陰離子理論上可以製造出來，但這不常看到，結果在軌域中不足一顆電子的氫原子會與其他元素共用電子，就好像自己也有電子一般來填滿軌域。**就如在包立不相容原理所提到一般，各個氫原子在軌域中的那一顆電子要與不同自旋的電子成對，才會填滿軌域。**共用

電子對並將當作自己軌域的兩個原子會形成鍵結，這個就是使氫分子彼此鍵結的共價鍵，兩個原子的軌域彼此混合後出現成鍵軌域。就氫來說，具有球型 s 軌域的氫會與其他氫原子結合後，形成橄欖球模樣的橢圓形成鍵結軌域，事實上在鍵結的過程中總軌域數是不變的，兩個軌域會合出鍵結軌域並形成電子不存在的反鍵結軌域，重要的是成鍵結軌域會共用電子對。

實際上在這處要提到一個部分，特別是在化學領域中，會表示為電子「填入」軌域或電子殼層中。這句話就好像軌域像房間一般讓電子分配到那房間裡，其實這樣的說明是幫助我們比較容易理解電子的組態，但嚴格來看是完全錯誤的。<u>軌域的正確概念是電子像雲一樣散佈在空間，且同時存在於多個區域，因此軌域是由電子的軌跡所形成</u>。用比喻來說較像在深山裡的步道，就像並不是一開始就有道路而是人行走後出現了路；同樣地，電子隨機出現的軌跡就是軌域，兩個氫原子共有彼此電子的意思，就像當作自己電子般地同時存在原子核周圍，出現軌道的痕跡，就像橢圓形的雲朵般展開，這概念在物理學中稱為「重疊」。

不只是氫，形成共價鍵的大多數原子，都是根據重疊概念出現鍵結軌域並共用電子對，不過參與共用的電子有特別之處。<u>只有原子最外層軌道上的電子才有參與這類鍵結的資格，</u>

我們稱作「價電子」。因為每個元素最外層的電子數不同的關係，可以與各樣的元素鍵結並反應，內殼層的電子就連與其他原子的軌域接觸的機會都沒有，由多種共價鍵組成的鍵結軌域，會和既有的軌域混合後導致分子形狀改變，並決定分子的構造進而影響物質的性質，有時甚至會出現完全沒想過的其他性質，因為在某些情況下，分子結構本身就會決定物質的性質，而與原本的元素沒有關連。

共價鍵的代表性元素就是碳，碳元素很能呈現結構上的特性，帶有六顆電子的碳原子，其中四顆是在原子的外殼層中。內層 s 軌域的兩顆電子，由於被限制在原子內層所以不會參與和其他元素的鍵結，其餘的四顆電子位在最外殼層的 s 與 p 軌域，只有填到半滿的碳原子，會滿足與其他原子形成鍵結的條件。碳原本的突出處是兩個軌域，但它們不會維持固有軌域的形狀而是會混合後形成不同形狀的混成軌域，電子會均勻分佈在原子核周圍，所以創造了與其他原子鍵結的機會，依照 s 與 p 軌域鍵結的數量可分為 sp、sp^2 與 sp^3 三種不同形狀的混成軌域。託混成軌域的福，碳才能具有多樣化的鍵結形狀。

雖然屬於碳族的其他元素也能形成混成軌域，但不像碳那麼明顯，甚至碳與碳之間，可以共用三組電子對形成參鍵。sp^3 是碳原子在三度空間中，可藉由與另外四個碳原子形成共

價鍵形成 σ 鍵，同時也考量共用電子對彼此間的斥力之下能穩定排列，而優先形成的正四面體構造，鑽石就是以這結構組成的鍵結。另外碳與三個不同的碳原子上的電子共用時，也可以形成六角型的結構，這時剩下的一顆電子會延伸到平面，而不參與混成而形成 π 軌域，以這型態合成的物質就是奈米碳管和石墨烯。石墨烯比鐵更堅硬的原因在於六角形的結構，容易導電的原因則在於沒參與混成的關係，石墨烯可以由好幾層組成，這時無數的石墨烯好像可頌麵包一樣疊加時的產物就是石墨，可以這樣結合的原因，在於不參與蜂巢形狀的碳鍵的自由電子之故。

　　儘管石墨烯不是共價鍵也不是離子鍵，不過就好像鍵結一樣緊貼在一起，但又不像共價鍵強所以可以分離。**物理學家安德烈・吉姆以及君士坦丁・諾沃肖洛夫利用玻璃紙膠帶從石墨中分離出一片石墨烯，藉由這研究成果獲得了諾貝爾獎在科學界傳為佳話。**這類弱鍵不是僅存在碳物質中。大部分的分子會

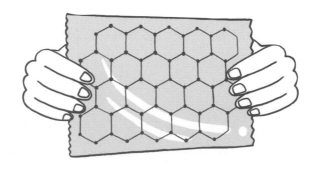

因著周圍的電子，而打破電荷對稱性而導致出現部分同時帶有正電荷和負電荷的偶極子，偶極子彼此會吸引不同極性的分子。在這類偶極之間發生的凡得瓦力結合，只有共價鍵百分之一的程度，雖然很弱但在分子結合的方面非常重要。

另外分子也會透過這類極性來產生鍵結，這在酸和鹼的章節中有提過，大部分複雜的分子，都由這些酸和鹼的網絡所組成。生命體中的遺傳因子之一，代表性的 DNA 是由兩股平行的螺旋長鏈摺疊後形成的結構，我們稱呼這構造為「DNA 雙股螺旋」，DNA 單股螺旋是由醣、磷酸和鹼基組成的「去氧核糖」為基本單位的分子反覆組成的高分子體，其中鹼基可分為四種，分別為腺嘌呤（A）、鳥嘌呤（G）、胞嘧啶（C）以及胸腺嘧啶（T）。

有了這鹼基，雙股長鏈就可以梯子一樣連接在一起，這時兩鹼基其中一邊分子的氫原子，會在兩鹼基中間拉著兩鹼基，這個和氫原子有關的鍵結就是氫鍵，氫鍵的強度與共價鍵比較時只有共價鍵的數十分之一，複製 DNA 的機制中要將雙股長鏈分開，所以，大自然選擇了分離強度適當的鍵結了。

現在我們要知道的鍵結還剩一種，就是元素週期表的中央和左側的金屬，金屬原子大部分都是球形，**球形的金屬原子就像蘋果盒子裡的蘋果般整齊地堆疊，而不倒塌的原因是外殼層**

的一兩顆電子，會在原子間自由流動而將所有原子綁在一起的
緣故。脫離原子的電子會在不同原子間自由流動，我們稱它為
自由電子，嚴格來看外層的軌域彼此疊合在一起，形成了包覆
整塊金屬原子的巨大電子雲，我們常常稱金屬原子的鍵結是電
子海的理由也在此，金屬具有能與其他非金屬元素，區別出來
的特徵之理由就是自由電子，並且金屬元素大部分都具有相似
性質的理由也是源於自由電子。

所有金屬都很堅固嗎？

　　我大約是在小學畢業時接觸到煉金術這學問，透過曾讀過的書知道了能將鉛變為金的方法，不過我把這當作是個夢。因為在元素週期表中，鉛比金差了三格但水銀就在金的旁邊，所以我決定要從水銀取出質子和電子來製造出金，取得水銀的唯一途徑就是體溫計，不過金和鉛都是堅固的固體而體溫計裡的水銀卻像液體一樣。某天我想確認水銀的真面目，大膽地打破玻璃管。水銀暴露在空氣中非常危險所以讀者絕對不要學，不過打破溫度計後，水銀球散佈在碎片上並聚集一起，這特殊現象直到現在讓我無法忘記。

　　我們知道的大部分金屬在常溫下都是固體。不過水銀是以液態存在，**物質的狀態與溫度息息相關，液態下當溫度降低到特定溫度時會變成固態；相反地，當溫度升高到特定溫度時會變成氣態。** 我們將這兩個特定溫度，分別稱為凝固點以及沸點。其實這兩個溫度用語是以液體為基準所定義的，然而組成元素週期表的大多數元素都是固體，118 的元素中的氣體有 11 個，自104 以後的 15 個人工元素其存在的時間太短，所以很難定義它們的狀態，並且以液態存在的元素只有水銀和溴，其他的元素

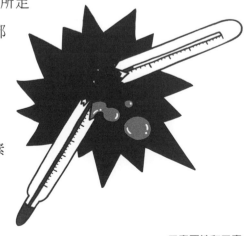

**元素屬性和元素
週期表的未來**

都是固態。

如果以固體的角度定義兩種溫度，熔點會比凝固點更容易理解。溴是非金屬元素，在金屬中只有水銀在常溫下呈現液態，水銀的熔點是絕對溫度 234.32K，換算攝氏則是零下 38.83 度。水銀是金屬中唯一在常溫下以液態存在的元素，肯定是熔點最低的元素，那麼也會有熔點最高的元素。人們充分活用這物質的優點，不管是物質還是粒子，能量釋放的型態只有兩種，就是光和熱。人類找到了熔點很高的金屬後，當該物質接收從外部注入的能量時不會熔化而是維持狀態，人們充分地使用該物質放出的熱和光，鎢的熔點是攝氏 3410 度，與熔點最低的水銀比起來差了 3450 度，水銀和鎢是同週期的元素，是電子殼層很相似的金屬，為什麼會有這樣的差異呢？

<u>前面提到金屬就像蘋果箱裡的蘋果一樣，整齊堆疊在一起的晶體，晶體堅固的關鍵就是自由電子。</u>這自由電子並沒有被關在自己的元素裡，而是流動在周圍的原子間。金屬原子看似就像失去電子一般帶有正電荷，但最後自由電子將不同極性的其他金屬原子緊緊結合在一起，自由電子扮演著黏著劑一般的角色。

決定熔點的最重要關鍵點是硬度，如果堆疊像蘋果般球形

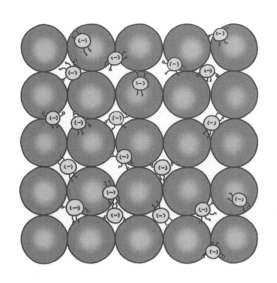

原子的鍵能很弱就很容易分解，就很難維持固態。不過看水銀和鎢的電子組態，會發現他們最外層的軌道都只有兩顆電子，<u>如果熔點只與鍵能差異有關、結合的角色只有自由電子的話，那麼水銀和鎢的硬度應該要很接近才對，但為什麼差異如此明顯呢？祕密在於內層電子殼而不是外殼層。</u>雖然外層軌道的電子數相同，但水銀比鎢更不會釋放自由電子。

　　水銀與鎢的電子數差了六顆，不過外層的電子數都是兩顆，所以差異在於內層的電子數，實際上水銀的副殼層在 5d 軌域中有十顆，鎢則是有 4 顆，5d 軌域可以填滿十顆電子，水銀算是把內層電子都填滿了。因此是相當穩定的狀態。相反的，鎢還有可以填入六顆電子的空間，這些電子副殼層相當不穩定所以容易釋出電子，結果鎢會因為自由電子很多而使原子

間能緊密結合，水銀則相較之下鍵結力較為寬鬆。

　　並不是所有金屬都很堅固，有些固態金屬具有像可以用刀切開硬邦邦的乳酪般柔軟的性質，甚至有些金屬具有延展性可以拉長或變薄，一公克的金壓扁時可以製作出直徑 80 公分、厚度約 0.0001 釐米的圓形金箔，拉長時則可以製作出 0.0045 釐米、約 3200 公尺長的「金線」。金屬可以壓扁壓薄的性質稱為「展性」，拉細拉長的性質稱為「延性」。

　　<u>像這樣金屬可以擠壓拉長也不會裂開或斷掉的原因，就是金屬的晶體結構和自由電子</u>。即使在金屬上施力時金屬原子排列被打亂，自由電子也會立刻移動，並與金屬原子之間形成新的鍵結，因此金屬才不容易裂開或折斷。不過金屬中也有不像金那般可以拉長的金屬，例如鈦與鎂就是不太能拉長的金屬，這類金屬承受外力時就會裂開，金屬原子的排列方式會決定金屬可以延展的程度，也就是晶體結構，晶體結構可分為「面心立方」、「體心立方」、「六方最密堆積」等三種。

　　三種晶體結構中，最能拉長的是面心立方晶體，最難拉長的是六方最密堆積，體心立方則介於中間，屬於面心立方晶體的金屬有金、銀（Ag）、銅（Cu）、鋁（Al）等元素，屬於體心立方晶體的金屬有鐵（Fe）、鈉（Na）、鎢（W）等元

素，而屬於不太能延展的六方最密堆積的金屬則有鈦（Ti）、鎂（Mg）、鋅（Zn）等元素，對金屬施加外力時金屬裡帶有晶體的「滑動面」上的邊界會導致金屬原子往「滑動方向」移動，晶體中似乎有些紋理在其中，這就是晶體結構屬於面心立方時，晶體移動面的「滑動面」以及晶體移動方向的「滑動方向」很多的關係。

金屬有光澤、可延展，還能導電和熱

　　大多數金屬都有共同的光澤和顏色，其實光要從外觀區別金屬相當不容易，在煉金術中把黃金作為在地表上的目標是有理由的，因為黃金是唯一具有亮黃色光澤且絕對不會生鏽的金屬，人們喜歡的事物中包含永恆、純粹及特別，另一種帶有不同顏色的金屬是銅，銅帶有與一般金屬不同顏色的紅色，但與黃金不同的是它會氧化，除了這兩種金屬以外其餘的金屬大部分都是銀色光澤且會生鏽，<u>每個元素的顏色與氧化程度各有不同，但大部分金屬共有的特徵就是帶有光澤。有光澤的原因是因為物質表面沒有皺摺相當光滑的緣故嗎？</u>

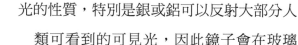

　　其他物質也可以像金屬那樣製造得很光滑，但其他物質再怎麼光滑也不會閃亮，甚至粗糙的金屬也能從表面上看到反光，這樣的光澤是金屬獨有的性質，是可以反射光的性質，特別是銀或鋁可以反射大部分人類可看到的可見光，因此鏡子會在玻璃背面鍍上一層鋁或銀的薄膜。儘管鏡子也可以用其他金屬製作，但這兩種金屬的反射率比其他金屬更加優秀，不過為什麼金屬會有光澤呢？

在這部分電子的角色也很重要，事實上當詢問金屬不只光澤也還有出現其他特性的原因時，只要回答自由電子就會相當靠近答案，可見光是電磁波的一類，具有波動的特性，因為接收光的自由電子帶有負電荷，會發出與電磁波一樣頻率的震動，結果可見光接觸到金屬表面時，自由電子就會吸收可見光的能量，同時自由電子吸收多少能量就會放出多少電磁波，因此接收的能量全都會返還回去。

這樣吸收能量後重新釋放的過程就稱為反射，可見光是從紫外線的最大波長 380nm 到紅外線開始的 780nm 之間，橫跨 400 奈米波長的電磁波，結果這領域的電磁波與金屬原子周圍的自由電子的頻率很相似，所以大部分吸收後又再反彈，不過並不是所有金屬都會像這樣吸收可見光後再放出來。像銅和黃金般的金屬光澤，雖然是反射可見光的結果，但卻強烈散發出紅色和黃色的光。我們肉眼看到的特定顏色代表它僅發出特定的波長，這麼說來除了特定的顏色外，其他波長的電磁波去到哪裡了呢？

不同金屬的自由電子移動速度也都不一樣。X 射線的波長很短且為高頻的電磁波，頻率高的能量也就強，自由電子再怎麼努力也無法吸收像 X 射線這樣高頻率的電磁波，結果 X 射線就會穿過自由電子，進到金屬原子的內殼層裡被其他自由電

子吸收或從原子核反彈出來，這現象在可見光照射時也會像金屬一樣，電磁波波長介於 380nm 到 780nm 的可見光，會隨著波長數值在我們眼中區分為彩虹顏色。

我們眼睛將接近紫外線的波長認知為藍色，波長大約在 450 奈米，波長變長時頻率會變小，530 奈米附近的綠色，580 奈米附近的黃色，從 630 奈米開始就會被認知為紅外線區塊的紅色。顏色的邊界是隨著波長大小延續下去的關係，很難用特定大小的波長表示某種顏色，波長和頻率呈現倒數關係，所以藍色或綠色在可見光區塊中算是能量大的。相對的，黃色或紅色的能量算是小的，能量大小與波長呈反比關係，與頻率則成正比。

我們知道黃金的自由電子速度，與其他金屬相比之下會較慢。所以黃金的自由電子無法吸收綠光和藍光區塊，而是會進入原子內部的內殼層後被吸收。銅比金的自由電子速度更慢，所以到黃色的波長為止，都無法被外表的自由電子吸收，而是通過內層後被銅內部的電子吸收，結果來看黃金反射一部分的黃色和紅色區塊，由於紅色在可見光區塊中反射的是微弱的光，所以黃色會比較明顯，相較之下連黃色也消失的銅中反射出的紅光更是明顯，我們從這裡可以知道在原子中沒有顏色。**金屬表面的光澤是由自由電子產生的，實際上原子本身不會有**

光澤，當然也不會有顏色。呈現光澤的現象和固定顏色的原因都是源自於自由電子。

　　我們也知道金屬的導電性和導熱性很好，當有人問這原因時，如果回答又是因著電子的關係，那麼幾乎會靠近正解，再強調一次，化學就是電子的故事，如果更準確地來說，是因為自由電子的緣故。我們經常說電流是流動的，將金屬拉成很細的形狀做成電線使用時，我們會用電流在流動來形容，可以用這些線製造電路，還記得在化學教科書中，有看過呈現電子從電池移動到燈泡的圖片嗎？實際上沿著金屬流動的是電荷，電流是電荷的移動，所以並不適合形容為電流正在流動。雖然有時會把電荷混淆錯認為電子，但兩者是完全不同的概念，電荷能以量表示。

　　一顆電子帶有的電量稱為基本電荷，我們已經習慣電流會沿著電線高速傳輸這說法，所以造成人們誤以為是電子在金屬所製的電線中高速傳輸，讓我們來想一下，電池和小燈泡組成的線路裡，電線有類似銅的金屬原子以及自由電子。當然自由電子會往正極方

向移動，所以是電荷在移動，然而當開啟開關時，並不是電子像開火那般從電池高速向燈泡移動。為了理解電流在流動的意義，需要運用一下想像力，電路裡的導線金屬中已經充滿著自由電子，一旦打開開關，電池的電壓就會推動電子。這場面就像群眾在密集場所中發生的事情一樣，把人視為電子的話，入口和出口就是電極，**電流就像在入口方向，把人一直導引進去且持續把人推往出口出去。**結果即使單一自由電子無法自由地在電路中移動，電依然有在流動。

電荷也可以在非金屬中流動，屬於碳構成晶體的鑽石中，由於相鄰的碳原子都以電子形成共價鍵，所以電子被原子晶體緊密地結合，但是由碳的同素異性體之一的石墨所組成的石墨烯導電性良好，這是因為有一顆未參與鍵結的自由電子，源自於石墨烯在各個碳原子中的自由電子，散布在全部中生成電子海，也形成巨大的軌域，就像共用石墨烯在何處都存在般。金屬容易傳導熱的原因，是因為金屬的自由電子，當從外部對金屬加熱時，吸收熱能的自由電子和金屬原子產生劇烈的振動。振動會傳遞給周圍的自由電子和金屬原子，因此從金屬特定部位開始的振動就漸漸擴散到周圍，這即為傳遞振動的原理，只是與電不同的是速度較慢，金屬以外沒有自由電子的物質，不會有電流經過但是可以傳遞熱，這時是傳遞原子的振動，當然熱傳導率比金屬還差的原因，即為缺少自由電子的緣故。然而

非金屬的原子之間強力鍵結、排列確實時狀況就會截然不同了，原因是不會只有某一側產生振動時，擴及到附近的原子，而是整個原子的鍵結，讓整個物質都產生振動，這也就是鑽石雖然不會通電，卻有不遜於金屬的熱傳導率的原因。

很能傳導電與熱的金屬中，傳導率最好的元素就是銀（Ag），其次是銅（Cu）、金（Au）、鋁（Al），由於銀的單位體積中自由電子的密度很高，所以特別容易傳導電與熱。電線大多由銅所製成，不過在特殊用途時會使用其他金屬，有時音響愛好者會為了改善音質減少雜音，而使用銀製的電線。並且我們所知，半導體芯片內部電路的連接線是由金所製。半導體感覺會用傳導性好的銀或銅製成，但是為什麼反而用傳導性稍差的金製成呢？

銀相當的輕，半導體元件中會因著電流而讓銀原子移位，這在半導體中的術語稱為電遷移現象（electro migration），電線中的銀原子如果繼續移位，那麼要讓電荷流動的配線就會損壞或導致元件異常，所以雖然也會使用銀或銅的合金，但是為了避免腐蝕而會使用金。鋁雖然費用低廉，但是最大的優點是很輕，所以適合使用在高壓電纜一類的電線，這是因為銅製的高壓電纜得蓋更多的高壓電塔來支撐其重量。

前面我們提到鎢，現在我們知道金屬會傳遞電和熱，鎢也會因著電阻產生熱量也會發出光。為什麼會出現這樣現象呢？電流是電荷的流動，就像散佈在金屬離子晶體中的電子海的波浪一樣，要比喻的話就像充滿水的水管一端，接上水龍頭後打開時水管另一端就會流出水，如果金屬離子很完美排列，流動的電子就會快速流動而不會受到妨礙。

　　然而晶體並不完美，就連金屬離子也會有振動能，所以原子的晶體排列會有誤差，並且如果其他元素也摻雜在其中變成雜質，就會干擾他們的路徑。電子和這些離子振動如果與雜質碰撞就會改變電子的移動方向，結果就會妨礙電荷的流動，也會產生抵銷。**此時稱為電子散射，電子一旦散射就會損失能量，而導致金屬的溫度升高。**不能因為電子很小而忽略升高的溫度，我們有說過所有能量會以光與熱能型態釋放出來，結果物質散發熱能時，發出多少光也會使溫度上升多少，鎢是金屬，但因為該金屬離子的排熱比起其他金屬更不佳，是電阻很高的金屬，當然我們也可以合成電阻更高的金屬。但使用鎢作為燈絲的原因是熔點比起其他金屬元素更高的關係，這意思是即使有電子散射時產生的光與熱能，但金屬原子的排列也不會崩毀。

週期表不是只有一種

　　1417 年的冬天，羅馬教廷的抄寫員<u>波焦・布拉喬利尼</u>，雖然為了生計而從事神職，但他的內心裡卻夢想著另一個世界，就好像我們在如今金錢儼然就是上帝的資本主義社會中，夢想著另一個世界一般。身為書本愛好者的他，去到德國某間修道院找到了古代羅馬詩人和哲學家<u>盧克來修</u> Lucretius Carus 的書籍，書名為「物性論」。<u>波焦</u>抄錄了這本書後發送給朋友，結果文藝復興時代就因此揭開序幕，世界不再受限於「神權」的概念，就此結束中世紀的黑暗時期。

　　貫穿這本書的脈絡是對大自然的科學觀察：<u>「所有事物都是由無法再分割的原子所組成，持續反覆結合和分解的過程，並且原子不會消失，會不斷運轉，改變成不同型態存在。」</u>這本書與人類隔絕了千年，被封印在時間當中，<u>波焦</u>如果沒有發現它的話，搞不好我們無法生活在一個享受現今科技文明帶來益處的時代。因為這手稿後來也影響了<u>湯瑪斯・摩爾</u>、<u>蒙田</u>、<u>伽利略·伽俐萊</u>、<u>培根</u>、<u>霍布斯</u>、<u>牛頓</u>和美國的<u>湯瑪斯・傑弗遜</u>，成為了人文和哲學以及近代自然科學的發展基礎。中古世紀之後受此影響的帶著煉金術士的稱號，去探究物質的根源，其實科學家和煉金術士之間的界線並沒那麼明確，因為我們熟知的發現重力法則的<u>艾薩克・牛頓</u>，或是德國的代表性作家<u>歌</u>

德，在當代的標準來看也是煉金術士，看發現元素的年代，科學史的斷層是相當明顯的，公元前人類已知的元素包含銅、鐵、鉛、金、銀、水銀、錫以及用在火化熔爐的銻等八種元素，過了千年後在 1250 年發現了砷，煉金術士的代表性人物亨寧・勃蘭特在 1669 年發現了磷，自此就像水庫洩洪般，幾位科學家大量發現了許多元素。

他們的努力成為了讓我們了解元素真面目的基礎，並且藉此製出元素週期表，將每個元素的獨有特性排列得讓人一目瞭然。當然現在的標準元素週期表，並沒有完全照著門得列夫的版本，當時的元素週期表全部只有 60 多個，和現在的樣子完全不同，不過現在的元素週期表能支持他主張的元素，具有週期性這一論點，提供充分的證據，其實在門得列夫以前有幾位科學家為了元素之間的性質與原子量而感到苦惱。德國化學家約翰・沃爾夫岡・德貝萊納第一次試著去歸納，他在 1828 年發現了三元素群組中有化學性質相似的規則。

他發現的三元素群組共有五組。氯（Cl）、溴（Br）、碘（I）；鋰（Li）、鈉（Na）、鉀（K）；鈣（Ca），鍶（Sr），鋇（Ba）；磷（P）、砷（As）、銻（Sb）；硫（S），硒（Se），碲（Te）。他認為這些群組不只彼此的化學性質很相似，而且也發現中間元素的原子量接近兩側元素原

子量平均值的物理性質，驚人的是這五組在現代元素週期表的直列上。

人類的注意力就不僅止於特性，而是自然轉移到原子量上了，也許是比起化學性質測定的不確定性，測定物理量的精準度更能讓科學家們感到安心。1863 年法國地質學家尚古爾多阿開始依照原子量整理元素的性質，他的論文提到元素就像在圓柱表面上的螺紋般向上排列，他主張順序是依照原子量的大小排列，在圓柱的垂直線上放置性質相似的元素，提出了「地質螺旋」概念的週期表。

1864 年德國化學家邁雅將當時已發現的 49 種元素排列成表，因為電子是在 1870 年藉由陰極射線所發現，也直到 1897 年湯姆森才發表新的原子模型，所以表格標示的特別序號是那時才與原子的電子數一致，這張表格包含德貝雷納的三元素群組，並且在 1868 年因為多了四個元素變成 53 個元素，所以重新改良了自己的表格，事實上他在門得列夫隔年發表元素週期表後也改善了自己的元素週期表，變得比較像門得列夫的版本。

1864 年是元素週期表大爆發的一年，雖然還不太廣為人所知，但是英國化學家威廉·奧丁按照原子量大小的順序排列

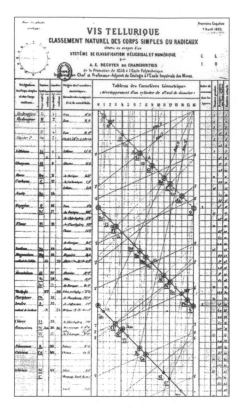

◀ 尚古爾多阿的「地質螺旋」元素週期表（1863 年）

▶ 主張「元素八音律法則」紐蘭茲的元素週期表

No.	No.	No.	No.	No.	No.	No.	No.
H 1	F 8	Cl 15	Co & Ni 22	Br 29	Pd 36	I 42	Pt & Ir 50
Li 2	Na 9	K 16	Cu 23	Rb 30	Ag 37	Cs 44	Os 51
G 3	Mg 10	Ca 17	Zn 24	Sr 31	Cd 38	Ba & V 45	Hg 52
Bo 4	Al 11	Cr 19	Y 25	Ce & La 33	U 40	Ta 46	Tl 53
C 5	Si 12	Ti 18	In 26	Zr 32	Sn 39	W 47	Pb 54
N 6	P 13	Mn 20	As 27	Di & Mo 34	Sb 41	Nb 48	Bi 55
O 7	S 14	Fe 21	Se 28	Ro & Ru 35	Te 43	Au 49	Th 56

▶ 邁耶爾的元素週期表

MEYER'S TABLE OF 1868.

	1	2	3	4	5	6	7	8
			$Al=27.3$ $\frac{?}{?}=14.8$	$Al=27.3$				$C=12.00$ 16.5 $Si=28.5$ $\frac{?}{?}=44.5$
	$Cr=52.6$	$Mn=55.1$ 49.2 $Ru=104.3$ $92.8=2.46.4$ $Pt=197.1$	$Fe=56.0$ 48.9 $Rh=103.4$ $92.8=2.46.4$ $Ir=197.1$	$Co=58.7$ 47.8 $Pd=106.0$ $93.=2.465$ $Os=199.$	$Ni=58.7$	$Cu=63.5$ 44.4 $Ag=107.9$ $88.3=2.44.4$ $Au=196.7$	$Zn=65.0$ 46.9 $Cd=111.9$ $88.3=2.44.5$ $Hg=200.2$	$\frac{?}{?}=44.5$ $Sn=117.6$ $89.4=2.41.7$ $Pb=207.0$

	9	10	11	12	13	14	15
	$N=14.4$ 16.96 $P=31.0$ $As=75.0$ 45.6 $Sb=120.6$ $87.4=2.43.7$ $Bi=208.0$	$O=16.00$ 16.07 $S=32.07$ 46.7 $Se=78.8$ 49.5 $Te=128.3$	$F=19.0$ 16.46 $Cl=35.46$ 44.5 $Br=79.9$ 46.8 $I=126.8$	$Li=7.03$ 16.02 $Na=23.05$ 16.08 $K=39.13$ 46.3 $Rb=85.4$ 47.6 $Cs=133.0$ $71=2.35.5$ $Te=204.0$	$Be=9.3$ 14.7 $Mg=24.0$ 16.0 $Ca=40.0$ 47.6 $Sr=87.6$ 49.5 $Ba=137.1$	$Ti=48$ 42.0 $Zr=90.0$ 47.6 $Ta=137.6$	$Mo=92.0$ 45.0 $Vd=137.0$ 47.0 $W=184.0$

57 個元素，加入元素週期表的競爭行列。其中提出獨特規則的約翰‧紐蘭較引人注目，他在同一年於倫敦化學學會上發表了有關「元素八音律 The Law of Octaves」的論文，他主張元素按照原子量順序排列時，每隔八個元素的週期時性質就會彼此相似。他用音階的八度音符來比喻，採用了八音律這用詞，從尚古爾多阿和邁耶爾再到紐蘭都確認了元素具有類似的週期性，但是當時學界認為這種關聯性不過是偶然，忽視也不認定他們的主張，紐蘭在學會發表了這論述後，不僅學會期刊上並未刊載，還遭到其他學會成員的嘲弄，內心受傷到一度想永遠退出學界的程度，從這狀況可推得當時的學界風氣如何，後來英國學會才承認了紐蘭的研究成果並授予獎牌，英國化學學會之所以願意承擔這屈辱的原因正是門得列夫。

1869 年，俄羅斯化學家門得列夫在俄羅斯化學學會上發表了「元素性質和原子量的關係」，同時在論文中公布了一張表，表的名稱叫做「元素體系的概要」。這成果不僅在俄羅斯學會期刊發表，也刊登在門得列夫曾留學過的德國期刊而在歐洲聞名，當然這與之前的元素週期表同樣都用原子量順序排列，但這與早先的版本有什麼差異呢？他並不光只是整理已經發現的元素，也提出了當時尚未發現的元素，以及已知元素中算錯原子量的狀況，在他製作的元素週期表中出現的問號就代表了他的疑問。後來門得列夫有改良他的元素週期表，我們所

ОПЫТЪ СИСТЕМЫ ЭЛЕМЕНТОВЪ.

ОСНОВАННОЙ НА ИХЪ АТОМНОМЪ ВѢСѢ И ХИМИЧЕСКОМЪ СХОДСТВѢ.

```
                      Ti = 50   Zr = 90    ? = 180.
                      V = 51    Nb = 94    Ta = 182.
                      Cr = 52   Mo = 96    W = 186.
                      Mn = 55   Rh = 104,4 Pt = 197,4.
                      Fe = 56   Rn = 104,4 Ir = 198.
                   Ni = Co = 59 Pl = 106,6 O· = 199.
                      Cu = 63,4  Ag = 108  Hg = 200.
    H = 1
          Be = 9,4 Mg = 24  Zn = 65,2  Cd = 112
          B = 11   Al = 27,4  ? = 68    Ur = 116   Au = 197?
          C = 12   Si = 28    ? = 70    Sn = 118
          N = 14   P = 31    As = 75    Sb = 122   Bi = 210?
          O = 16   S = 32    Se = 79,4  Te = 128?
          F = 19   Cl = 35,5 Br = 80    I = 127
    Li = 7 Na = 23 K = 39    Rb = 85,4  Cs = 133   Tl = 204.
                   Ca = 40   Sr = 87,6  Ba = 137   Pb = 207.
                    ? = 45   Ce = 92
                   ?Er = 56  La = 94
                   ?Yt = 60  Di = 95
                   ?In = 75,6 Th = 118?
```

Д. Менделѣевъ

▶ 門得列夫首次發表的元素週期表（1869 年）

Reihen	Gruppo I. R²O	Gruppo II. RO	Gruppo III. R²O³	Gruppo IV. RH⁴ RO²	Gruppo V. RH³ R²O⁵	Gruppo VI. RH² RO³	Gruppo VII. RH R²O⁷	Gruppo VIII. RO⁴
1	H=1							
2	Li=7	Be=9,4	B=11	C=12	N=14	O=16	F=19	
3	Na=23	Mg=24	Al=27,3	Si=28	P=31	S=32	Cl=35,5	
4	K=39	Ca=40	—=44	Ti=48	V=51	Cr=52	Mn=55	Fe=56, Co=59, Ni=59, Cu=63.
5	(Cu=63)	Zn=65	—=68	—=72	As=75	Se=78	Br=80	
6	Rb=85	Sr=87	?Yt=88	Zr=90	Nb=94	Mo=96	—=100	Ru=104, Rh=104, Pd=106, Ag=108.
7	(Ag=108)	Cd=112	In=113	Sn=118	Sb=122	Tu=125	J=127	
8	Cs=133	Ba=137	?Di=138	?Ce=140	—	—	—	—
9	(—)							
10	—	—	?Er=178	?La=180	Ta=182	W=184	—	Os=195, Ir=197, Pt=198, Au=199.
11	(Au=199)	Hg=200	Tl=204	Pb=207	Bi=208	—	—	
12	—	—	—	Th=231	—	U=240	—	

▶ 門得列夫修正後的元素週期表（1871 年）

知的族的概念就是門得列夫所提出的，並且包含了他預測會出現的元素，甚至還提到比鈾更重的超鈾元素。

雖然之前就有元素週期表，但門得列夫之所以成為元素週期表創始人的原因在於，元素位置的正確性，重新檢視了原本所知原子量的誤差，也變更了原子量以放置在對的位置上。他更改排序的結果，除了碲以外的其他元素都是正確的。儘管原子量有誤差，但仍能正確填入對的位置的原因，在於中子數不同的同位素所影響。雖然同位素直到後來才被闡明，但在當時原子結構及原理尚未被發現的時代，仍能將元素排列在正確位置上，這一點不是偶然而是他極其努力的成果。托他的福，紐蘭的元素八音律才得以被承認，並恢復了他的名譽。

門得列夫透過這份元素週期表，達成的另一項成就是留下已存在但尚未發現的元素空位，以及正確預測原子量和化學性質。他預測的元素有類硼元素 eka-boron、類鋁元素 eka-aluminium、類錳元素 eka-manganese 以及類矽元素 eka-silicon 等四種，eka 在梵語中是指 1 的意思，因此標示為同一族中下一個週期的元素，留下了硼族下面的類硼元素的位置，這個預言是正確的，後來發現這些空格分別由鈧（Sc）、鎵（Ga）、鎝（Tc）、鍺（Ge）所填上。化學性質當然也與他所預測的一樣。他正確預測元素的原子量和性質，讓化學成為不再只建立

在經驗上，而是發展成一門可預測的學問。

　　當時的元素週期表，與現在的標準元素週期表有很多差異之處，代表性的一處就是找不到第 18 族惰性氣體的足跡。在當時連這元素的存在都不知道，因為惰性氣體並沒有對人類透露它們存在的關係，惰性氣體藏得好好的，直到 1869 年英國的天文學家諾曼‧洛克耶發現了氦氣的存在，自此它們的樣貌才慢慢顯現。特別從 1894 年到 1898 年之間英國化學家威廉‧拉姆齊發現了一系列的惰性氣體，才開始加進元素週期表中並標註為 0 族。

　　進入 20 世紀後，原子結構的樣貌才被揭開，物理學家莫斯利發現到原子量與質子數有關聯，這時曾經被原子量綑綁的原子序才被解釋為質子數，為何原子序和原子量不一樣等有關元素的疑問也才被解開，現在的第 1 族到第 18 族組成的版本是在 1923 年由戴明發表後使用到如今，在當時的元素週期表中，鑭系元素位於原有元素週期表的下面。

　　1945 年二次世界大戰時，人類研究原子核並發現到錒系元素，西博格提議將錒系元素放在鑭系元素的下方而完成了如今元素週期表的版本。之後的空位都是從粒子加速器中人工合成的元素來填滿所有 118 個元素。

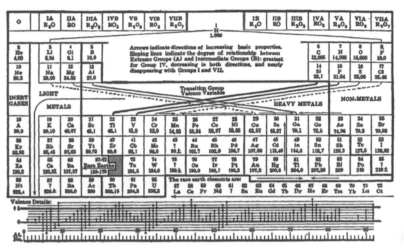

▶ 戴明的元素週期表（1923 年）

PERIODIC TABLE SHOWING HEAVY ELEMENTS AS MEMBERS
OF AN ACTINIDE SERIES
Arrangement by Glenn T. Seaborg, 1945

▶ 發現錒系元素的西博格所修正的元素週期表（1945 年）

實際上元素週期表除了現在介紹的這些以外，還有超過 100 多種版本，我們現在所使用的元素週期表，是國際純粹與應用化學聯合會 International Union of Pure and Applied Chemistry, IUPAC 採用的版本。聯合會持續修正西博格版本的元素週期表並發表，例如最新發布的修訂版是截至 2018 年 12 月 1 日為止，IUPAC 的同位素豐度及原子量委員會（CIAAW）在同年 6 月發布的修正事項，氬氣在地上物質中，元素的原子量有所變動是正常的，所以重新提供了氬氣標準原子量的上限與下限。

　　就如前面所提到的一般，元素週期表是可以從查看元素訊息的角度來重新編制而成的。例如 1976 年在期刊上發表的元素週期表提供了有趣的訊息，比如包含地球大氣的地殼上存在的元素有多少，也充分證明了化學性質的相似度，這訊息同時也間接告訴我們，這行星和生命體是來自於宇宙的星星中。就像要烹飪的話食材就要豐富一般，地球這顆行星表面上豐富的材料與材料的特性綁在一起，經過長久時間後在偶然與必然之間重疊後形成了所有一切。

來自星星，然後回到星星

直到現在，人類瞭解了 118 種元素，也製成了表以輕鬆找到所知的 118 種元素。但並不是所有元素都存在於自然狀態下，從原子序 1 的氫到原子序 92 的鈾之間的元素中，除了因半衰期太短而在地球上消失、只能以人工合成的 43 號鎝（Tc）以及 61 號鉕（Pm）兩元素之外的 90 個元素都存在於自然界中，其餘的 28 種元素需要以人工方式合成，但是這區塊是以發現時間作為基準，人工合成元素中的 43 號、61 號及 93 至 98 等六種元素，是在被發現後才從天然鈾礦中發現到微量的元素，因此現今已經確認有 98 種元素是天然存在的。

這些元素，都是在我們太陽系附近久遠且巨大的星球在超新星爆炸時合成的，結果地球就是在某顆星球終亡之時誕生的，並且地球上最進化的生命體，而人類也同樣由生成地球的物質所構成。當然你可能覺得人類是最有尊嚴的存在，怎麼能像工業產品的成分表一般，分析人的組成成分，但這在科學上是無法否認的事實，正因為我們的身體是由元素所構成的。這樣說來我們身體用什麼元素構成的呢？

構成我們身體的元素，大致上可分為金屬元素和非金屬元素，當然大部分都是非金屬元素。每個人的體重雖然各有不同

但氧（O）、碳（C）、氫（H）大概占了體重的 94%，其中氧佔有 65%。體重 60 公斤的人大約將近 40 公斤都是氧原子重量，這三種元素是醣類、碳水化合物、脂肪以及蛋白質的主要成分，磷（P）和氮（N）也是組成我們身體重要的非金屬元素，氮是組成蛋白質的胺基酸的核心，也是核酸的成分。氮與磷同時包含在遺傳基因 DNA 當中，觀察遺傳基因時會發現到類似折疊梯子的雙股螺旋構造，氮就是它的基礎。

磷有助於增強骨骼和牙齒，鈣（Ca）是人體中最豐富的金屬元素，大約佔有體重的 1.4 %，非金屬元素的磷結合時會產生磷酸鈣的型態來組成骨骼，人體是由 118 種元素中約 60 種元素所組成，其中前面提到的碳、氫、氧、氮、磷、鈣等六種元素佔有體重的 98.5%，剩下的 1.5%包含超過 50 多種元素，但不能因為它們含量很少就忽略它們，這些元素在人體中各自帶有必要的功能，人體中也有鐵（Fe）和鋅（Zn）一類的金屬元素。它們是人體不可或缺的特定元素。

在成人的體內約含有 5 公克的鐵，主要是位在紅血球中運送氧的血紅素中央。之所以發現人體中包含金屬元素的原因，有一個趣聞是因為血液燃燒後的殘渣物，可以被磁體吸引。鉀（K）、硫（S）、鈉（Na）、氯（Cl）、鎂（Mg）等元素佔有體重 0.85%，其餘 49 種元素則佔有 0.15%，總共含有約 10

公克的分量。49 種微量元素中，有 18 種是已知其功能或者可以預測功能的。汞（Hg）、砷（As）、鈷（Co）或氟（F）也包含在微量元素中，但體內的含量如果太多就會致命。

偶爾有研究人員主張這些元素也具有人體內必要的功能，但到目前為止尚未發現證據，剩下的 31 種微量元素尚未發現用途或是只有極微量，例如金（Au）、銫（Cs）、鈾（U），可能是透過食物、皮膚表皮或呼吸進入體內後殘留的。像這樣在人體發現的六十種元素中，有的在體內具重要功能、有的在人體沒有重要的功能，也有的還在探討具有什麼功能，118 種元素中剩下的 58 種元素不存在於人體中。

這裡要注意的是，人體內累積過量不該有的元素或沒有任何功能的元素的情況，這類元素累積太多在人體內時，雖然也會自行排出，但也有可能因著不同原因累積在人體內。代表性的物質就是鉛，它是不存在於人體內的 58 種元素之一，屬於重金屬。鉛如果進入人體內就會累積在骨骼裡，慢慢地溶入血液中而產生各種疾病，最終導致死亡，會導致血管硬化以及肌肉僵硬，血液循環不會很好。而過去會使用鉛作為美容成分，因為具有皮膚美白的效果。如果硬要讓在沒有任何功能的元素進入人體內，當然就會產生問題，我們再來看另一種元素。

雖然有在人體內發現汞和鎘（Cd），但他們和鉛一樣是沒有作用的元素，水俣病和痛痛病分別是汞中毒和鎘中毒所導致的代表性疾病，我們提到汞和鎘在人體內沒有功能，不過他們卻存在於人體中，這意思為它們藉由某種途徑進入人體後沒有排出，殘留在人體後被發現，一般在這樣情況下人體會將視為有毒物質而排出。

　　鋅在宇宙和地球地殼中的含量是相對較高的，因此在生命體中的含量相當高，相較之下鎘和汞的量就很少。人類在進化的過程中，在距有相同性質的 12 族金屬元素中，選擇了含量豐富的鋅並積極攝取，鋅用來催化各種酵素；相反的，量少的汞和鎘因為不需要所以是有毒的，比較三種元素的外殼層是一樣的，外殼層的組態與反應是有關聯的。意指化學性質也是高度相似，如果排除對人體有害的元素就不會有問題，不需要的物質殘留在體內累積到一定的量時，就會變成有毒物質，然而汞和鎘一旦進到體內就不太能排出。

　　汞為什麼不太能排出呢？就是因為它與鋅的化學性質很像的關係，結果汞就依循著鋅的活動途徑，我們的身體是生命體，不像機器或電腦那樣精準執行。偶爾會有犯錯，會誤認，有時看起來馬馬虎虎的樣子，工業產業中生成的環境荷爾蒙分子明明與我們身體的荷爾蒙分子構造不一樣，但都有相似的形

狀。因此當身體誤認這類分子為荷爾蒙並作用在體內時就會出現問題，人體將汞和鎘誤認為鋅來累積在體內，海洋生物中位於食物鏈頂端的鮪魚一類獵食者會累積大量的汞，當我們身體的鋅攝取不足時會發生數種症狀，這時人體就可能會吸收汞。**當我們如此應用元素週期表時，就可以預測我們身體的機制並預防危險。**

　　像這樣一個個了解元素也很重要，不過更重要的事就像所有元素都從星球來一般，我們的身體也是藉由這些來自星球的元素所組成。我們活著時，體內的元素不斷的被成其他的元素取代，並且當我們死去後，就會被微生物重新分解為元素，其中一部分又回到宇宙中形成其他星球，古羅馬詩人和哲學家的盧克修來的書中有這樣的內容，所有物質都由無法再切割的原子所組成，會結合後又分解，之後再反覆結合後再分解，有無數的原子反覆地運作，結果經過數千年後人類所發現的解答與過往古人所認知的事實並不是有那麼大的差異，不過是原本的假設與假說被證明為無法否認的事實，不過數千年前的古人們知道未來的後代們會合成出其他的原子嗎？

只到 118 個元素就結束了嗎？

填滿 118 的最後的元素分別為 113、115、117、118 號元素。2015 年末正式承認元素週期表到最後的第七周期填滿，那麼第八週期元素呢？前面提到人工合成的元素也可以在自然界當中發現到八顆，那麼 118 號以後的未知元素也有機會在自然界當中發現到嗎？不知道是不幸還是慶幸，在自然界中發現的人工合成元素最後一個是 98 號。質子數無法超過 100 個，如果在自然界中存在著 98 號以上的元素，那元素會在我們發現它之前就已經消失，因為他不穩定的程度會馬上衰變了。

用慶幸來形容的原因是，如果發現 118 號以後的元素，現在的元素週期表的形狀和規則就又會不同了。原本鑭系與鋼系的位置就會擴張以容納下一個週期。光從理論上思考也可以知道元素週期表會變得更複雜，而脫離如今的規則。如果預測有第八週期的元素週期表就會變成以下：填滿第八週期的第 3 族的 138 號元素下一個就直接到 141 號。消失的 139 與 140 號跳過很長一段距離後出現在第 13 族，佔據了原本應該是 13 族的 165 號到 168 號的位置，並且位置被佔走的那四個元素離奇地出現在第九週期。

這樣無視原子序順序之下元素週期表就變得亂七八糟，當

然這僅是在理論上的計算，但原子序變大時電子的副殼層數就越多，因此填入電子的順序也會變得複雜。原子序 118 以後的元素雖然尚未發現，但也無法因此證明，它們不存在於自然界或者無法人工合成，現在有關找出已經先被命名為 Uue 的 119號元素的研究已經進行一段期間。

然而科學家認為這類超重元素，特別是比原子序 100 的鑽還重的超鑽元素基本上在自然界當中是不存在的，即便存在，但原子核越大就越不穩定，連一微秒（μs）的時間不到就衰變為其他元素了。其實我們還不確定從原子序幾號為止還能存在，但這並非否認他們的存在，而是因為無法確認它們不存在，所以認定它們是可能存在的。結果在只能人工合成的結論下，科學家就開始彼此競爭合成新的人工元素，<u>曾經有科學家捏造發現了 116 號和 118 號超重元素的研究結果，這對當時的核物理學家產生巨大衝擊，為什麼科學家即便要造假實驗結果也要合成超重元素呢？</u>

這是因為要找出「穩定島 island of stability」是相當危險的。什麼是穩定島呢？所有元素按照在元素週期表上的位置會帶有推測的化學性質，因此他們想知道在超鈾元素中是否也有這樣傾向，直到哪元素為止，元素週期表中第 18 族元素為惰性元素，不太會與其他元素反應而呈現穩定狀態。這是因為元

素的外殼層會全部填滿電子的關係。雖然這本書不會仔細說明，但在粒子物理學領域裡，質子或中子在某些條件下會形成穩定的原子核，與電子的情況相似。

形成穩定原子核的數列為 2,8,20,28,50,82,126,184。由於符合這些數字的原子核與電子層是最穩定的，所以與這數字相同的質子數和中子數稱為幻數 magic number。同時為原子序的質子數（Z）和中子數（N）都符合幻數的同位素在自然界中是相對穩定的狀態。例如氦-4（Z=2，N=2）、氧-16（Z=8，N=8）、鈣-48（Z=20，N=28）和鉛-208（Z=82，N=126）就具有雙幻數的同位素，這些同位素聚集的區域就稱作穩定島。如果人工合成帶有幻數的同位素，就會很穩定而能仔細觀察元素的化學性質，穩定的意思是指壽命夠長，一秒不到就改變的元素是幾乎不可能觀察到化學性質的，因此我們判斷 118 號以

後的 126 號元素可能壽命會比較長。

如果能夠合成 126 號元素，那麼就能知道原本藏在謎題之中的超重元素之性質了。但是要形成這元素相當不容易，這個超重元素要用原子序比 126 號小的兩種元素，進行核反應來合成，會經歷核分裂和 α 衰變這兩過程，不過在理論上原子序超過 125 以上的人工元素，會瞬間核分裂所以預測相當難合成，即使如此，核物理學家仍然努力去確認理論上，預測出存在於穩定島中具有質子 126 個、中子 184 個的元素。

這麼說來，穩定島以外的元素會有原子序的上限嗎？當質子增多時，原子核周圍的電子，會為了不因引力與原子核撞擊而以光速運行，依照相對論的解釋這時質量會增加。也就是說，它無法運行在穩定軌道，而是運行在不穩定的軌道上，其質子數的上限是 137 個。在就連不適用相對論的波耳模型裡，原子序大於 137 的原子內的副殼層 1s 軌域的電子速度會超過光速，因此推論原子序 137 為最大上限，並且呼應相對論的狄拉克 Dirac 也認為 1s 軌域如果是負數或虛數，就會變不穩定，所以預測原子序 137 即為最大上限，理論物理學家費曼 Richand Feymman 依照對元素的幾種解釋，認為這就是 137 號元素為中性原子，且為原子序最大上限的證據，並且像門得列夫為尚未發現的未知元素命名般將 137 號元素命名為

Feynmanium（Fy）。之後幾位學者也預測了可能存在的原子序上限，但直到現在，對於是否存在質子數的上限？是否因著那存在而出現正電子或電子消失等相關理論仍然非常分歧，<u>科學家仍然為了合成新元素而持續努力中。</u>

　　同步加速器是一種光的工廠，會在線性加速器中，將電子速度加速到接近光速後置入儲存環中，接著用二極磁鐵使電子偏移後產生發散光，這光在分析物質方面是不可或缺的。例如源自同步加速器的極紫外光，被認為是最近被限制輸出品項的半導體，製造產業有關聯的必要材料。同步加速器不只應用在科學研究上，以科技為基礎的產業也需要它以生成分析用的光。另外一種加速器不是加速原子而是加速更重的，以原子為單位的離子。重離子粒子加速器是一種將電子從原子序比質子或氦更大的元素中取出後，形成並加速陽離子的裝置，要結合重元素才有機會達到穩定島的關係。

　　現在我們所發現的超鈾元素的成果是來自於美國的勞倫斯伯克利研究單位，與勞倫斯利佛摩研究單位、德國GSI 研究單位、俄羅斯杜布納研究單位主導的結果。並且日本也成立重元素研究單位來參加這研究。最近中國也開始參與了。那共通

的證據和基底就是有沒有重離子粒子加速器，鄰近的日本擁有九座粒子加速器，現在正在蓋第十座當中；中國也已經有三座裝置，韓國的重離子粒子加速器預計在 2021 年完工，另外也正在計畫蓋新的同步加速器。雖然加速器的種類不一樣但現在正在建造中，也許當某天我們發表超重元素的研究成果時，元素週期表上就會出現用韓國的名稱命名的元素，那名字可能就是 Koryuum。

事實上還沒有人知道發現新元素對人類有什麼新的意義。目前還不知道只在那瞬間存在的元素，會對人類的未來有什麼龐大影響，這類研究目前似乎只是國家之間彼此競爭並且滿足學者們的好奇心，但這就是人類的旅程。**人類為了瞭解物質的本質而不斷地探究未知的世界，結果瞭解了我們的過去並在現在調整**，我們可以確定的是新發現的物質，也許將來會成為引領我們前往未知世界的里程碑。

用元素故事，融入你我的生活！

　　組成世上數不盡的物質的 100 多個元素以及新發現的其他元素，關於元素的話題真的很有趣、很有魅力，不過要掌握他們十分困難。坊間的書像百科全書般把元素排列出來，或是以將發生過的歷史或隱藏的祕辛以發自興趣的敘述撰寫出的選文集。相反的，本書是針對元素故事將科學多樣化的領域寫成讓人容易閱讀的導覽書。

　　為了瞭解元素的起源，本書從觀察星星作為起頭，在人類數千年歷史發現元素和物質的過程中，再次仰望星星並談論人類無限的可能性。在只感到茫然與困難的化學、環境、工學、能量等科學領域中，將各個元素的功能與日常生活的交集自然地融入書的脈絡中，讓研讀化學也教授化學的我也陷入在其中而不自覺。

　　元素週期表連結了科技的過去與未來，是地圖也是里程碑，它將最基本的元素／原子的階段與現代跨領域科學緊密地連結在一起。這是一本內容豐富的書，讓讀者不帶負擔就能獲得知識和思考的空間，並且以視覺化資料為主的第二部分可以滿足讀完第一部分後產生的好奇心，無疑是今年值得一讀的科學書籍。

「元素是什麼」、「元素要知道的十個知識」作者
光云大學 化學系教授 張弘載

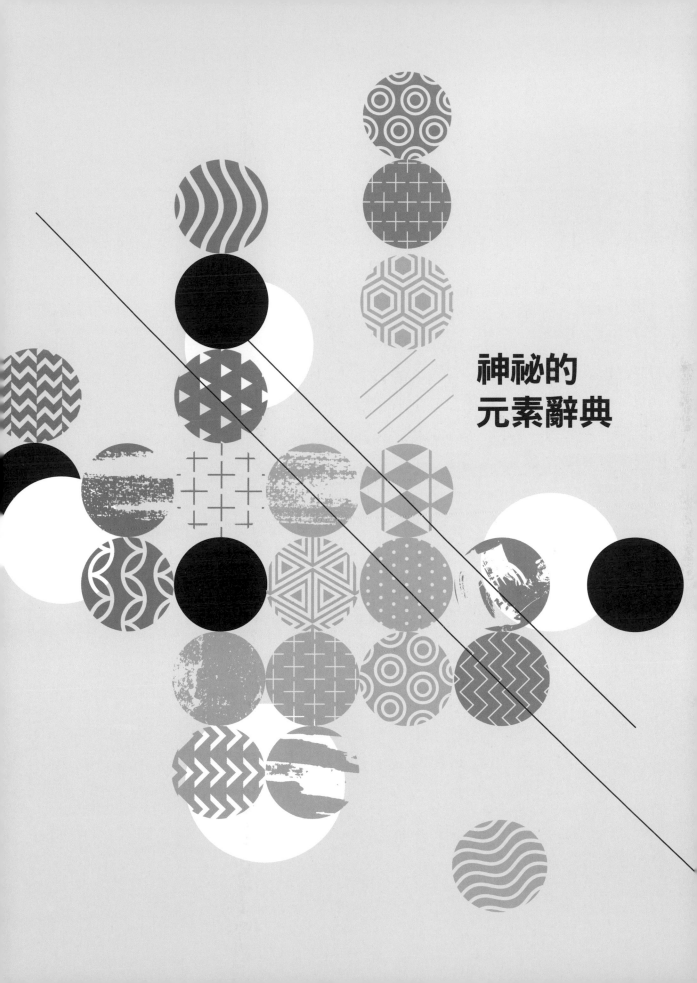

神祕的
元素辭典

原子量
把質量數 12 的碳原子「碳 12」的質量定為 12.00，並以此為基準比較出各原子的相對質量。

原子序
為區分元素的標準，同時與位於原子核內的質子數量一致

元素符號 ⟶ Al
元素名稱（英文）⟶ aluminium

26.9815 g/mol

13

鋁 | 貧金屬

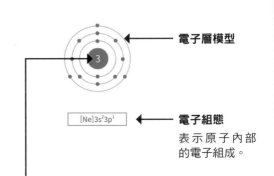

電子層模型

[Ne]3s²3p¹

電子組態
表示原子內部的電子組成。

元素名稱

元素的類別
在本書中，將元素分為非金屬、過渡金屬、惰性氣體、貧金屬、鹼金屬、鹼土金屬、類金屬、鑭系元素、錒系元素與性質未知等十種類型。

價電子
價電子存在於原子的最外層，也是會參與化學反應的電子。藉由價殼層電子對互斥理論（VSEPR）而決定價電子數，也能藉此預測主族元素的分子型態。在開始用上 d 軌域與 f 軌域之前，由於金屬、鑭系元素與錒系元素並沒有受到該理論之影響，所以對價電子的數量而言並無太大意義。因此，在這區間帶的價電子在原子的基態電子層中，會以最外層電子為基準來記錄最大值。

週期表

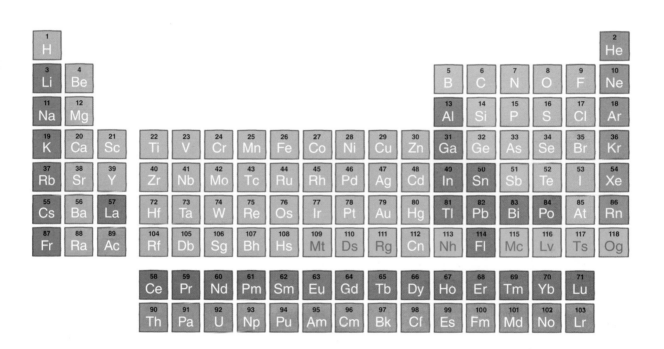

| 非金屬 | 過渡金屬 | 惰性氣體 | 貧金屬 | 鹼金屬 | 鹼土金屬 | 類金屬 | 鑭系元素 | 錒系元素 | 性質未知 |

H

1.00794 g/mol

1

hydrogen

氫 | 非金屬

1s¹

　最常以「意義非凡」來形容的元素便是「氫」。氫佔據了宇宙中所有存在物質的 75%，若以原子的數量來看則高達 90%。而剩下的部分絕大多數為氦，其他組成萬物的元素則各佔不到 1%。太陽主要成分為氫與氦。雖然氫原子是以由質子跟中子所形成的原子核，以及周圍的電子來組成的，但也經常有缺少中子與電子而僅有質子獨自存在之情形，也因此氫是最輕的元素。但因為很輕所以就很乖嗎？並非如此，正因為有多輕所以反應起來就會有多快，也更不容易受到重力的影響。氫的移動速度是子彈在大氣中的兩倍快之多。此外，氫就算在密閉空間中的濃度僅超過 4%，也會跟氧氣急遽結合在一起而難以存儲。最近發生的氫氣儲槽爆炸事件正說明了該現象（譯註）。雖然我們試著把氫作為綠色能源來使用，但仍然存在著為了把結合在物質中的氫取出來、必須動用到化石燃料的尷尬之處，因此很難說「氫經濟」是一種真正的綠色能源。

　　譯註：此為 2019 年 5 月發生在南韓江陵市的氫氣工廠儲氫罐爆炸事件，造成 2 人死亡、6 人輕重傷。

　1766 年，亨利・卡文迪什（Henry Cavendish）發現了氫氣跟氧氣反應後會生成水。在那之前水被認為是一種元素，不過亨利最終研究出水是化合物，並且還發現了其成分之一的「氫」是一種元素，而成為了氫的發現者。為氫命名的則是拉瓦節，1793 年時他以希臘語中含有「生成水」之意的「Hydrogen」提出了其名稱。

水（WATER）

ECO（環保）

　　藉由燃燒氫氣而獲得的能量，比起其他任何燃料都多上一大截。此外，因為氫在燃燒時不會產生溫室氣體，因此以「綠色能源」之姿備受矚目，但問題在於氫在自然狀態之下，比起以氣體的型態、更常以化合物的型態存在於物質之中。截至今日，為了煉製出氫而耗費的能量比氫所能放出的能量還要來得多。目前氫是我們在進行其他產業的活動時，所得到的副產物。

RADIOACTIVE DECAY
（放射性衰變）

　　1914 年拉塞福發現了氫原子核是粒子中最小的粒子。他以 α 粒子、也就是氦核撞期氮氣時，氮原子核會分裂，同時也會出現氫原子核。藉由此實驗，人類瞭解到所有原子的原子核之中，都帶有氫原子核、也就是質子一事。

EXPLODE（爆炸）

　　一如最起初的發現是來自於爆炸，氫與生俱來就帶有爆炸的危險性。在空氣中的濃度只要達到 4%-74%時，就算僅有輕微的外部刺激，也會與氧氣起反應而爆炸。1937 年時，就發生過興登堡號飛船就因氫氣爆炸而燒毀的有名事件。有趣的事情是，如果只有氫氣存在的話，爆炸性則會明顯降低。

FUSION（融合）

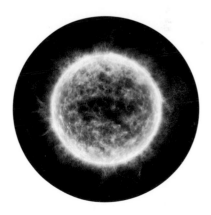

　　氫在大自然中有三種天然存在的同位素。包含太陽在內，發生在大多數恆星內部的核融合反應，即為把氫原子融合為其同位素的重氫（Deuterium）或是氚（Tritium），並把這些聚變為氦原子的連續性核融合反應。

He | 2

4.002602 g/mol

helium

氦 | 惰性氣體

1s²

吸入氦氣後嗓音會暫時改變。所謂的「嗓音」是從肺中排出的空氣，經過了聲帶與發音管道而產生的聲音。不過這個聲音在口腔內會再共鳴一次。在口腔內發出的聲音，其速度會隨著空氣密度而有所不同。空氣密度一般來說大約為每立方公尺 1.3 公斤，而在這種狀況下，聲音經過這種空氣的速度在攝氏 0℃時為每秒 331 公尺。因此，在一般平均溫度之下，聲音的速度為每秒 334。不過「氦」很輕。氦的密度約為每立方公尺 0.18 公斤，比口腔內的空氣還要輕上許多。聲音通過氦氣的速度為一般音速的 3 倍，即每秒 891 公尺。因此在口腔內有氦氣的狀態之下說話時，聲音經過聲帶的振動頻率跟在一般空氣中的狀態相比，增加到 2.7 倍之多，這種狀況之下的嗓音，因為其振動頻率比平常還要來得高，就會發出滑稽的聲音。如果吸入較重的氙氣就會產生相反的現象。

日蝕（ECLIPSE）

發現氦的並非化學家而是天文學家。沒想到這個元素並非在地球、而是在宇宙中發現的。英國的天文學家諾曼·洛克耶（Joseph Norman Lockyer），分析了 1868 年印度發生日全食時的太陽光譜，之後不但發現了亮黃色的譜線，也確認到是全新的元素。由於這種元素被認為是存在於太陽上，便取用希臘語中具有「太陽」含義的 Helios，而定名為 Helium。

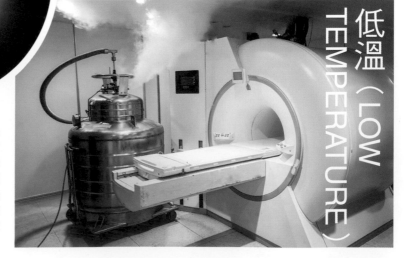

低溫（LOW TEMPERATURE）

氦的沸點為攝氏負兩百 69℃，換算為絕對溫度的話則為 4K，因此液化後的氦會被作為強力冷卻劑使用在 MRI、NMR 與粒子加速機等。氣體狀態的氦則會使用在相當生活日常的用途上。不但輕盈、亦無爆炸性，因此會作為讓氣球、飛行船飄起來的氣體使用，也會利用其惰性的特徵，在工業上會作為填滿工程環境之用途。

Li

lithium

3

鋰 | 鹼性金屬

6.941 g/mol

[He]2s¹

　　我們在移動裝置中所使用到的電池其實是化學的恩賜。在電池的兩端電極上由於氧化還原反應而發生了電子的移動。關於電子的各種大小事就是化學。二次性電池的原理是能進行充電與放電。兩端正負極的電位差便是電子進行流動的原動力。由於鋰原子能在極低的電位上發生氧化還原反應，因此對於製造出較高的電位差上有相當的幫助。此外，原子序 3 號的鋰原子由於相當輕小，在同樣的體積之內能儲存更多能量，而且壽命也更長。由於這些因素，截至目前鋰佔有應用方面上的優勢，而在未來電子車的領域上，鋰電池也同樣十分受到注目。

礦物（MINERAL）

　　有一種叫做「透鋰長石」（葉長石）的礦物，其中的二氧化矽含有鋰跟鋁，呈現透明無色的寶石質地。1817 年，約翰・奧古斯特・阿韋德松（Johan August Arfwedson）在透鋰長石中發現了類似於鹼金屬的未知物質。當時像是鈉、鉀等，大部分的鹼金屬都是從植物中發現，不過該物質卻是在礦物中發現到的。因此此取用了希臘語中具有「岩石」含義的 Lithos，而定名為 Lithium。

　　鋰被使用為抗憂鬱藥物的材料，也會被用在製造「氚」、也就是氫彈的原料上。然而現在最廣為使用的用途則是電池。最近，鋰作為未來電動汽車的主要能源而受到關注鋰的蘊藏量目前推測大約有能驅動 40 億輛電動汽車之多。

Be | 4

9.012 g/mol

beryllium

鈹｜鹼土金屬

[He]2s²

我們看元素週期表，會發現位於越上方，元素就會越輕、豐度也越高。由於宇宙大爆炸出現了氫跟氦、且生成了恆星，而在這之後邊進行核融合的同時，其餘的元素也被製造了出來，因此這是理所當然的結果。然而有一個奇特的例外：「它」的原子序是四號，但比碳或是氧還要來得輕，在這種條件下其豐度卻相當低。由於在宇宙中較為稀有，因此也不容易存在於人體內。雖然元素的質量與豐度之間並沒有絕對會成反比的定理，但還是存在著具一定傾向的法則。雖說「鈹」是其中的例外，但也是太過超出常理的存在。鈹會很少的原因是由於鈹在生成後，就會立刻分裂成兩個氦之故。現存的鈹就只有原子核內有四個質子與多一個中子的「鈹-9」。那這樣說來，碳豈不是應該要分裂成三個氦嗎？並非如此，要是這樣的話我們也不會存在於這個宇宙之中了。因為碳比起氦更加穩定，所以不會分裂。

太空望遠鏡（SPACE TELESCOPE）

鈹因為過於稀少，所以我們也不太清楚它能有什麼用途。而由於鈹在極度低溫中也不會變形，因此被使用於暴露在極端環境之下的太空望遠鏡上。另外，鈹會被當作「減速劑」，用來降低核子反應爐內產生中子的速度。除此之外，鈹也會作為與銅或鋁混合成合金的用途上。

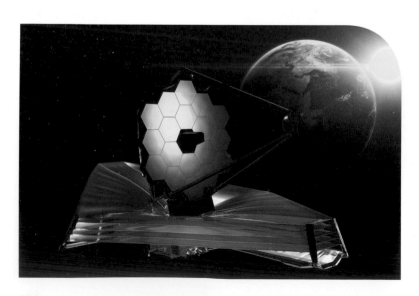

甜味（SWEET）

1798 年，路易－尼古拉·沃克蘭（Louis-Nicolas Vauquelin）在分析綠柱石的過程中發現了鈹——一種全新的氧化物，雖然跟鋁很相似，但不太溶於氫氧化鉀，而且還帶有甜味。沃克蘭取用了希臘語中具有「甜味」含義的 glucus 而取名為「glucinium」，但因為有很多會發出甜味的物質，因此在 1957 年，取用了綠柱石的「beryl」而更名為「beryllium」。

B

10.81 g/mol

5

boron

3

硼｜類金屬

[He]2s²2p¹

NASA 的火星探測車「好奇號」在火星上發現了硼，因此也加強了有生命體存在的可能性。不過，硼跟生命之間到底有什麼關聯呢？RNA 儲存了遺傳訊息，也是存在於現有生命體之中的核酸。RNA 的主要成分為一種稱為「核糖」的糖。糖因為相當不穩定，在水中很快就會分解掉。硼溶於水裡就會變成硼酸鹽，而這個硼酸鹽若與核糖產生反應就會變得穩定。這種情況下，可說是提高了 RNA 生成的可能性。科學家們提出了一種假說——應該有由單鏈 RNA 所組成的第一個生命體之存在，而也在火星的火山口上發現了硼酸鹽。

1824 年，永斯·伯齊流斯（Jöns Jacob Berzelius）確認了硼是一種元素，因為具有跟碳（carbon）類似的性質，因此命名為「boron」。硼如果進行了跟碳類似的共價鍵，就會產生跟碳一樣堅固的分子骨架。僅由硼所組成的結晶體「結晶形硼」，達到了莫氏硬度 9.5，其硬度只低於僅由碳所組成的結晶體、也就是鑽石。

彈性（ELASTICITY）

雖然硼最常見的用途是漂白劑，不過除此之外也被當作殺蟲劑使用，而且因為吸收中子的能力相當良好，所以也被作為核子反應爐內的控制棒使用。我們還會運用硼化合物各式各樣的性質，把硼使用在防彈衣、耐熱玻璃與切割工具等，而硼也經常被應用在條件上需要比碳還要輕、彈性佳且具備高強度彈性的各種地方上。

大部分的人就算不太認識硼，也會知道硼化合物中的「硼酸」。蟑螂、蜈蚣還有蛇都極度討厭硼酸。因此我們小時候，在住家週遭都會噴灑硼酸。雖然硼酸對哺乳類沒有太大影響，若攝入過多也可能會導致腹瀉。過去曾被用為食品添加物，但現在已經不做此用。

INSECTICIDE（殺蟲劑）

C

carbon

12.01 g/mol

6

碳 | 非金屬

[He]2s²2p²

我們用刀削鉛筆筆芯時會摸到一股很特殊的觸感，石墨並不是被刀削下來的，而是感覺好像是隨著層層紋理剝落下來的。碳跟另外三個存在於碳當中的電子結合的話，就會形成由六角形蜂窩晶格平鋪而成的結構。這個物質就是「石墨烯」。而沒有參與到鍵合的另外一個電子，則像是自由電子一般留在石墨烯的表面上。

石墨烯比鐵還要堅硬是因為平鋪在表層的六角形構造，而導電性能佳的原因則是有電子並未參與鍵結。具有這種性質的石墨烯，如千層派一般層層結合後的產物便是石墨。各層石墨烯之間相貼得並不緊密，很容易隨著每一層的方向剝落。鉛筆能把字寫在紙上，其道理便是藉由手的施力，順著石墨每一層的紋理方向把石墨烯塊弄碎，並把它們黏入纖維質的縫隙之中。當然，黏在紙內的物質可不只有一層石墨烯，而是黏著數千、數百萬層的石墨片。

在我們知道碳的存在以先，就已經一直在使用它的同素異形體──石墨、木炭跟鑽石等等了。無定形同素異形體的木炭、煤炭被重用在冶煉金屬上。現在，我們也發現到除了這些以外的石墨烯、富勒烯等各式各樣的同素異形體。由於碳原本就是經常被使用的物質，因此關於「碳的首位發現者」也有許多爭議。尚存於學術界中的第一份報告為一七五二年英國的約瑟夫‧布拉克所著成。

同素異形體
（ALLOTROPE）

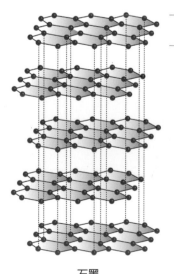

石墨烯

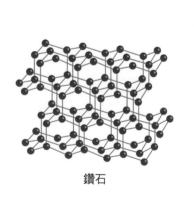

鑽石

石墨

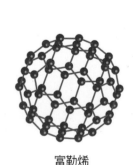

富勒烯

碳循環（CARBON CYCLE）

　　除了一部分的無機物以外，碳存在於大部分的物質當中。包含生命體在內的各種有機物都是由碳所構成的。在光合作用跟呼吸的過程中，會產生跟消耗能量。生態系說是靠發生在地球上的碳循環而運作的也不為過。

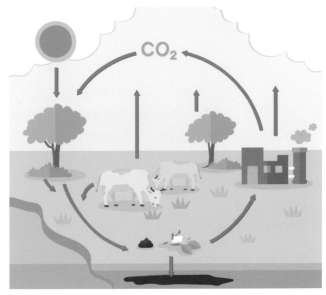

拉瓦節（LAVOISIER）

　　一七七二年拉瓦節（Antoine-Laurent de Lavoisier）發現燃燒同樣重量的木炭跟鑽石時，產生了等量的二氧化碳，藉此指出了鑽石跟木炭為由同樣元素所組成的同素異形體。一七八九年他在自己的著作當中，將碳定義為元素，並且取用拉丁語中具有「木炭」含義的 carbo，將碳定名為 carbon。

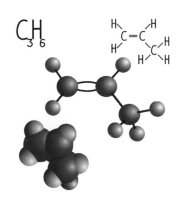

全球暖化（GLOBAL WARMING）

共價鍵（COVALENT BOND）

　　碳最大的特徵就是碳原子與其五花八門的共價鍵，包含了單鍵、雙鍵甚至還有三鍵。這種特徵很難在其他元素上發現。也因為這個緣故，碳能形成分子的骨架。由於碳獨特的鍵結能力，光是目前探查到的碳化合物就已經將近有一千萬種，這個數字比其他不是由碳所組成的全部化合物加起來還要多。

　　碳本身是沒有危險性的元素。然而人類在使用化石燃料的同時，會把二氧化碳排放到大氣中。這不但是地球溫暖化的原因，更也因此形成氣候危機而威脅到地球的生態系統。二氧化碳難以除去是因為碳的鍵結能力相當強大，為了將它分解就需要其他能量，然而同時也會產生與這份能量相當的二氧化碳之故。

N

nitrogen

14.006 g/mol

7

氮｜非金屬

[He]2s²2p³

氮在地球大氣中所佔的比例最高。氮佔了大氣中約百分之七十八的體積，以及約百分之七十六的質量。不僅無色、無臭，化學上來說性質滿穩定的，因此並不活潑。雖然氮是一種不會跟人體產生反應的穩定元素，但隨著人類變聰明，也開始把氮使用在食品上了。比方說做出了吃下去就會從口中冒出白色煙霧的餅乾或冰淇淋來吸引小朋友。但也發生過殘留在餅乾內的低溫液態氮由於並未氣化且被吸收至人體內，造成細胞壞死、胃穿孔的事件。

存在於大自然中的氮分子（N_2）並不會造成什麼太大問題。氮在常溫下絕大多數是氣體的狀態，必須要到攝氏負一百九十六度才會以液體的形式存在。液態氮會被用在研究用途、工業用冷凍處理，甚至還有料理或是精液冷凍儲藏上。電影《魔鬼終結者》中，讓T-1000凍結後被打碎的物質便是液態氮。

一七七二年丹尼爾・盧瑟福成功地將氮從大氣中分離出來了。把老鼠放進除掉氧氣與二氧化碳的剩餘空氣中之後，老鼠窒息而死了。在「沒辦法幫助呼吸也不助燃的元素」這層意義之上，氮被稱之為有毒氣體（noxious air）。在德國，氮以「令人窒息的物質」之意被稱為「Stickstoff」，韓文中的氮被稱為「窒素」也是起因於此。

窒息
（SUFFOCATION）

肥沃度（FERTILITY）

　　氮對於生命體而言是一種必要的元素，這是因為該元素會被用在製造出組成細胞的蛋白質上。動物與植物需要從土地攝取氮化合物來補充氮。而自古以來在農業上一直都相當重視的「肥沃度」，其真面目便是氮。這也是用「從空氣中生出麵包」（註1）這句話來形容氮肥的原因。

　　註1：這句話出自弗里茨·哈伯（Fritz Haber）

死刑（DEATH PENALTY）

　　由於氮的無色、無味、無臭，我們無法避開它的存在。要是空氣中的氮含量過高，我們就會感受到非常些微的昏沈無力，接著就會在無痛當中窒息而死。基於這些理由，奧克拉荷馬州等部分地區主張此種作法為更人道的死刑方式，而實際也的確採用此刑。

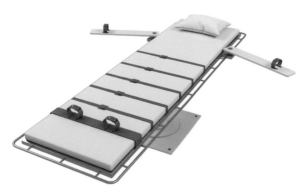

PRESERVATION（保存）

　　有時我們會開玩笑說「買空氣送洋芋片」。零食餅乾的外包裝會呈現鼓鼓的模樣，是為了避免內容物受損而把氮氣充填進去。除此之外，氮也會用在必須避免跟氧氣接觸的電子產品，或是長期存放葡萄酒的用途上。在充滿氮氣的冰箱中，水果可以存放三年左右。

一氧化二氮（NITROUS OXIDE）

　　我們會把氮的其他種型態「一氧化二氮」使用在咖啡上，原因在於氮氣泡沫能讓咖啡的味道更加滑順。少量的一氧化二氮並不會造成太大問題，但一般來說該物質是使用於醫療用麻醉劑上。由於吸入後會讓心情開心起來，所以會把該氣體充入氣球後來吸食。該物品也被稱為「Happy Balloon」，已經由衛福部食藥署依藥事法列入管制

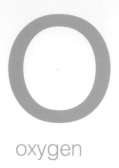

O

oxygen

15.999 g/mol

8

氧 | 非金屬

6

[He]2s²2p⁴

　　葡萄糖對生命體而言是相當重要的燃料，而這麼重要的物質是從何而來的呢？自營生物能自行產生出自己所需的葡萄糖，而這種自營生物便是讓這個世界翠綠一片的綠色植物。如同做菜時需要有能擺放食材的盤子一般，在綠色植物中，有一個被稱為「葉綠體」的空間。在這種葉綠體中存在著「迴路」。葉綠素是發現於綠色植物中的色素。這是一種類似於我們血液中血紅素般的構造。葉綠素有一個比讓葉子呈現為綠色還要更偉大的任務。

　　利用「光」來分解「水」後，藉由所產生的氫離子跟電子來驅動特殊的迴路。輸入至迴路中的二氧化碳經過複雜的反應後就會變成葡萄糖。在這過程當中，水被分解並產生了蘊含能量的物質，而所生成的副產物、也就是氧氣則會被釋放到空氣中。這連串的經過就是「光合作用」的流程。

　　動物無法自行產生葡萄糖，因此需要藉由植物所產生的葡萄糖與釋放出的氧氣來獲得能量。而動物的這個過程也跟植物獲得能量的過程一樣有意思。如同植物有葉綠體一般，動物也有一個特定的位置，會利用葡萄糖來產生能量，那就是細胞內的胞器——粒線體。

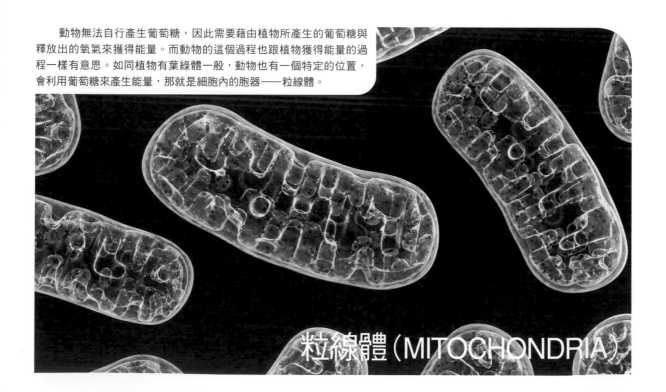

粒線體（MITOCHONDRIA）

雖然第一個成功分離出純氧的人是卡爾·威廉·舍勒（Carl Wilhelm），但因為他發表得較晚，因此功勞歸到一七七四年的約瑟夫·普利斯特里（Joseph Priestley）身上。同年，拉瓦節也生成了氧氣。當時拉瓦節誤以為所有的酸（acid）當中都包含了氧氣這個新元素，因此以帶有「形成酸的」之意的 Oxygen 來為氧氣命名。

酸的（SOUR）

循環（CIRCULATION）

從葡萄糖中把蘊含的能量抽出來，這就是細胞「有氧呼吸」的過程。我們縱觀整體反應，就會發現光合作用彷彿像是把有氧呼吸的過程倒過來一般。這種過程會不斷反覆、且由幾個重要元素進行循環，而這就是大自然的偉大之處。

石炭紀
（CARBONIFEROUS PERIOD）

在現代的空氣中氧氣佔了百分之二十一，不過在遠古的石炭紀中，含氧量高達百分之三十五。四億五千萬年前，植物來到陸地上，而含氧量也急遽增加。在這個時期，動物不但進化了，還因為吸入氧氣而巨幅成長。此時並沒有微生物的存在，僅有巨大的昆蟲存在著。而同時因為二氧化碳的量也很多，所以是植物茂密繁盛的時期。

臭氧（OZONE）

氧原子跟氧分子（O_2）結合後就會產生臭氧（O_3）。臭氧若在平流層，會扮演保護地球表面、免於來自太陽的紫外線傷害之功能；然而則是臭氧若存在於地球表面上，則是對生命體有害的公害物質。在發生光化學煙霧的過程中會產生臭氧，且因其相當活潑，因此會傷害到肺部組織。

F

18.998 g/mol

9

氟 | 非金屬

fluorine

[He]2s²2p⁵

氟是極度活潑的元素。氟也被稱為「氟素」，而氟與氫結合後所產生的物質則為「氫氟酸」（HF）。雖然氫氟酸是一種弱酸，但對人體而言比三大強酸（鹽酸、硫酸、硝酸）還要更來得危險。氫氟酸接觸到肌膚時，僅一點大小的氫氟酸分子會藉由肌膚而被吸收進去。一部分被吸收進去的氫氟酸會與人體的水分進行氫鍵結合並產生氟離子。氟離子由於反應性相當強烈會產生侵蝕，並且會引發跟鈣離子、鎂離子產生反應所造成的異常情形，甚至能穿透到骨頭內的骨髓組織而溶解骨頭。氫氟酸的氣體若被呼吸器官吸收，就會開始溶解身體內的內臟。在把活性與毒性都強烈的氟分離出來的事情上，伴隨著許許多多的難題。甚至困難到我們把為了分離氟而犧牲的科學家，稱呼為「氟的殉難者」的地步，然而同時也如此意義非凡。成功分離出氟、並在一九零六年榮獲諾貝爾化學獎的亨利 莫瓦桑（Henri Moissan），在實驗過程之中失去了一邊的眼睛。

氟化處理
（FLUURIDIZATION）

使用氟化物最具代表性的領域就是牙齒相關領域。因為能有效保護牙齒免於酸（acid）的侵害，所以會加到牙膏之中，而為預防蛀牙，在自來水中加入氟的工程也正在進行中。除此之外，氟也以氣體的型態被用為冷氣等的冷媒，或是作為不沾鍋的材料使用，然而氟的危害爭議卻不斷突顯出來。

氫氟酸具有腐蝕二氧化矽物質（註1）的良好能力，而玻璃質地便是該種物質。包含手機在內的行動裝置不斷在進化，為了搭載大量的資訊，螢幕也正不斷擴大中，而保護螢幕的玻璃不只要夠堅硬，也必須要足夠輕薄。氫氟酸便是用在研磨強化玻璃上，還有以矽為基底的半導體工程，也會用到這種高效率的蝕刻劑。

玻璃薄化（GLASS SLIMMING）

Ne | 10

20.108g/mol

氖 | 惰性氣體

neon

[He]2s²2p⁶

氖的外層軌道、也就是 2s 跟 2p 軌域都充滿了電子，是相當穩定的元素。因此氖以單原子之姿，不與其他原子進行化學上的結合，以無色、無臭的氣體狀態存在。在第 18 族惰性氣體中，氖也是最穩定的元素。氖的化學反應性低、也幾乎沒有化合物的存在。同時這個元素也證實了元素當中存在著不具放射性的穩定性同位素一事。氖並沒有太多種用途，大概也就用在雷射光或霓虹燈之類。電流通過氖氣就會發出紅色光彩，若充入同族的其他元素，如氦、氬、氪或氙的話，則會發出不同光彩。氖因為是不活潑的氣體所以容易管控，這種霓虹燈在一般人家中可說是比比皆是。雖然也有很多種其他類型的燈泡，但選用霓虹燈的理由是什麼呢？霓虹燈用 90V 左右的電壓也能啟動，而且只要裝上一顆簡單的電阻就可以立刻接上 200V 的電源，因此無需其他複雜的迴路。LED 的效率雖然也很好，但要在 5V 啟動，而且必須另外設置電源迴路，較為麻煩。

氖原先呈現的是亮紅色，若在霓虹燈管中混入其他種稀有氣體的話就會發出不同的光芒。氦會發出黃色，氬會發出紅色或紫色，氪會發出黃綠色，氙則是發出綠色。各式各樣的霓虹燈就是這樣形成的。科學家最普遍使用的其中一種雷射就是「氦氖雷射」。雷射是一種能增幅光束的裝置，而這種光束會把處於激發態的無數粒子，在同時之間降弱成基態。氦的功用就在於激發氖。

霓虹燈（NEON SIGN）

延長線（POWER STRIP）

拜電器產品的使用不斷增加之賜，現在幾乎家家戶戶都有延長線。有些延長線具有能提醒本身電源狀態的功能，這種延長線為了顯示電源狀態，在開關的地方會有一個紅燈。雖然大家會很容易認為這個紅燈是塑膠開關本身的顏色，但其實連裡頭的燈光也是紅色的，這是因為延長線上裝了小顆氖燈之故。

Na | 11

22.9897 g/mol

sodium

鈉（sodium、natrium）| 鹼金屬

[Ne]3s¹

　　不知道是否該感謝化學恐懼症（Chemophobia）？在三合一即溶咖啡的市場上，出現了加入牛奶用以替代酪蛋白鈉（Sodium Caseinate）、標榜安全性的產品。然而，酪蛋白其實就是乳蛋白質。乳蛋白質以鹽基處理後，僅會分離出酪蛋白。三合一即溶咖啡必須要易溶於水，純酪蛋白卻不易溶於水，難以應用於此，所以會用含鈉的水溶液處理，並製造出「酪蛋白鈉」。酪蛋白在包含英國在內的歐洲以及澳洲都是一般食品而非添加物，在把該成分歸類為食品添加物的我國也是，酪蛋白是一種沒有被限制每日容許攝取量的安全物質。在我們所喝的、所塗抹的液態產品中，加入鈉的狀況可說是不勝枚舉，絕大多數都是為了讓產品能易溶於水，而這也是因為鈉很容易跟水產生化學反應。當然，鈉金屬若跟水相遇，就會產生氫氧化鈉與氫並且產生熱。氫就會因為熱而燃燒起來然後爆炸。不過加入到各種產品中的鈉是以離子的型態與其他物質穩定結合，所以可以放心。

鹽巴（SALT）

鈉的代表性產物就是鹽巴。鹽巴能增添食物的風味，亦能延長食物的保存。除此之外鈉還有各式各樣的用途，包含製造肥皂的碳酸鈉、也被稱為小蘇打的碳酸氫鈉，以及使用在清潔劑一類的氫化鈉等。鈉在人體中扮演調節細胞滲透壓與神經傳導的重要角色，而且也擔任了傳遞訊息的角色，以說明需要調節我們體內的水分。

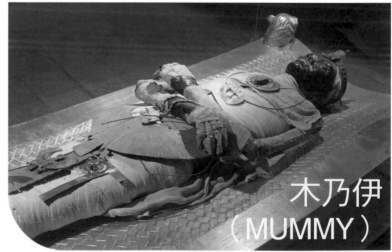

木乃伊（MUMMY）

　　雖然鈉現在的寫法是「Sodium」，不過對很多人來說還是比較熟悉「Natrium」這個舊名，而元素符號也是起名於「Natrium」的 Na。這是源於古埃及語中用來指稱碳酸鈉的「natron」。「natron」是古埃及在製作木乃伊時，當作乾燥劑來使用的一種物質。另一方面，「Sodium」一名則是取用了源於拉丁語「sodanum」的單字「soda」。

Mg

24.304 g/mol

12

magnesium 鎂｜鹼土金屬

[Ne]3s²

十七世紀初，英國遭逢連續不斷的嚴重旱災，位於丘陵上的埃普索姆（Epsom）村更是特別嚴重。然而有一位居民發現了田裡出現一個小洞會冒出水來。雖然這看似天降甘霖，但比人類還要更痛苦的牛群卻不喝這股泉水——因為水中帶有苦味。經過調查後發現，這股泉水含有在當時作為傷口處理藥物的明礬，而村民們就靠明礬發了大財。就在旱災持續的某一天，有一個村民乾渴難忍，就喝了這股泉水還拉肚子了。而泉水中確實沒有含有除了明礬以外的其他成分。在此事以後這股泉水含有特殊成分的消息就傳開了，也有醫生聞風而至。分析了泉水以後發現，裡頭含有具瀉藥療效的苦味鹽巴。之後，這個消息就更加廣為流傳，許許多多的病患們為了飲用這股泉水而拜訪埃普索姆村。「瀉鹽」（Epsom Salts）現在也偶爾也會被病患拿來當成發炎疼痛的藥物使用。雖然一樣會被當成瀉藥來使用，不過瀉鹽跟其他種瀉藥「氫氧化鎂」（鎂乳）是不同的化合物，也就是硫酸鎂。

爆竹煙火（FIRE WORKS）

我們看叢林求生的綜藝或其他節目，偶爾會有為了生火而用刀子磨擦金屬的場面。這種狀況下使用的打火棒就是鎂金屬。鎂的化學性質非常活潑。當鎂是一整塊金屬時，接觸到空氣以後會生成一層氧化物的保護膜，因此不會產生化學反應；但當鎂處於薄膜或粉末狀態時，就很容易產生化學反應。因此，為了增添爆竹煙火的亮度，還有要在其他物質上生火時，就會用到鎂粉。

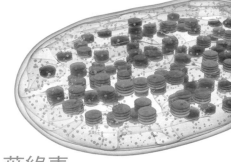

葉綠素（CHLOROPHYLL）

地球生態系的基底是綠色植物。綠色植物會利用太陽光、水以及二氧化碳來生成碳水化合物。在這個作用中吸收光的葉綠素內存在著葉綠素分子，而在葉綠素分子的中心位置則有鎂離子。鎂即是組成葉綠素的中心原子。如果植物少了鎂、綠色就會褪去，並且會因為無法進行光合作用而死去。

Al

aluminium

26.9815 g/mol

13

鋁｜貧金屬

3

[Ne]3s²3p¹

　　鋁箔紙又被稱為「銀箔紙」。鋁箔紙首度被引介至韓國國內時，因為看上去跟銀很相似，所以才被如此稱呼。鋁箔紙是以純鋁製成的薄片。配合不同用途，鋁箔紙被製成各種厚度來做使用，其厚度大致在二至六百微米。不過鋁箔紙兩面的質感有所不同，一面為光滑亮面，另一面則為粗糙霧面，其差異是來自於生產過程。鋁箔紙是在常溫下讓鋁塊歷經被滾輪軋延的工序而製造出來的。此時，由於壓力而產生了摩擦熱，因此需要不斷添入潤滑油。然而為了提高生產效率，會把兩塊鋁金屬貼在一起、同時一次軋延。結果兩塊金屬之間的部分就沒有被淋到潤滑油，因此只有被滾輪跟潤滑油接觸到的地方才會呈現亮面。

　　鋁是僅次於氧跟矽、地球上第三多的元素，而其名稱是取自於「明礬」（alum）。一七八七年，拉瓦節發現明礬中含有尚屬未知的金屬。不過由於鋁相當容易氧化，因此不易將鋁從中分離出來。及至一八二五年才由漢斯 厄斯特（Hans Christian Oersted）首度成功分離。

ALUM（礬）

奢華（LUXURY）

　　曾經有一段時期鋁的價格一度高過金或銀。歐洲的貴族們在接待客人時，會把鋁製餐具拿出來用以示頂級禮遇。拿破崙三世也是其中一位鋁製品愛好者。這是因為在當時要提煉出純鋁所花的費用可說是天文數字。

電解（ELECTROLYSIS）

　　為了有效率地提煉出純鋁，就必須用上電解。使用霍爾－埃魯法（Hall–Héroult process）的話，產出一公斤的鋁金屬需要消耗約 15kW 的電力。電費在生產總費用中所佔的比例為百分之二十到四十，算是滿高的佔比。

反射（REFLECTION）

　　表面被打磨得很光滑的鋁，其最大亮點就在於不輸給任何金屬的光澤感。原因很簡單，就是因為光的反射率很高的緣故。鋁的反射率在可見光的範圍內並不是最高的。不過鋁不只是反射率高到逼近銀（Ag）的程度，在可見光與近紅外線的範圍內也幾乎不變，因此會使用在鏡子上。

寶石（JEWELRY）

　　鋁的價值不僅僅在於稀有程度。在某種意義上，鋁就是寶石本身。在珠寶界因為美麗光澤而備受喜愛的紅寶石與藍寶石等，就是混有氧化鋁、氧化鉻等雜質而生成的礦物。寶石會隨著混入何種雜質而閃耀出不同色澤

Si

silicon

28.084 g/mol

14

矽 | 類金屬

[Ne]3s²3p²

矽以沙子或岩石的形式大量存在於地殼上。絕大多數的矽以氧化物的方式存在，而該形式也就是二氧化矽（SiO_2）。最常見的矽氧化物是玻璃。構成玻璃的分子會以著不規則的方式結合而固體化。然而雖然同樣由二氧化矽組成，但若以規則的立體形式排列就會形成石英或水晶。我們把這個東西弄成薄片，並且把電壓通入結晶內的話，這個結晶構造就會彎曲。反之，如果我們強行用力掰彎結晶的話，就會產生電壓。這種現象被稱為「壓電效應」。接下來如果我們在這部分加入交流電的話，水晶板就會振動，而水晶板的表層也會產生電荷。這股振動面對外界影響也能保持一定的振動頻率，所以我們才能將其作為使用了固定頻率的振子（擺動）來運用。備有這種石英振盪器，並且讓發條錶發展為電子錶的就是石英（QUARTZ）錶。

一八二四年，永斯・貝吉里斯利用鉀從六氟矽酸鉀中進行還原反應，並得到了純矽。拉瓦節首次在燧石中確認到矽的存在，而且矽的性質與碳相似，因此在該物質的拉丁語名稱「silex」後加上相對應的字根「-on」，定名為「silicon」。

FLINT（燧石）

外星生命
（EXTRATERRESTRIAL LIFE）

有時候會有「矽基生物」存在的這種推測。這是因為存在於地球上的生命體是以碳元素為基礎，而矽是在性質上與碳最為相似的元素。雖然矽跟碳一樣都能形成無數的化合物，但矽之間的雙鍵、三鍵鍵合相當不穩定。由於不易形成跟碳一樣穩定的化合物，所以地球上無法誕生出矽基生物。

半導體（SEMICONDUCTOR）

矽氧樹脂（SILICONE）

雖然矽氧樹脂跟矽的英文發音雷同，但多了一個英文字母「e」的矽氧樹脂（silicone）並不等同於矽元素本身，而是指把碳鏈跟氧結合到矽裡頭的物質。常常被稱呼為「矽利康」的物質就是矽氧樹脂這種東西。以化學性質說相當穩定所以幾乎不產生化學反應、也幾乎沒有生物毒性，耐水、耐酸、耐熱，再加上低導電又低導熱，因此被廣泛使用。

因為矽有四個價電子，所以混入雜質後，能形成化合物的電子不足或多餘的狀態，這樣一來就就能調節兩者之間電子的流動。我們利用這種性質，把矽使用在半導體等的電子元件材料上。美國頂尖企業雲集的地區——矽谷（Silicon Valley），其名稱便出於此。自然狀態之下的矽氧化物也會以陶瓷、玻璃等的型態被使用。

石英（QUARTZ）

當二氧化矽（SiO_2）以整齊的方式排列並且生成為結晶質時，就會形成「石英」。同樣的二氧化矽若成型為非晶形物質的話，則會變為玻璃。矽在結晶質的狀態之下更加穩定、也相當持久耐用，因此在實驗器材等需要持久耐用、光學性能的物品上，也會使用非玻璃的石英。尤其是結晶型態明顯、鮮少瑕疵的石英，還會被歸類為一種叫做「水晶」（Crystal）的寶石。

P

phosphorus

30.9737 g/mol

15

磷 | 非金屬

[Ne]3s²3p³

　　細胞為了製造或分解出對生命體而言必要的分子，就需要能量。由於能量是以蘊含在食物內的分子型態存在的，所以必須要弄斷分子之間的鍵合以釋放出能量。因此需要有一種物質，像蓄電池一樣能裝載於細胞內生成的能量。為了能達到這件事情，我們會把一種被稱為 ATP（adenosine triphosphate）的分子當成充電電池來使用。ATP 是由三個磷酸結合至腺苷（adenosine）上的分子。ATP 內很重要的一個部分是磷酸（H₃O₄P）。雖然實際上來說這個結合相當微弱，不過一但這個結合斷掉，就會形成 ADP（adenosine diphosphate）並且釋出大量能量。ADP 會藉由粒線體旋轉，並且透過從食物中所獲得的能量，再次充飽電變為 ATP。磷酸從 ATP 脫離出來時會進行水解。所以對生命體來說，吃吃喝喝是不可或缺的行動。而這一切行動是以「磷」為中心進行的。

　　「燐」即為意指「鬼火」的國字。飄蕩在公墓之間、令人們恐懼不已的青綠色鬼火，其真面目就是「磷」這種成分。由於相當易燃、在空氣中容易起火，因此從屍體中所分解出的磷成分才會造成這種奇特現象。磷是一種與生命有直接關聯的元素，也蘊藏於動物的骨頭或植物之中。

WILL O'THE WISP（鬼火）

磷是植物的三大營養素之一。在現代農業中，磷被當成化學肥料的原料來做使用。在早先，磷必須從海鳥的排泄物化石、也就是「海鳥糞」中提煉出來，不過現在該物質已經短缺。現在作為磷肥原料使用的磷灰岩（phosphorite）在全球約有三百億噸的蘊含量。

尿液（URINE）

肥料（FERTILIZER）

以前的鍊金術士亨尼格·布蘭德（Hennig Brand），為了把銀轉化成黃金而蒐集了人的尿液。感覺上好像有可能會從尿液的黃色部分中浮現出黃金。亨尼格·布蘭德蒸發掉了尿液中的水分，而在這個階段他藉由「蒸餾」得到了白色粉末。這個粉末——也就是磷，在跟空氣接觸時會產生閃閃發光的現象，發現到這點的同時，亨尼格·布蘭德便將它取名為「phosphorus」。該單字在希臘語中具有「帶著光而來」的意義，同時也意指金星。

我們很愛喝的可樂以及其他碳酸飲料中，也加入了磷。雖然也有人以此主張說「牙齒會被溶解掉」，不過這並沒有證據。根本上來說，包含牙齒在內的骨頭本身就是磷酸鈣化合物。骨頭是由充滿磷酸鈣的膠原蛋白組織所形成的堅固組織物。對牙齒有害的是飲料中所含的糖分，磷可說是無辜的。

無酒精飲料（CARBONATED DRINK）

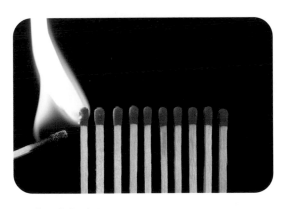

可燃性（FLAMMABILITY）

雖然磷是氮族元素，但由於性質上容易單鍵結合，因此有各種形態的同位素。紅磷跟黑磷較為沒有危害，然而白磷容易與氧氣結合，就算只暴露在空氣中也容易點燃，並且白磷本身就是一種劇毒。白磷彈歷史上最恐怖的軍事武器，只要一接觸到身體就不會熄滅並持續燃燒，所以已經被國際社會禁止使用。

S

sulfur

32.06 g/mol

16

硫｜非金屬

6

[Ne]3s²3p⁴

　　早期的橡皮擦是用天然橡膠製成的。但是天然橡膠橡皮擦有個缺點——天氣熱的時候會變得黏糊糊的，而天氣冷的時候又會硬成一塊。一八三九年，美國發明家查理斯·固特異（Charles Goodyear）在研究讓橡膠的黏度更低、增加彈性，且壽命更長久的過程中，因為一個失誤，他不小心把混有硫磺的橡膠塊丟入炎熱的火爐中。固特異因此在偶然之間發現了把添入硫磺的天然橡膠加熱後再冷卻，這樣一來就能提升橡膠品質的真相。橡膠是由小分子如長鍊一般連結而成的天然高分子。硫能在高分子長鍊之間形成交叉鏈結，而這能增加橡膠的彈性與穩定度。以汽車輪胎與橡膠而相當知名的國際品牌「GOODYEAR」，其品牌名稱便是為了紀念固特異而起名的。

　　硫的英文名稱是來自於梵語（Sanskrit）的 sulvere，這個單字意味著「火的起源」。硫以黃色礦物結晶的型態存在，所以很容易在火山地帶找到，而也因此在公元前早已是廣為人知的元素。硫是我們相當熟悉的其中一種元素，連舊約聖經等的各種古代紀錄中，都能看到它的蹤跡。

SULVERE

硫化（VULCANIZATION）

天然橡膠沒什麼彈性，所以很難在未加工的狀況之下拿來運用。如果在裡頭加入硫，就能提升彈性，可運用的空間也變大了。而這個過程就被稱為「硫化」。來到現代，「硫化」一詞已經被延伸為用來概括所有把可塑性物質轉變為彈性物質之過程。除此之外，硫也會用來製造工業用硫酸等各種化學藥品或醫藥品上。

燙頭髮（PERM）

一九七〇年，英國科學家約瑟夫‧普利斯特里有一天文章寫著寫著就睡著了，醒來後發現剛寫好的字被抹掉了。他手中握著橡膠，而紙張周圍則散布著一小塊一小塊的橡皮碎屑。約瑟夫認為橡膠能把鉛筆字跡擦掉，因此發明出了橡皮擦。在英文中，橡皮擦被稱為「rubber」（橡膠）也就是這個緣故。

橡皮擦（RUBBER）

在髮廊所燙的頭髮，就是運用了藉由讓存在於髮絲中的「角蛋白」進行還原反應，來破壞雙硫鍵的原理。而在弄好了想要的髮絲捲度之後，就可以透過使之再度氧化並建立雙硫鍵，來固定造型。以髮絲為代表的蛋白質分子中，含有由硫與氫鍵合而成的硫醇（-SH）。燙頭髮時所飄出來的特殊氣味，也是來自於硫。

溫泉
（HOT SPRING）

含有硫磺的溫泉水被認為有益於治療肌膚疾病，時至今日也經常被拿來做使用。硫磺的殺菌能力被運用在各種用途上，也留有以燃燒硫磺而生成的二氧化硫來消毒房子的記錄。而在現代，硫磺也被作為皮膚病用藥或消毒藥的原料來使用。

Cl

chlorine

35.446 g/mol

17

氯 | 非金屬

[Ne]3s²3p⁵

我們去游泳池或是大眾澡堂，都會聞到一股很特別的味道，這股味道是來自於為了消毒而使用的氯系清潔劑。氯在元素中擁有最高的電子親和力，很容易帶走其他元素的電子而成為負離子。「失去電子」換句話來說就是「氧化」，這種特性也就意味著氯是一種強大的氧化劑。氧化劑能破壞細菌或病毒一類的病菌。氯能氧化細菌細胞膜上所帶有的化合物，使得細胞的內容物流出。

雖然在元素狀態的氯已經是強氧化劑了，不過氯化合物帶有更強大的殺菌作用。氯本身雖然是氣體，但如果使之與氧結合並加入鈉的話就會形成水溶液，氯便能在液體的狀態下被使用。這個產物就是「次氯酸鈉」（sodium hypochlorite），也就是漂白水。不過正確來說，漂白水並不是物質的名稱、而是商品名稱，指的是美國公司「高樂氏」（Clorox）的旗下商品。

在氯的存在被驗明正身之前，我們把從鹽酸中得到的氣體稱為 Muriaticum，同時也認為這是一種氧化物。科學家持續嘗試著分離，在經歷失敗的同時，有一種可能性被提出來了——這個氣體並非化合物、而是一種全新的元素。接著，科學家還確認到鹽酸中並沒有氧原子，也推翻了到當時為止都認為所有的「酸」裡頭都含有氧原子的理論。

MURIATICUM

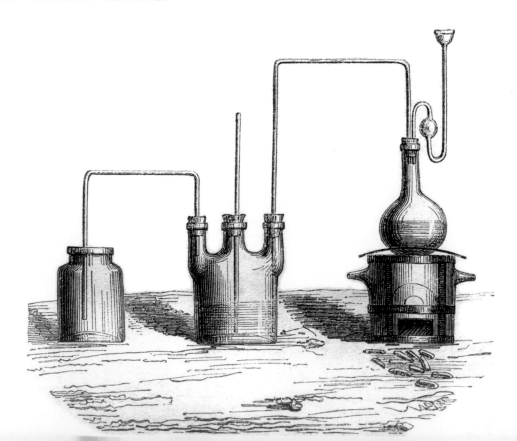

黃綠色（GREENISH YELLOW）

氯的英文名稱「chlorine」是來自於希臘語中，意指黃綠色的「chloros」。氯在室溫之下，會以散發出刺激性氣味的黃綠色氣體狀態存在，才以此為它定名。在韓文中氯被稱為「鹽素」，其名稱便是源自於「組成鹽巴的元素」之含意。而實際上，食鹽水或液態鹽在被電解後也能析出氯。

毒性（TOXIC）

由於氯具有強烈毒性，在第一次世界大戰中，含有氯的化學武器被用於殺害大量人命之上。各種氯化合物被發現含有毒性，同時也被指出會產生環境污染的問題。最具代表性的有毒氯化合物正是 DDT。

乙烯基（VINYL）

氯能跟大部分的元素結合而成為化合物，因此有超過兩千種以上的有機氯化合物的存在，而此種現象也相當廣為人知。建築材料、保鮮膜，氯化合物被用在許多的用途上。我們也會把氯跟乙烯基結合，當作黑膠唱片等的材料來使用。所以黑膠唱片也被稱呼為「VINYL」，就是來自於黑膠唱片的材料「PVC」。

消毒（STERILIZE）

來到近代以後，氯對於人類的衛生管理貢獻良多。最具代表性的例子就是漂白水。在次氯酸離子（ClO^-）裡頭的氯原子，跟一般氯原子的相比多失去一個電子，因此跟其他物質反應後，會得到兩個電子，而形成氯離子（Cl^-）。

Ar

39.948 g/mol

18

argon

氬 | 惰性氣體

[Ne]3s²3p⁶

$[Ne]3s^23p^6$

日光燈的原理是怎麼運作的呢？在電極上放電的熱電子會與日光燈內的水銀蒸氣撞擊，此時所產生的紫外線經過燈管內側上的螢光物質，同時看起來也就是可見光中的白光了。然而，為了能順利進行這種反應，就必須要排除環境上會造成妨礙的條件。空氣中含有氧氣，而氧氣不但會跟熱電子產生反應，也會拉低燈絲的效能。雖然由於這些因素而必須把燈管製作為真空狀態，但也產生了跟外部壓力的差異，導致燈泡的穩定度降低。因此才會在燈管內填入不會發生這類型化學反應的惰性氣體。一般會被當作填充氣體來使用的是氮氣或氬氣。氬是在一八九四年被發現的，但在門得列夫（Dmitri Mendeleev）所製作的元素週期表中，並沒有給類似於氬的惰性氣體一個容身之地。但發現氬的威廉·拉姆齊（William Ramsay），則提議在元素週期表的右側多加上新的 18 族元素，因而生出了位子來。正如氬的詞源一般，由於有一股難以發生反應的「高傲感」，因此也被稱為「高貴氣體」（noble gas）。

我們利用了「不會發生反應」的特性，把這個元素運用在許多用途上。氬主要被用於安定劑跟保護劑上。氬會被用在當某項物質須要跟氧氣或其他種反應較強的物質隔絕開來的時候，可以用來保管古代文物、防止葡萄酒及其他食品的氧化。除此之外，還會用於撲殺雞鴨等家禽類、易氧化金屬的特殊銲接等的各種用途上

地窖（CELLAR）

懶惰蟲（LAZYBONES）

氬比空氣還要重、卻不容易產生反應，因此取用了希臘語中形容「懶惰蟲」的「argos」而為其定名。經常被大量作為保存用途的氮，在燈泡內多少也會產生些微的反應作用，但氬卻不會產生反應作用。再加上氬跟氦、氖等其他惰性氣體相比，價格上是最便宜的，所以最適合當成填充劑使用。

K

potassium

39.0983 g/mol

19

鉀（Potassium、Kalium）|鹼金屬

[Ar]4s¹

氰化物（cyanide）是碳原子跟氮原子藉由叁鍵連接後，形成「R-C≡N」形態的特殊有機化合物。帶有這種氰離子的化合物具有強烈毒性。最具代表性的就是氰化氫（HCN），也被稱為氫氰酸，如果以氣體形態吸入它的話會相當危險。氰化氫雖然是弱酸，但易溶於水，且一部分會離子化而釋放出氰離子。細胞裡頭的器官「粒線體」之內，有一種叫做「細胞色素」（cytochrome）的蛋白質，而細胞色素會因為氧化酶而被活化並參與細胞呼吸。然而氰離子若與該氧化酶結合，就會抑制其活性，無法進行細胞呼吸的細胞就會死亡。第二次世界大戰當時，納粹用來屠殺猶太人的氣體就是氰化氫。其中最具代表性的劇毒就是「山埃鉀」，若吃下它，就會跟腸胃中的鹽酸發生反應而產生氰化氫並且逆流至肺部。山埃鉀的正式學名為「氰化鉀」（KCN）。

鉀離子（K⁺）對細胞機能而言是不可或缺的，所有生物細胞內都含有它。大多數的植物在生長時都需要鉀，因此某塊土地在栽種植物過後，可能會發現該塊土壤有缺鉀之情形。因此鉀、氮與磷一同被列為肥料的三大要素。

堆肥（COMPOST）

灰燼（ASH）

鉀是鹼金屬中的代表性元素。焚燒植物後會剩下灰燼，而在其中就含有碳酸鉀。由於是將其灰燼（ash）溶於水中，再利用銅鍋（pot）使之蒸發所得到的物質，因此才把這兩個詞連成「Potassium」。鉀的德文名稱「Kalium」則是去掉「alkali」（鹼）的字首「al」後，只取用「kali」而成的。

231

Ca

40.078 g/mol

20

calcium

鈣│鹼土金屬

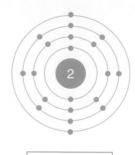

[Ar]4s²

　　上了年紀後，如果因為退化性疾病而骨質密度下降，就會面臨骨質疏鬆症與骨折的危險。這種疾病不只會降低生活品質，甚至可能造成死亡。鈣是組成骨頭的基本物質。基於以上原因，我們為了預防骨質疏鬆症，經常會服用補鈣保健食品或含鈣食物。然而若非骨質疏鬆者患者，對於維持均衡飲食的一般人而言，補鈣保健食品並無太大功效，反而有可能造成害處。據一份研究結果指出，若體內的血鈣值突然提高，鈣就會沈積在血管壁上而引發動脈硬化，甚至可

能會接連發生心肌梗塞，尤其是高齡者在這方面更為脆弱。到底要不要服用保健食品呢？就結論來說，其實沒有太大效果。高齡者會骨折並不是因為營養不足，而是由於骨質密度降低而發生的。在現代社會中，除了特殊狀況以外，幾乎不會發生營養不足之情形，所以保健食品並沒有什麼太大意義。若非罹患疾病之情形，只要適度運動再加上正常用餐，就能達到更好的保健效果。

鐘乳石（STALACTITE）

骨頭（BONE）

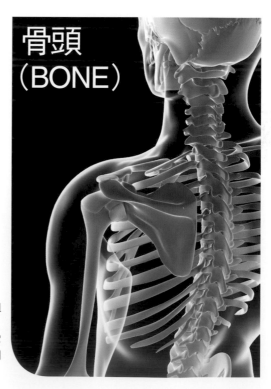

　　鈣化合物中最具代表性的「氯化鈣」易吸收水分，所以被當成乾燥劑來使用。氯化鈣溶於水的同時會大量放熱，所以也被用於融雪劑或暖暖包上。碳化鈣（Calcium carbide）過去被用作燈具，也被用於人工催熟水果。類似於鐘乳石、石筍等的洞穴內沉澱物也是由碳酸鈣沉積形成的。我們用於黑板上的粉筆、在運動場上為了畫出線條而用到的白色粉末，都是鈣化合物中的碳酸鈣。

　　鈣不但是大理石或石灰石的主要成分，也存在於組成脊椎動物骨頭的磷酸鈣當中。雖然從很久以前開始，鈣就以石灰石的型態經常被做使用，但我們並不清楚它的真面目，而貝吉里斯則成功從石灰中提出了鈣，也因此我們取用了具有「石灰」之意的「clax」為其定名。

Sc

44.955 g/mol

21

鈧 | 過渡金屬

scandium

[Ar]3d¹4s²

夏季的運動比賽大多數會避開白天的高溫,而改在晚上進行。我們如果為了晚上的比賽而造訪運動場,就會看到令人吃驚的景象。因為運動場明亮到不亞於「亮如白晝」這種形容。我們看設立在運動場附近的燈柱,會發現上方裝了一排排的燈具,而這個絕對不是普通的燈具。被用於這種燈具上的大多是「金屬鹵化物燈」(metal halide lamp)。在這種燈具裡頭除了有也被使用在一般燈具上的水銀跟氬以外,還使用了鈧。燈具裡頭充滿了一種叫做「碘化鈧(ScI_3)」

的鈧-鹵素化合物。若電流流通就會放電,接著會因所產生的熱電子而解離成金屬原子和鹵素原子。金屬原子被離子化之後,其中的空位會被電子填滿,或者被激發的金屬原子之電子會被穩定化,接著就會散發出對應這股能量、該元素所獨有的強烈光芒。跟一般的鹵素燈相比,不但只需要消耗一半的電力,使用壽命更達到了五倍之多。我們也會把這種燈具用作節目拍攝的燈具上。

高亮度(HIGH LUMINANCE)

鈧最具代表性的運用方式就是金屬鹵化物燈。藉由在燈管內灌入鈧並放電,就能散發出近乎太陽光等級的高亮度光芒。鈧若與鋁一起製成「鈧鋁合金」的話,既能保有鋁原本的輕盈特性,強度與彈性也能大幅增加。還具有高耐腐蝕性,所以也被運用在航太產業上。

斯堪地那維亞半島(SCANDINAVIA)

門得列夫在製作元素週期表的時候,也預測了尚未被發現的元素之存在。門得列夫認為有個元素會存在於鈣跟鈦之間,並將其命名為「類硼」(eka-boron)。而在十年之後,尼爾森(Lars Frederik Nilson)發現了未知的元素,且該預測也準確命中。該元素出自僅能在斯堪地那維亞半島上發現的礦石,因此取用其地名而為該元素定名。

233

Ti

titanium

47.867g/mol

22

鈦 | 過渡金屬

[Ar]3d²4s²

在我們的身體內有一種能防禦外部物質的能力。不論是藉由阻斷進入、排出體外或是啟動免疫系統而引起發炎反應，上述這一切都屬於防禦能力。針對疾病等的狀況啟動正常防禦機制當然是一件好事。但是隨著醫學技術的進步，為了替換掉受損的內臟或器官，而把人造器官移植入體內的案例越來越多。就算是基於如此良善目的而把東西移植進去，但身體還是會產生排斥反應。所幸，鈦不只能避免引起生物體的排斥反應，而且跟生物體組織的相容性也相當高。因此在施行植牙、把人工關節置換到骨頭上等的醫療行為上，都會使用利用鈦所製成的生醫材料。一九五二年，瑞典醫生佩爾－英格瓦‧布倫馬克（Per-Ingvar Brånemark）當時正在研究骨髓如何生成血液，為此他把一小片顯微鏡裝在兔子的大腿骨上，以觀察骨頭內部的活動。而在觀察到兔子的大腿骨以鈦組織為中心形成了骨頭組織，而且兩者還結合在一起的奇特現象後，我們就運用鈦的特性，開始發展起移植體內用的植入物技術。

合金（ALLOY）

鈦主要被用在合金上。鈦合金不但高強度且耐熱。高級眼鏡架、高爾夫球桿或腳踏車等，鈦合金被用在許多地方。鈦合金最常被用來製造飛機。尤其是偵察機，百分之百會使用鈦來製造。由於「光觸媒」而使二氧化鈦（titanium dioxide）相當聞名，我們也會將其用在化妝品或防曬用品上，這是因為該物質對人體完全無害，而且跟生物體組織的相容性相當高。

巨人（TITAN）

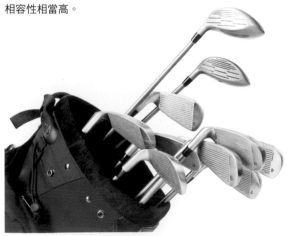

一七九一年，威廉‧格雷戈爾（William Gregor）牧師發現了一種全新的礦物，並且將其命名為「梅納辛」（manaccanite）。然而鈦的名字卻是採用了化學家馬丁‧克拉普羅特（Martin Heinrich Klaproth）於一七九五年所公布的。直到一七九七年，才證實了這兩種東西是同一種元素。「泰坦」（titan）一詞指的是出現在希臘神話中的巨人神，然而以此為鈦定名的原因至今仍是未解之謎。

V

vanadium

50.9415 g/mol

23

釩 | 過渡金屬

[Ar]3d³4s²

　　所謂的「彈性」（elasticity），就是物體被施予來自外部的力量而形狀變形，而當該外力解除後，再次恢復原本狀態的一種性質。彈簧運作的道理便是利用這種特性來吸收衝擊能量。從原子筆、床鋪、腳踏車、電梯再到各式各樣的電子產品為止，彈簧被運用在我們周遭生活的各種地方上，尤其是汽車還會用到一千種以上的彈簧。一般來說，圓形的螺旋彈簧主要是最常用在汽車的懸吊系統上。我們看汽車車輪的上方，會發現有一個與車軸相連結、用以吸收衝擊力道的懸吊系統。金屬片製成的板型彈簧，是由許多片扁平的金屬片交疊而成，能發揮強大的彈簧效果，主要被用在大型車上。這種彈簧雖然是以鐵所製成的，但有著超出我們預料之外、令人驚訝的彈性，而其中的秘密就是「釩」。若在鋼鐵中混入少許的釩，鋼鐵的結晶體積就會縮小，彈性與黏度（viscosity）則會隨之增加。所謂的黏度指的是相黏之處不會分離的特性。簡單來說，就是物體很容易延伸拉長的意思。

大馬士革（DAMASCUS）

　　如果在鐵裡頭加入釩的話，會提升其硬度，因此經常被運用在車輛等等的東西上。然而令人意外的是，早在距今約一千年前，已經有人類使用釩合金的蹤跡了。十字軍東征時，伊斯蘭軍隊混合了釩，以硬度高到令人驚嘆的大馬士革鋼製造出武器並拿來使用。大馬士革鋼使用了特殊工法鍛冶而成，也因為這種製程使得鋼鐵的表面出現美麗的花紋。

凡娜狄斯（VANADIS）

　　一開始發現釩的時候，我們取用了意指「所有色彩」的希臘語「panchrome」，為釩定名為「panchromium」。雖然也曾經提出「erythronium」或者「Rionium」等名字，但最終被選上的名字並非來自該元素的發現者，而是瑞典化學家所提出的「Vanadium」。由於礦石閃耀著五彩光芒、外觀看上去相當美麗，因此取用了北歐神話中美的女神「芙蕾雅」的別名「凡娜狄斯」（Vanadis）為其定名。

Cr

chromium

51.996g/mol

24

鉻 | 過渡金屬

[Ar]3d⁵4s¹

$[Ar]3d^5 4s^1$

一九一二年，英國鋼鐵公司的研究員哈利·布里爾利（Harry Brearley）休息時間時，在工廠的廢材堆中發現了亮亮的金屬片。這塊鐵片是之前用來研發大砲砲身的材料，然而在研發途中由於失敗而被丟棄的鐵合金。雖然已經被丟棄許久、還淋了雨，但這塊金屬片卻沒有生鏽。注意到這點的布里爾利便開始分析鐵塊，並製造出全新的合金。這種合金既不會生鏽，拿來裝食物也不會留下髒污。而這就是「不鏽鋼」（stainless steel）。在這種合金中會加入好幾種金屬，而其中最關鍵的成分就是鉻。布里爾利在製造出不鏽鋼的同時，也發現了全新的元素「鉻」。鉻若產生氧化情形，就會形成一層堅硬的氧化保護膜，而這個現象被稱為「鈍化」。普遍來說，必須要含有百分之十一以上的鉻才能被稱為不鏽鋼。不鏽鋼產品一般會標有兩種數字，前面的數字為鉻的含量，而後面的數字為鎳的含量。除了這兩種成分以外，不鏽鋼裡頭亦含有碳、錳以及鉬等等。

秦始皇（QIN SHI HUANG）

秦始皇在西元前統一了中國，安放於其墳墓「秦始皇陵」的兵馬俑身上，發現了青銅箭鏃與刀劍等物品。然而就算經過了漫長的歲月依然不見腐朽，相當令人訝異，而經過確認後發現原來物品上鍍了一層鉻膜。自此經過了一千七百年，歷史上都找不到發現鉻的證據。

顏料（COLORS）

鉻經常與其他金屬作為合金使用。鍍鉻獨特的銀灰色光澤雖然令人印象深刻，不過鉻化合物這種物質其實出乎意料之外地能呈現出繽紛的色彩。從十九世紀初開始，使用鉻酸鉛而製成的天然色素，經常被當作顏料或或染料來用。如果在氧化鋁中加入鉻，就會變成閃耀出紅色光芒的紅寶石。鉻一開始的名字是來自於希臘語「chroma」，即「色彩」之意。

Mn

54.938 g/mol

25

manganese

錳 | 過渡金屬

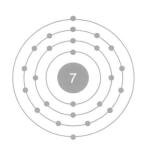

[Ar]3d⁵4s²

自動販賣機是如何區別硬幣的呢？在其運作中身居核心的就是「電磁感應現象」。把硬幣投入自動販賣機後，首先會檢查硬幣的外觀跟重量，然後通過第一道關卡。接著，硬幣會經過一段帶有磁場的斜道。由於依據金屬種類不同，硬幣會接收到強度不一的磁力，因此硬幣通過磁場的速度，會隨著硬幣成分不同而產生變化。若是硬幣過重或是硬幣受到低於一定標準的電流影響，此時硬幣會迅速墜下並退幣。最新型的自動販賣機已經不是用硬幣的速度，而是採取科學

方式來檢驗硬幣。自動販賣機中的光感測裝置會測出硬幣的速度。若測得的檢測值符合輸入到自動販賣機內的記憶體，就會接收該硬幣。許多國家會在硬幣內加入錳，其原因就在於此。錳擁有絕佳的電磁性質，因此自動販賣機可以更便於確實辨識出硬幣。此外，錳對所有的生命體而言也是必要的礦物質。錳會被用於生物的新陳代謝上，若人類有錳不足之情形，有可能會產生肌肉顫抖或骨質疏鬆症等症狀。

硬幣（COIN）

雖然含有錳的硬幣可以讓自動販賣機更便於辨識，但並不是因此就可以想說反正尺寸都一樣，所以放入任何國家的硬幣，自動販賣機都可以辨識出來。因為不同國家的硬幣，其成分也有所不同。我們所產出來的錳有百分之九十被用於製造合金，不過由於錳具有極佳的電磁性質，因此也常被用在磁鐵或電池等用途上。

深海（DEEP SEA）

錳的豐度在地球上是排名第十二多的元素，不過絕大多數都蘊藏在海裡。錳與其他礦物會形成球狀的「錳結核」（Manganese nodules），目前推估有數千億噸的錳結核蘊藏在太平洋的深海海底。現今人類必須不斷使用金屬資源，因此錳也成為了備受期待的未來資源。雖然目前尚未能正式開發，不過二〇一六年時，韓國運用了當地技術，成功地利用機器人開挖資源，距離商業化的實現可說是指日可待。

237

Fe

55.845 g/mol

26

Iron

鐵 | 過渡金屬

8

[Ar]3d⁶4s²

　　我們所熟知的太陽其實是恆星的初期型態。各種的恆星會因著質量，以著彼此相異的元素為材料而散發出光芒。質量較大的恆星會進行氫核融合，並生成碳跟氮等更重的元素，而這些會被當作恆星的能量來源。能量越來越強大，而逐漸來到製造出第 26 號元素「鐵」的階段。如果要製造出擁有 26 個質子的鐵，其溫度必須來到攝氏三十億度以上。恆星無法製造出比鐵還要更重的元素，這是因為靠核融合的能量，是無法產生比這個更加強大的能量。恆星用上了這麼多種的元素而變大，接著最終以鐵來迎接死亡。再也無法進行核融合的恆星，因為承受不了內部的壓力而只能自行崩潰。這就是所謂的「超新星爆炸」（super nova）。其他比鐵更重的元素是藉此誕生的。

　　氧是地球上最多的元素。若以質量比來看，鐵占了地球整體質量的百分之三十左右，但是大部分都存在於地核內。雖然地核有百分之九十是鐵，但在地殼上鐵頂多就只佔了百分之六。地球的內核大部分都由固態鐵所構成，它在液態的外核內部自轉，並且讓地球形成為一塊巨大的磁鐵。

地核
（EARTH CORE）

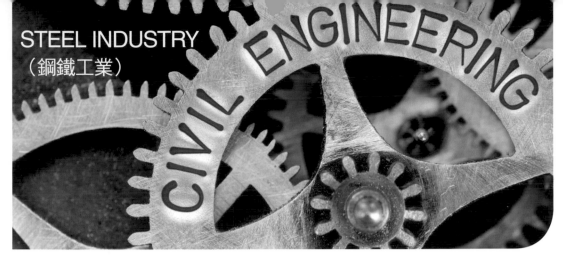

STEEL INDUSTRY
（鋼鐵工業）

　　由於鐵是地球上相當豐富的資源、價格上也相對較低，因此被用在絕大多數的產業與人類生活上。人類開始使用金屬以後，鐵就成了最被重用的金屬元素。在鐵的身上，有著「養活產業界的稻米」這種別稱。鐵占了全世界金屬生產量的百分之九十五，同時也是與其他金屬做成合金的材料。不只是做成合金，鐵也會與其他物質一起被充分使用。

鐵鏽（RUST）

　　鐵是一種具有銀灰色光澤的金屬。雖然大家都知道鐵在空氣中相當容易生鏽，但其實必須要滿足有水、空氣跟電解質這三種條件。「生鏽」是氧化作用，而其他金屬若氧化，就會在表層形成又薄又堅固的保護膜，因此氧化就不會繼續往金屬內部進行。然而鐵如果生鏽，鐵鏽的體積會持續擴大。擴大的鐵鏽在剝落後，又會逐漸往內部氧化，最終鐵塊就會消失殆盡。

西臺（HITTITE）

　　人類比起堅固的鐵更先開始使用柔軟的銅，其原因很簡單，就是因為當時並不具有把鐵從鐵礦石中冶煉出來的技術。雖然銅的熔點是攝氏一千〇八十三度，不過鐵的熔點是攝氏一千五百三十五度。我們尚不清楚人類是從什麼時候開始冶煉出鐵。不過西元前一千五百年，小亞細亞的「西臺帝國」，被認為是人類首度使用鐵器的起源。

血紅素（HEMOGLOBIN）

　　若沒有鐵，人類就無法存在。與能進行光合作用的植物不同，生命體進行呼吸作用就須要氧氣。必須把氧氣送到細胞內並進行新陳代謝，這樣生命體才能存活下去。血管內的紅血球會運輸氧氣，而這個工作是由紅血球內一種叫做「血紅素」的分子所負責。氧氣會與血紅素內的鐵離子結合並被輸送。

Co
cobalt

58.9331 g/mol

27

鈷 | 過渡金屬

[Ar]3d⁷4s²

密封的產品中，偶爾會一起放入一種叫做「矽膠」（silica gel）的東西。矽膠會放入維他命之類的保健食品或有藥丸的藥罐中，而像是海苔或餅乾等，這種有可能因為水分而變質的產品中也會隨包裝附在裡頭。矽膠是以地殼上豐度第二高的元素「矽」而製成。由於二氧化矽（SiO_2）的這種型態，矽膠是一種純度高達百分之九十九點九的環境友善物質，跟我們所熟知的物體「玻璃」是同樣的成分。簡單來說，我們若加工玻璃，就可以將其加工成類似於泡沫塑料的型態。用顯微鏡來看，矽膠具有多孔的構造，因此可以把水分吸收到這小小的間隙之中。指示型矽膠乾燥劑能提醒吸收了多少水分，而這種乾燥劑因為會呈現出藍色，所以也被稱為「藍色矽膠乾燥劑」。這種矽膠乾燥劑若吸收了水分就會變成紅色。若成分中含有氯化亞鈷（$CoCl_2$）就會形成藍色的矽膠乾燥劑。然而研究指出氯化亞鈷為致癌物質，因此現在已經不做使用。若仍有使用藍色矽膠乾燥劑，務必確認其成分。

壞精靈（KOBOLD）

從中世紀開始，「銀」就被視為貴重金屬。不過在其最具代表性的產地，也就是德國薩克森地區，進入到十六世紀以後，銀的生產量就逐漸減少，這是因為跟銀一起被開採出來的某種銀灰色礦石，會對提煉銀造成妨礙。這種雜質在提煉的時候，會散發出含砷的毒氣，因此不只會害礦工生病，還會損壞熔爐。礦工們認為該礦物是有精靈把銀藏了起來，然後換成這種有毒的石頭，所以用德國民間故事中，住在礦山或洞穴中的精靈「kobold」來稱呼這種礦石。

鈷藍（COBALT BLUE）

鈷是一種銀灰色金屬，不但堅硬也會散發出淡淡的藍色。從外表看上去，跟鐵、鎳還有銀相當相似。從很久以前開始，我們就以著化合物的形式一直在使用鈷，使得我們看到晴朗的藍天總是會想起它來。瓷器上的藍色紋樣便是使用了含鈷顏料。鈷藍是鋁酸鈷，而氯化亞鈷若遇水則會呈現粉紅色。

Ni
nickel

58.6934 g/mol

28

鎳 | 過渡金屬

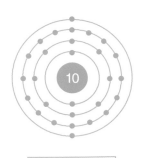

[Ar]3d^{8}4s^2

　　吹風機的原理相當簡單,就是藉由風扇把吹風機後方的空氣拉進來,然後再送到吹風機前方。在空氣的出口側有「電熱絲」,而電熱絲是一種電阻很高的電阻合金線。這就是運用由於電荷被阻擋、難以流動,因此就會放熱的原理。我們周遭有很多像這種利用電能轉為熱能的生活用品。烤麵包機裡頭的電熱絲變熱的同時就能烘烤麵包,冬天的暖氣也是藉由電熱絲來供熱,熨斗內部也有電熱絲。這種電熱絲經常會用到鎳鉻合金線。鎳鉻合金線處在高溫之下也不會氧化,也相當耐腐蝕。鎳鉻合金線是由鎳跟鉻所製成的合金,因此以此取名。實際上當中含有百分之五十七以上的鎳,而鉻約有百分之十五至百分之二十一。其餘則由少量的矽與鐵而製成合金。鎳鉻線的電阻率較高,為 110 μΩcm(微歐姆公分),而且容易加工、價格便宜。由於電阻能帶來最高攝氏九百五十度的溫度,因此被廣泛使用於包含電爐、電暖器與電阻絲等物品上。

紅砷鎳礦(KUPFERNICKEL)

　　中世紀的德國礦工發現了一種看上去跟銅礦相當相似的紅褐色礦石。雖然曾經煉製過這種礦石,但沒辦法煉出銅,還因為毒氣而罹病。其產生的氣體是氧化砷(As_2O_3),而這個礦物則是紅砷鎳礦(Nickeline),也就是砷化鎳(NiAs)。當時的礦工把這視為惡魔的詛咒,因此以意味「惡魔之銅」的「kupfernickel」稱呼它。

　　我們會合成鎳跟其他元素作為錢幣等來使用,或是用作電鍍過的飾品、蓄電池的正極材料等,鎳是一種常被用在各個領域上的元素,但它其實對人體而言並非必要元素。若不必要的元素進到人體內毒性就會發作。雖然每個人不盡相同,但鎳是一種會引發過敏的物質,而且有好幾種鎳化合物因為是會引發過敏的物質而被大眾所認識。

過敏(ALLERGY)

Cu | 29

63.546 g/mol

cooper

銅 | 過渡金屬

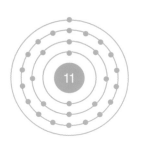

11

[Ar]3d¹⁰4s¹

　　古早時候我們為了除臭會在鞋子裡頭放入韓國的十元硬幣。雖然現在硬幣的材質已經不一樣了，但之前會這樣是因為硬幣中含有大量的銅之故。銅具有抗菌的功能。當然硬幣不是由純銅製成的，是銅跟鋅的合金。一九六六年，韓國首度發行的十元硬幣中含有百分之八十八的銅。然而其含量逐漸降低，目前使用的硬幣中僅有百分之四十八的銅含量。如果希望能有抗菌或是殺菌效果的話，就要使用古早以前的硬幣

了。自古代開始，銅就被用在鑄幣上。雖然也是因為銅的冶煉較為容易、擁有豐富的蘊藏量，不過硬幣是一種會經過多人之手的物品，所以也是因為需要殺菌的效用才會選擇銅。因此門把、欄杆還有電梯按鈕等，這種像錢幣一樣經常會被人手碰觸的地方上，很多東西都是以銅來製成的。最近常看到的電梯上使用含有銅成分的「抗菌貼膜」就是銅護膜。〈台灣尚未有此風潮。〉

　　銅是人類最開始使用的金屬。雖然以豐度來說鐵的含量是壓倒性的多，但鐵器時代卻是在銅器與青銅器時代以後來到。其原因很簡單，就是因為銅礦是以較為大塊的金屬塊型態存在。因為其他種金屬摻雜在礦物中，所以人類並不知道它們的存在，就算我們知道其他種金屬的存在，也需要額外再行複雜的冶煉。目前我們認為人類首度使用銅至少是在一萬年前。

銅石並用時代 （COPPER AGE）

青銅（BRONZE）

在銅器時代之後，由銅跟錫製成的合金「青銅」曾經風行一世。各地區、各國家進到青銅器時代的時間點有些許差異。由現在尚存的古文物來看，由阿拉伯最先開始，然後才擴展到歐洲、中國及至朝鮮半島。銅本身相當柔軟，所以難以用於要求質地堅韌的東西上。然而由銅製成的合金「青銅」則相當堅固，而且表面氧化生鏽後就能保護內部。

自由女神像
 （THE STATUE OF LIBERTY）

青銅也會生鏽。雖然青銅在一般室溫下的乾燥空氣之中不太會氧化，但要是空氣潮濕，在濕氣與二氧化碳的作用之下就會生鏽。青銅生鏽後的產物是以鹼式碳酸銅為主要成分，呈現翠綠色。這層鏽雖然很厚，但其組織跟鐵不同，相當緻密，也不會往內部侵蝕。「自由女神像」上象徵性的色彩便是來自這種翠綠色的鏽。

銅具有高度電導率。雖然在室溫之下電導率最高的是銀，但因為銀的價格太高，所以我們會把銅線當作電線來使用。但因為銅還是偏重，出於高壓電塔難以支撐的因素，高壓電線我們就會使用鋁來製造。

銅具有強大的殺菌功能。我們會採用銅來造幣，便是因為錢幣會在許多人手上傳遞。黴菌或微生物很難在銅的表層上持續生存。防腳臭的鞋墊也會在腳掌碰到的部分加入銅的成分，這便是運用了銅的殺菌功能。

殺菌（STERILIZATION）

電導率（CONDUCTIVITY）

Zn

65.38 g/mol

30

鋅 | 過渡金屬

zinc

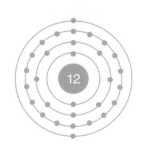

[Ar]3d^{10}4s^2

有一種叫做「犧牲陽極」的術語。鐵若遇氧就會氧化，也就是所謂的生鏽。在富含氧氣的海中，鐵會因為生鏽而加速腐蝕。雖然也有以木材製成的船隻，但大型船舶多半還是以鐵製成。在造船時，最重要的其中一項作業就是防止生鏽一事。把比鐵還要更容易氧化的物質加在鐵的上面，如此一來這個物質就能代替鐵來生鏽，而鐵就不會生鏽了。該物質會吸收鐵的內部所產生的電子，因此會先與氧氣結合。這種作法被稱為「犧牲陽極法」，而鋅就是「犧牲陽極」。曾經有一段時期，我們把白鐵當作暴露在建築物外的外部裝潢材料來使用。白鐵鐵皮屋頂似乎是被當成一種價格低廉的外部裝潢材料，但其實有其特殊的作用——就是它相當耐腐蝕。白鐵是鍍鋅的鋼鐵材料。鐵跟鋅之間是鋅比較容易離子化，因此含有鋅的鐵就不會生鏽。犧牲陽極這種防鏽法中，除了使用鋅以外還有鎂。我們會用銅把鋅或鎂相接或焊接至地下道水管或船舶上。

煉得純鋅的技術是始於阿拉伯。把氧化鋅以碳還原的話，鋅就會在高溫之下轉為鋅蒸汽。此時鋅蒸汽若不與空氣接觸並使之冷凝的話，就可以得到金屬鋅，這是因為鋅蒸汽若跟空氣接觸，就又會再次氧化之故。而這也是一種蒸餾法。鋅的名稱很有可能是取用自德文中帶有「尖銳的末端」之意的「zinke」，這是因為蒸餾出來的鋅金屬是針狀的。

尖銳的末端（ZINKE）

性功能（SEXUAL FUNCTION）

鋅是地殼上含量排名第十四多的元素，如此豐沛的元素通常對生命來說是不可或缺的。成人每天須攝取五毫克的鋅。我們體內有各種酵素會產生作用，在這些作用中就須要鋅。尤其是鋅會參與在性荷爾蒙與成長荷爾蒙等的酵素作用中，並為性功能帶來直接的影響。據說情聖的代名詞傑可莫．卡薩諾瓦（Giacomo Girolamo Casanova）相當愛吃富含鋅的生蠔，這種傳聞可不是空穴來風。

Ga | 31

69.723 g/mol

gallium

鎵 | 貧金屬

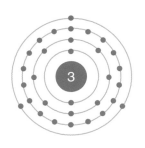

[Ar]3d^{10}4s^{2}4p^1

一九八三年大衛·考柏菲（David Copperfield）展現了神乎其技的魔術，引發觀眾讚聲連連。他在眾目睽睽之下把自由女神像變不見了。當時他的魔術戲法「視覺錯覺」在全世界播出。在此之前，一九七〇年代有一位叫做尤里·蓋勒（Uri Geller）的魔術師。不過比起魔術師，他更常被認為是一位超能力者。他凝聚觀眾的氣並摩擦金屬湯匙之後，原先堅硬的金屬就彎曲了。尤里·蓋勒甚至還要觀眾拿起湯匙，雙手合十後施咒，藉此帶來一場把超能力者的力量傳送給觀眾的魔術秀。那到底觀眾手中拿著的湯匙有沒有彎曲呢？他也施咒讓收看節目的觀眾把氣傳送給自己，而實際上湯匙真的彎曲了。其實不只是這個魔術，而是所有的魔術都是一種光天化日之下施行的障眼法。其秘密的真面目就是「鎵」。門得列夫曾經預測過一些元素的存在，鎵也是其預測元素之一的「eka-aluminium」之真實身分。法國化學家保羅·埃米爾·勒科克·德布瓦博德蘭（Paul Émile Lecoq de Boisbaudran）發現了鎵，並取用了母國法國的拉丁文名字「Gallia」為其定名。

在室溫下以銀白色的固體狀態存在的鎵，其熔點是攝氏二十九點七八度。光是用手握住，鎵也會受到體溫影響而開始變成液體。還好鎵不太容易起作用，僅有肌膚接觸的話也幾乎不會被人體吸收，因此從手彎曲鎵製湯匙也不會產生太大危險。不過若長時間接觸鎵，皮膚有可能會變色。

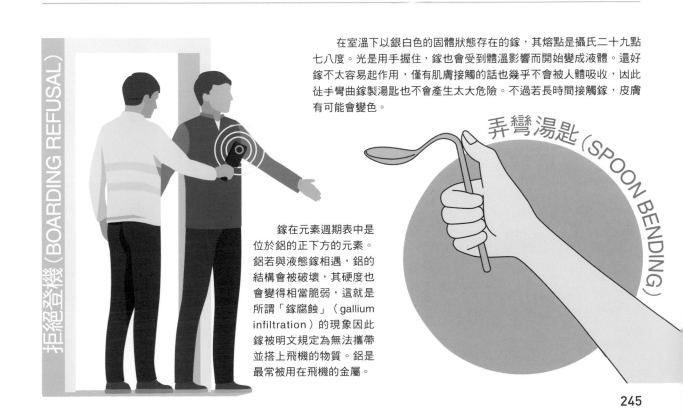

拒絕登機（BOARDING REFUSAL）

弄彎湯匙（SPOON BENDING）

鎵在元素週期表中是位於鋁的正下方的元素。鋁若與液態鎵相遇，鋁的結構會被破壞，其硬度也會變得相當脆弱，這就是所謂「鎵腐蝕」（gallium infiltration）的現象因此鎵被明文規定為無法攜帶並搭上飛機的物質。鋁是最常被用在飛機的金屬。

Ge

72.64 g/mol

32

germanium

鍺 | 類金屬

[Ar]3d^{10}4s^{2}4p^2

　　每戶人家都會有一台遠紅外線的產品。但遠紅外線真的對健康有所幫助嗎？在產品的廣告文宣上，都會寫著「所釋放出的遠紅外線能深層透入肌膚內部，讓人體組織產生共振，並使其產生熱能、活化細胞」的說明。遠紅外線的確能穿透人體並藉由輻射來產生熱能。然而接觸到肌膚的遠紅外線，在穿透至人體體內的同時，會與由人體複雜元素所組成的分子產生相互作用。結果，遠紅外線在碰到人體組織後，大部分都會消散或是被吸收，並且失去微弱的能量。根據檢測結果，大部分的能量從皮膚表層往下算起的二十微米以內，就會逐漸減少而消失。大部分產品所具有的功能很有可能是胡說八道。而在這種產品中，最常被拿來使用的元素就是鍺。一八八六年，德國科學家克萊門斯・溫克勒（Clemens Alexander Winkler）在分析硫銀鍺礦（Argyrodite）的過程中，成功地分離出鍺。他取用德國的舊國名「Germania」，也運用化學來作詩吟曲並廣為流傳。

　　有商品宣稱鍺所釋放的遠紅外線會產生能有益於人體的效能，因此常以廚房用品，或是佩戴在身上的手環等裝飾品的形式來販售。遠紅外線也不過就是一種電磁波罷了。就波長來看，遠紅外線大約介於紅外線跟用在微波爐上的微波兩者中間的波段。所有的電磁波跟物質相遇都會產生反應，這個並不是什麼特殊現象。

光導纖維（OPTICAL FIBER）

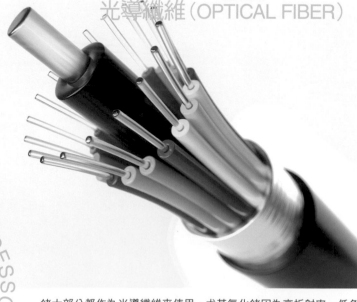

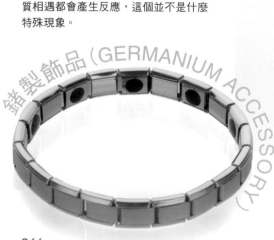

鍺製飾品（GERMANIUM ACCESSORY）

　　鍺大部分都作為光導纖維來使用，尤其氧化鍺因為高折射率、低色散而受到大眾注目。除此之外會用在抗紫外線鏡片、熱成像儀與稜鏡鏡片等的高階光學儀器上。雖然鍺在以前也會被當作半導體材料使用，但就半導體材料來說，矽的表現被認為更加亮眼，因此也只好讓出這個位子了。

As 33

74.9216 g/mol

arsenic

砷 | 類金屬

[Ar]3d¹⁰4s²4p³

　　拿破崙一世（Napoléon Bonaparte）遠征俄羅斯後，接著就慘敗於滑鐵盧戰役，從法國皇帝的位子上被趕下來，還被流放到位於南大西洋正中間的聖赫勒拿島（Saint Helena）。一六五九年，英國的東印度公司占領了該島嶼，而自一八一五年開始到他去世的一八二一年為止，聖赫勒拿島也都受到英國直屬殖民地的司法權轄制，因此英國面對曾為敵國皇帝的拿破崙被流放一事，自然是不會隨便放過的。曾經威震天下的拿破崙，直到以五十一歲的年紀去世為止，也逃離不了這座島嶼。針對他的死亡之謎，到現在仍是熱門話題。官方公告的死因是胃癌，但也有遭毒殺一說，也就是他喝了摻毒的葡萄酒後，因中毒而身亡。其他被推測為死因的，還有因為當時壁紙內所含有的染料而造成中毒。會有這種說法是因為他的髮絲中出現了某一種物質，也就是在現代作為毒藥而廣為人知的「砷」。在韓國也是，國王會把含有這種成分的毒藥賜給被流放的亂臣賊子。在現代，砷則是在半導體產業中被廣泛使用的元素。

冰人奧茲（ICEMAN）

毒藥（POISON）

　　砒霜是一種奪走了無數條人命的劇毒物質。羅馬的尼祿皇帝也是使用砒霜來毒殺同父異母的胞弟，曾為義大利豪門的波吉亞家族（Borgias），則用下了砒霜的葡萄酒來招待政敵。其實純砷是沒有毒性的，但若與氧結合就會產生具強烈毒性的氧化砷，因此在自然狀態之下所能得到的砷化合物，可說是全都是有毒物質。

　　砷被認為從很久之前就開始被使用。一九九一年，在歐洲地區的冰河地帶發現了木乃伊，推測應該是曾在公元前三千三百年前活著的人類。取用自發現地的地名，這些木乃伊被稱為「冰人奧茲」（Oetzi The Iceman）。在冰人奧茲的髮絲中發現了高濃度的砷，因此推測他的工作應為礦工，這也是因為從銅礦礦山中挖採出的銅裡頭，含有大量的砷。

Se
selenium
硒｜非金屬

78.96g/mol

34

[Ar]3d¹⁰4s²4p⁴

電絕對需要藉由導體來流動，一整團沒有流動的電荷就是「靜電」。靜電若接觸到導體而突然轉移的話，就會帶有高電位。每個人都曾有過因為這股電壓而瞬間感到疼痛的經驗。然而，靜電並非全然毫無優點。有一種我們經常使用的東西，就是因著靜電而誕生的，那就是影印機。切斯特‧卡爾森（Chester Carlson）運用了一種原理來製造影印機，這種原理就是利用靜電讓碳粉附著在它所做的感光鼓上，又利用靜電從上清掉碳粉、使碳粉附著到紙張上。他利用

了光照，使得從原稿紙張上的空白部分所反射出來的光，在接觸到感光鼓後，會讓感光鼓的該區塊就帶有負電荷。原稿上有寫字的地方，則會由帶有強烈負電荷的碳粉，附著在感光鼓上相對應的位置。接著若從後方為空白紙提供強烈的正電荷，原本在感光鼓上的碳粉就會轉移到空白紙上，再經過攝氏一百八十度的高溫，碳粉就會藉熱轉印在影印紙上。感光鼓的表面塗有一層物質，雖然平常呈現正電荷，但若感光就會呈現負電荷，而這個物質就是「硒」。

月亮（MOON）

一八一七年，瑞典化學家永斯‧貝吉里斯（Jöns Jakob Berzelius）與約翰‧戈特利布‧甘恩（Johan Gottlieb Gahn）曾經在硫酸工廠工作過，在這段期間中他們認為發現了硫磺中含有「碲」。然而兩人所發現的物質，並非早已在三十五年前就發現的碲。他們發現了一種全新的物質，在以火燃燒後會散發出類似於碲的氣味。碲的名字是取自於「地球」的名稱。兩人認為這兩種元素的關係就彷彿地球跟月亮之間的關係，因此硒取用希臘語中的月亮女神之名「塞勒涅」（Selene）為其定名。

在過去硒被視為有毒物質，但在一九五七年卻被證實是對哺乳類動物而言不可或缺的微量元素。世界衛生組織（WHO）與聯合國糧食及農業組織（FAO）在一九七八年，承認硒為必要營養素。硒擁有超強的抗氧化力與其他作用，以保健食品之姿受到相當的矚目。尤其是對於癌症患者，絕對須要服用硒。

營養素（NUTRIENT）

Br

79.904 g/mol

35

溴 | 非金屬

bromine

[Ar]3d^{10}4s^{2}4p^5

　　每個人都會經歷個一次青少年時期。這個時期會用來確立自我本質，也被心理學家斯坦利·霍爾（Granville Stanley Hall）認為是段「疾風怒濤的時期」，這是因為在這段時期中，我們處在既不是小孩、也不是大人的中間地帶，還要經歷糾結與混亂之故。想念著某個人、覺得寂寞的這種情緒開始加深，面對異性也情竇初開。這種好奇心也會朝年長的異性、老師、演藝人員，或是運動選手跟玩音樂的人身上發展。從牆壁上就可以看到孩子們愛的證物。在牆壁上掛著大張的明

星肖像照，也就是他們因愛慕、尊敬而偶像化的藝人照片。為了拿到偶像的「明星肖像照」（Bromide），對孩子們而言從一大早開始排隊也十分幸福。而為什麼這種大張的明星照會被稱為「Bromide」呢？在讓底片顯影時，會用到感光劑，這個感光劑就是溴（Br）跟銀（Ag）的化合物。因著光能，從溴離子中釋放出來的電子，會結合到性質為陽離子的銀離子（Ag$^+$）上，而銀原子在增加的同時就會呈現黑色。因此「Bromide」的由來就是藉由溴化銀（AgBr）來顯影的照片。

骨螺紫（TYRIAN PURPLE）

　　古代腓尼基人從在地中海沿岸捕捉到的海螺當中，萃取出了紫色染料。這種染料稱為 Tyrian purple，取自腓尼基的都市「泰爾」（Tyre）。若想取出一公克的這種染料，就必須要用上一萬兩千顆的海螺，足見這種染料之珍貴。這種染料的真面目就是一種叫做「二溴靛藍」（dibromoindigo）的溴化合物。鼎鼎大名的埃及艷后也曾用這種染料為船的帆布染色。

氣味（ODOR）

　　在元素週期表上，溴跟汞（Hg）一樣，是在室溫下以液態存在的兩種元素之一。特別是在非金屬元素中，唯獨溴在室溫下是以液態存在。溴在室溫下以紅褐色液體的狀態存在，容易汽化而散發出一股獨特的氣味。出於這種因素，溴的英文名是來自於希臘語中意味著「惡臭」的「bromos」，就國字來看也使用了跟氣味有關的「臭」字旁，在日本跟韓國則稱為「臭素」。

Kr

krypton

83.798 g/mol

36

氪｜惰性氣體

[Ar]3d¹⁰4s²4p⁶

$[Ar]3d^{10}4s^24p^6$

　　超人（Superman）自首度登場算起已經超過八十年了。超人以漫畫作為起點，也推出了系列電影，最近超人在一部名為《超人：鋼鐵英雄》（Man of Steel）的電影中，展現了相當有意思的活躍表現。超人是一個外星人，他曾生活在一顆名為「氪星」（Krypton）的行星上。這個外星種族唯一的弱點，就是會讓他們失去能力的「氪星石」（Kryptonite）。氪星爆炸的時候，因為發生在地核中的連續爆炸，導致行星內部的礦物帶有強烈的放射性。然而如同超人是想像出來的角色一般，這種物質也是虛構的物質。如果硬要找出其中之間的關聯，那就是「核反應」。核試驗會在地底下深處進行，其原因是雖然可以由地震波來察覺是否有進行過核試驗，但也是因為在核分裂的過程中，會大量釋放出某種元素。甚至該原子不會與其他元素產生反應，而元素本身就會變成很輕的氣體來存在。這個很輕的元素會穿透地殼而釋放到大氣中。只要檢測該元素在大氣中的濃度，就可以知道是否有進行過核試驗。該元素就是氪。

氪聲（KRYPTON VOICE）

　　跟其他的惰性氣體一樣，氪的發現過程相當艱辛，因此取用希臘語中意味著「隱藏之物」的「kryptos」來為其定名。跟吸進去以後聲音會變高的氦相反，如果吸入氪，聲音會因低振動頻率而變低。在電影中外星人不時會發出低沈的聲音，而我們就把這種聲音稱為「氪聲」（KRYPTON VOICE）

核試驗（NUCLEAR TEST）

　　現在此刻，在地球上也依然有某一處正在進行核試驗。雖然核試驗會在地下深處暗中進行，但若實際進行核試驗的話，會產生大量的氙跟氪。可以藉由在大氣中急遽增加的氪含量，來發現正在進行的核試驗與其地點。

Rb

85.4678 g/mol

37

rubidium

銣 | 鹼金屬

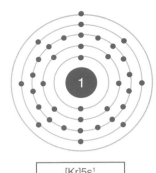

[Kr]5s¹

　　為了能正確診斷出疾病，會在醫院中施行精密的檢查，其中最具代表性的就是電腦斷層掃描（CT）跟核磁共振成像（MRI）。利用磁場進行的核磁共振成像（MRI，Magnetic Resonance Imaging），比使用 X 光的電腦斷層掃描，能拍出更精確的身體組織影像。水分子占了人體中的百分之七十，而核磁共振成像利用的就是水分子中的氫原子。氫質子帶著正電荷旋轉，且帶有些許的磁場。人體按照部位跟組織的不同，水的分布也會有所不同，而像腫瘤之類的病灶跟正常組織之間，兩者的水分含量有著極大的差

異。核磁共振成像是一種使用「核磁共振」（Nuclear Magnetic Resonance）原理的設備。裝在磁振造影儀內的高靈敏度磁感應器，會檢測出氫原子所造成的細微磁場差異。當然這種設備也可以檢測血液。不管是血流較快的動脈瘤，或是與前述病情不同的血管堵塞、血液在流經的血管中較為緩慢之情形，都可以另外將顯影劑注射至血液中以找出病灶。人體的血球很容易吸收在化學性質上相似於鉀的銣-87，因此在追蹤血液循環時我們會用到銣，

紅寶石（RUBY）

　　我們從名字就可以知道，銣的英文名稱是來自於其獨特的色彩。銣是在用分光鏡分析鋰雲母時所發現的元素，由於發散光譜呈現深紅色，因此取用了意味「深紅色」的拉丁語「rubidus」來為其定名。雖然名稱的由來都一樣，但銣並不是珠寶的紅寶石（Ruby）的組成元素。

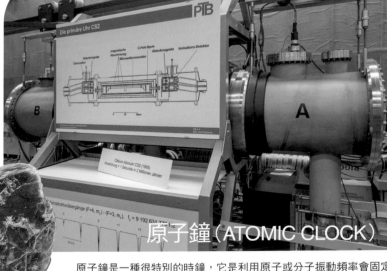

原子鐘（ATOMIC CLOCK）

　　原子鐘是一種很特別的時鐘，它是利用原子或分子振動頻率會固定不變的特點所製造出來的。由於不會受到重力、地球自轉與溫度等外部環境因素影響，因此原子鐘有著極高的準確度。銣原子鐘跟銫原子鐘相比，有著價格便宜、可縮小體積的優勢，然而準確度上卻稍不如後者。

251

Sr

strontium

87.62 g/mol

38

鍶 | 鹼土金屬

2

[Kr]5s²

　　雖然我們都知道骨骼的主成分是鈣跟磷，但其實以重量來說，骨骼中有百分之二十是膠原蛋白。膠原蛋白框架被填得滿滿的，其中就是充滿著鈣與磷。人體會把鈣跟磷保存在堅固的硬骨中，並且隨時取出來供生命活動使用。有百分之九十九的鈣可以算是被保存在骨骼中。剩下百分之一的鈣則是以離子的型態存在於血液與軟組織中，並且會參與肌肉與細胞的活動。元素週期表上位於同一族的元素，會帶有類似的化學性質。這種同族元素有類似化學性質的情形，也可說是人體可能會把

跟鈣存在於同一族的其他元素誤認成鈣。要是某一種放射性元素有著較長的半衰期，並且取代鈣被骨頭保存的話，人體就會發生很恐怖的狀況。因為這種元素不會被人體排出，而會在骨頭內累積、可能會使人體不斷暴露在放射能下。「鍶-90」是在核爆炸或核子反應爐中所產生的人工放射性元素。在人體內，它的鈣有著相似的性質，也會累積在骨骼等部位之中。二〇一一年，福島核電廠意外時就流出了大量的鍶，而這種元素的半衰期足足有二十九點一年。

焰色反應（FLAME REACTION）

　　大部分接觸過鍶的人，應該不是看到銀白色的金屬狀態，而是藉由火紅色的模樣而留下了經驗。在焰色反應中，不同的物質會呈現出各種顏色，而屬於鍶化物的氯化鍶（$SrCl_2$）或是硝酸鍶（$SrNO_3$）等，則會呈現鮮紅色。因此才會有很多人提到鍶時，腦中先想到的是火紅色的印象。

核爆炸（NUCLEAR EXPLOSION）

　　在鍶當中，最廣為人知的「鍶-90」是在核爆或原子反應爐中所產生的人工放射能物質。大部分存在於地球上的鍶，都是在核試驗、一九八六年的車諾比核事故或是在二〇一一年福島第一核電廠事故中所流出來的，並且累積在土壤、海洋與生命體中。

Y

yttrium

88.90585 g/mol

39

釔｜過渡金屬

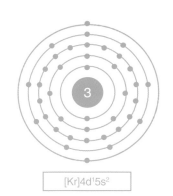

[Kr]4d¹5s²

一七八七年，在斯德哥爾摩一個叫做伊特比（Ytterby）的小村落裡，發現了全新的礦物。接著在一七九四年，芬蘭的化學家約翰・加多林（Johan Gadolin）研究這個礦物的同時發現了未知的元素。一開始取用加多林的名字把這個元素稱呼為「矽鈹釔礦」（Gadolinite），但後來取用村落的名稱，改成「Yttrium」。就是在這塊礦物當中，發現了包含釔在內的等八種稀土元素。

我們仔細觀察手機背面的閃光燈，會看到有一個淡黃色的零件，這是一種磷光體。閃光燈是在透黃色的磷光體跟在其下方的藍色 LED 光結合在一起後，就會呈現出我們眼中看到的亮白色。一九九四年，包含中村修二在內的三名日本科學家，終於在刻苦努力之下利用氮化鎵製造出了藍色 LED，也以此貢獻榮獲二〇一四年的諾貝爾物理獎。為了能像這樣能讓裝置發出白色光芒，會把無機磷光體放在 LED 晶片上，而這種無機磷光體是一種叫做「鈰摻雜釔鋁石榴石」（YAG:Ce）的物質。

雅鉻雷射（YAG LASER）

雷射技術進步的同時，被當作固體雷射主要材料的釔，也受到了注目。用釔（Y）、鋁（Al）跟石榴石（Garnet）（譯註）的頭文字所取名的「釔鋁石榴石」（Ｙ Al Ｏ），若在其內加了各種稀有元素，就能製造出效能極強的固體雷射。這種雷射的衝擊力道強烈、高效率，適用於各種產業或雷射治療等各領域上。

磷光體（PHOSPHOR）

藍色 LED 與黃色磷光體合成後，就會產生我們比較容易看到的白色光。最近許多 IT 面板上會使用藍色 LED。LED 在開發中國家不穩定的供電狀況之下也能運作，而且靠微弱電力就能進行紫外線殺菌，因此能讓貧困國家的人民從污水而引起的疾病脫離出來。

Zr

zirconium

91.224 g/mol

40

錯 | 過渡金屬

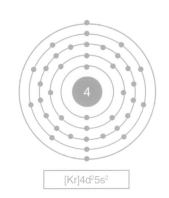

[Kr]4d²5s²

二〇一一年三月，日本福島的核電廠爆炸了。因為此事件，產生了對於核能的各種態度，針對核電廠的存在與否至今也仍不斷產生意見分歧。當時事件的原因是地震與起因於海嘯的停電。雖然核電廠在感應到地震後就自動關閉，但緊急發電系統卻遭淹水，導致核子反應爐冷卻失敗。結果發生熔毀（meltdown），許多的核子反應爐熔化而成了事件的最開端。「核能」是一種藉核分裂來獲取能量的作法。

在這裡用的是鈾 235，一開始會讓鈾的中子撞擊成為鈾 236，而不穩定的元素會立刻分裂。在分裂的同時，就會釋放出大量能量，還有平均二點五個的中子。接著又會跟其他鈾撞擊、產生連鎖反應。中子在這當中扮演了重要角色，因此反應爐必須以不會吸收中子的材質來打造。以反應爐的穩定性與效率來說，錯是獨一無二的選擇。錯在高溫下會與水發生反應並產生氫，而大量的氫會引起爆炸，因此反應爐內的冷卻就極為重要了。

年代測定（AGE DATING）

模仿（IMITATION）

屬於氧化錯的二氧化錯會被當作耐熱陶瓷的材料使用。立方形的寶石級錯石與跟鑽石的折射率很相近，所以也會被當成假鑽石使用。錯不是以氧化物的型態，而是以金屬的型態被廣泛運用在核燃料護套、核分裂實驗的護套材料等。錯的耐蝕性、硬度與延展性都相當優秀。

屬於錯礦物的「錯石」（Zircon）自古就被使用在各種用途上。然而從外觀看上去錯石跟氧化鋁十分相似，因此所有人都不認為這是一種全新的元素。錯石相當抗風化、不太容易損傷，基於這種特性對於年代測定有相當大的幫助。一九五六年，克萊爾·帕特森（Clair Cameron Patterson）發表了地球的年齡為四十五點五一年，當時他所使用的礦物便是錯石。

Nb

92.90638 g/mol

41

niobium

鈮 | 過渡金屬

[Kr]4d⁴5s¹

抵達中國上海的浦東機場後，有好幾種交通方式可以前往市中心，其中包含了「磁浮列車」（magnetic levitation train），磁浮列車會藉由磁力讓列車懸浮在軌道上來行進。到上海市區內開車要花上四十分鐘左右的距離，磁浮列車只要花十分鐘左右就可以抵達。為了讓磁浮列車能動起來須要有兩股力量，一股是讓列車懸浮在軌道上的力量，另一股是讓列車依照所須的方向前進的力量。讓列車懸浮起來的力量是磁性材料的反彈力，而且一旦調整了線性馬達的交流電振動頻率，就會改變磁場並藉此來前進。磁浮列車的噪音僅有少少的六十分貝。列車行進時幾乎不會產生震動，不會跟軌道產生摩擦，因此保養維修也相當容易。因為磁浮列車沒有物理上的限制而且懸浮在半空中，感覺好像會很危險，但就構造來說因為軌道上環繞著磁鐵，出軌的危險性反而很低。雖然車廂價格跟其他種車廂相比會比較貴，但就整體來說行車路線的建設經費是較為低廉。在韓國，有一條從仁川機場至龍遊站、長六點一公里的磁浮列車路線正在營運中。在這條物線上所使用的磁鐵裡便加入了「鈮」。

女兒（DAUGHTER）

「鈮」的名字是取用自出現在希臘神話中的尼俄伯（Niobe），但就唯獨這個元素的名字是不太清楚其命名的來歷。尼俄伯是坦達羅斯（Tantalus）的女兒，而同一族的第七十三號元素就是命名取用自這位坦達羅斯的「鉭」（Ta）。人類在分離這兩種元素時歷經了莫大困難，由於在物理、化學上的性質都十分相似，因此以暗指父女關係的方式命名了。

超導現象
（SUPERCONDUCTIVITY）

鈮會與錫、鍺跟鈦等製作成合金，而被當作超導合金材料來廣泛使用。若以液態氦來冷卻超導合金，電線的電阻會近乎於零，讓電流可不斷地永久流動。用該方法製造出來的強力磁鐵被稱之為「超導磁鐵」，我們會將超導磁鐵用在磁浮列車或是大型強子對撞機（LHC）等這種利用了超導體的研究或設備上。

Mo

95.94 g/mol

42

molybdenum

鉬｜過渡金屬

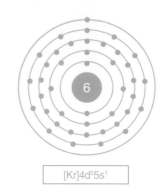

[Kr]4d⁵5s¹

對生命體而言，氮是不可或缺的元素。雖說還好氮在大氣中相當充足，卻依然經常發生缺氮的情形。我們經常會看到在植物上葉子與根部逐漸發育不良、葉片顏色黃化的現象。在大氣中，氮會以植物無法利用的型態，也就是以氮氣的形式存在。為了讓植物容易吸收，氮必須以易溶於水中的離子型態存在。氮氣跟氧氣反應後，氮應該會轉換為銨根離子（HN_4^+）或是硝酸根離子（NO_3^-）的型態，這個過程就是氮循環的第一個過程——固氮作用。為了讓空氣中非常穩定的氣體分子改變型態須要能量，發生在大氣中的閃電便擔任了這個角色。然而藉由閃電只能產生少量的能量。幸虧像是豆科植物的根瘤菌或固氮菌（Azotobacter）這種能發揮固氮作用的細菌們，可以把空氣中的氮轉化成銨根離子的型態。在這個過程中，「酵素」起了催化劑的作用，而能活化固氮酵素的金屬就是鉬。

鉻鉬鋼（CHROMOLY）

鉬主要用於製造鋼鐵或其他種合金。若加入了鉬，硬度、耐蝕度都會大幅增加。所產出的鉬約有百分之九十都使用於合金上。就算不認識鉬，但應該很多人聽過這種合金的名稱——也就是「鉻鉬鋼」。鉻鉬鋼經常經常被用在自行車車架等用途上。

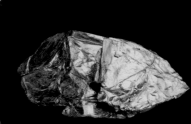

輝鉬礦

（MOLYBDENITE）

鉛、石墨跟輝鉬礦等，在外觀上都十分相似。直到十六世紀為止，帶有鉛色的礦物一律都被稱為「Molybdenite」，這是源自於希臘語中意指「鉛」的「molybdos」。直到一七七八年，卡爾‧威廉‧席勒（Carl Wilhelm Scheele）才發現輝鉬礦是石墨與其他物質，而從輝鉬礦所提煉出的的東西就是金屬鉬。

Tc | 43

98 g/mol

technetium

鎝 | 過渡金屬

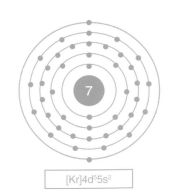

[Kr]4d⁵5s²

在醫院，為了能準確地診斷出疾病，所使用的影像拍攝方式有 X 光、電腦斷層跟磁振造影。但是內臟的狀態，或是類似於某些腫瘤疾病，就須要用到比上述更特別的方法來確認其位置。我們會利用所獲得的病灶「核子醫學圖」（scintigram）這種照片，來進行診斷與研究。「核子醫學造影」是一種檢查方法，我們會把某種放射性物質注射到人體內，從外部照射伽瑪射線（γ 射線）後，會檢測到「閃爍現象」（scintillation），這種閃爍現象是由被注射到人體內的物質所產生的，接著我們就可以獲得立體照片，並確認特定器官與病發部位。這種物質被稱為「放射性追蹤劑」。這種追蹤劑必須要容易被標記在目標器官與病灶上，而且因為是放射性物質、也會進入到體內的緣故，所以能迅速被排出的這點很重要。如果想要在所須的目標上成功標記的話，追蹤劑就必須跟某種元素結合成化合物，而滿足這項條件的代表性元素就是鎝。鎝在自然界中並不存在，是第一個人工放射性元素。用到鎝的病情診斷每年有超過兩千萬件以上。

鎝在處於自然狀態的地球上是極為稀少的元素。鎝的半衰期明顯偏短，因此在地球生成之初所產生的鎝早已全數衰變。然而在一九五二年，一位天文學者在分析 S 型紅巨星到一半，觀測到了鎝的光譜。這顆恆星被稱為「鎝星」，也藉此為恆星也能產生重元素的假說提供了支持證據。

迴旋加速器 (CYCLOTRON)

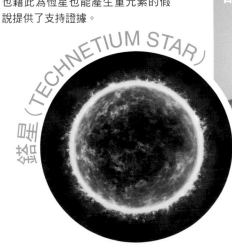

鎝星（TECHNETIUM STAR）

許多人曾挑戰過找出元素週期表上位於錳下方的元素。一九零八年，日本的小川正孝在一種叫做「方釷石」（Thorianite）的礦物中，發現了未知的物質，並將其起名為「日本素」（Nipponium），然而他無法重現該實驗，而且後來該元素被證實為是第七十五號的「錸」（Re）。鎝是在一九三七年，一場利用迴旋加速器的物理學實驗中，以人工的方式被製造出來的。

Ru | 44

101.07 g/mol

ruthenium

釕 | 過渡金屬

[Kr]4d⁷5s¹

在電腦中有著記錄並保存資料的儲存裝置。隨著最近半導體記憶體的性能提升、容量增大,雖然有滿多人已經在使用固態硬碟(SSD,Solid-state drive),但其實直到不久之前,使用機械硬碟(HDD,Hard Disk Drive)才是主流。機械硬碟是一種輔助記憶裝置,它利用了在稱為「碟片」(platter)的硬碟圓盤上的磁層(magnetic layer)來儲存資料。就在中央處理器(CPU)或主記憶體的 RAM 因著半導體技術的提升,速度與容量也增加到兩倍之多,用機械的方式來旋轉磁碟以處理資料的機械硬碟卻跟不上半導體的處理速度,也因此難以縮小體積。某一天,這個問題卻因著 IBM 的研發人員而被解決了,他們在硬碟的磁層之間,加入一層了約三個原子厚的薄膜,使得記憶容量增加到四倍。研發人員認為這種物質是「仙子的魔法粉」,因此稱之為「Pixie dust」。有好一段時間電腦速度變快,彷彿妖精真的下凡過一般,而實現這個可能的物質便是「釕」。

一八二八年,德國化學家哥特弗萊德‧奧桑(Gottfried Osann)宣布他發現了三種元素,便是 Pluranium、Polinium 與 Ruthenium。然而這項發現被證明其中有誤,不過一八四四年,曾為奧桑同事的卡爾‧恩斯特‧克勞斯(Karl Ernst Claus)卻以此實驗為基礎,成功地發現了釕。克勞斯為了稱頌奧桑的事蹟,因此保留「釕」這個名稱。Ruthenium 的詞源是「羅塞尼亞」(Ruthenia),這是一個古語,意思是包含克勞斯的祖國愛沙尼亞在內的東歐地區。

愛沙尼亞(ESTONIA)

仙子的魔法粉(PIXIE DUST)

在產出的釕當中,絕大多數都被用在放入電腦等電子機械的硬碟磁層上。要是為了提升硬碟的記錄容量,而增加磁錄密度(磁訊號的密度)的話,資料穩定度上就會發生問題。為了克服這種限制,我們在磁層上弄了一層釕膜來擴增容量。這種如魔法一般的物質我們就將其稱為「仙子的魔法粉」。

Rh

rhodium

102.9055g/mol

45

銠 | 過渡金屬

[Kr]4d⁸5s¹

汽車裡有排氣系統。先藉由進氣系統把空氣引入引擎，燃料燃燒後再藉由排氣系統把尾氣排出到空氣中。車子後方的消音器是排氣系統的最後一個階段。在燃料的燃燒過程中，會產生類似像是氮化合物的空氣污染物。而在引擎跟消音器之間，有一個屬於清淨空氣設備的催化轉換器。這種催化轉換器會使用催化劑，藉由氧化還原反應來處理一氧化碳、屬於燃料的碳氫化合物（HC，烴）還有氮氧化物（NOx）。在氮氧化物中，有一種是氮跟一個氧原子所形成的一氧化氮，還有一種是再多加上一個氧原子的二氧化氮，若產生還原反應，而從這種氮氧化物中帶走氧氣的話，這些化合物就會變為無害的的氮（N_2）。把在前述過程中所產生的氧（O_2），跟一氧化碳還有碳氫化合物相結合而進行氧化反應的話，就可以一次把三種有害氣體變成無害氣體。這種設備稱為「觸媒轉化器」，加入銠的鋁合金在這種裝備中扮演了重要的催化劑角色。

玫瑰（ROSE）

一八〇三年，英國的化學家威廉・沃拉斯頓（William Wollaston）把鉑礦放到王水中溶解，而分離出了鉑與鈀。接著，他在前述試驗中所殘留下的液體裡還原物質，而成功地分離出銠金屬了。所殘留的液體有著相當美麗的玫瑰色，因此取用希臘語中意味著「玫瑰」的「Rhodon」來為這個元素定名。

光輝（BRILLIANCE）

銠的耐蝕性、耐磨性都相當優秀，而且是一種帶有亮眼光彩的美麗金屬，經常被拿來作為鍍金用途。特別是若將銠鍍在金與鎳一類的白色金屬所製成的合金——白金身上，或是鍍在銀身上，就可以得到顏色相似於鉑的貴金屬。因此我們製造了許多鍍銠的珠寶飾品。不過因為鍍銠飾品的光彩比真的鉑還要亮，所以還是有辦法區分的。

Pd

106.42 g/mol

46

palladium

鈀 | 過渡金屬

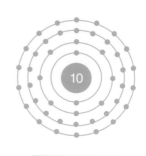

[Kr]4d¹⁰

最近針對燃料電池的研究與期待度都日漸提升，而氫被認為是未來主要的能量來源。氫動力汽車是利用氫跟氧來製造電池，而且跟化石燃料不同，只會排放出水而不是二氧化碳。為了能使用氫，儲存與運送的方式就必須要便於使用。氫在大氣中的含量就算只有百分之四也會爆炸。為了能夠儲存跟運送氫，雖然也有以超高壓把氫壓縮或液化的技術，但仍存在著爆炸的風險，所以還須要用上特殊的裝置。為此，我們採用了全新的技術。將氫加到液體中或從中取出的過程裡，須要催化劑。讓氫與液體產生反應並儲存的過程中，會用到釕系觸媒；而把被儲存起來的氫從液體中分離出來的氫過程中，則會用到鈀觸媒。鈀合金可以吸收比自己體積更多達九百倍以上的氫。就現在來說，若要以氫來取代所有能源的話，有著包含所耗費用可說是天文數字，而基礎措施也尚且不足的缺點。不過往後所要發展的氫經濟社會上，鈀仍是備受期待能作此用的元素。

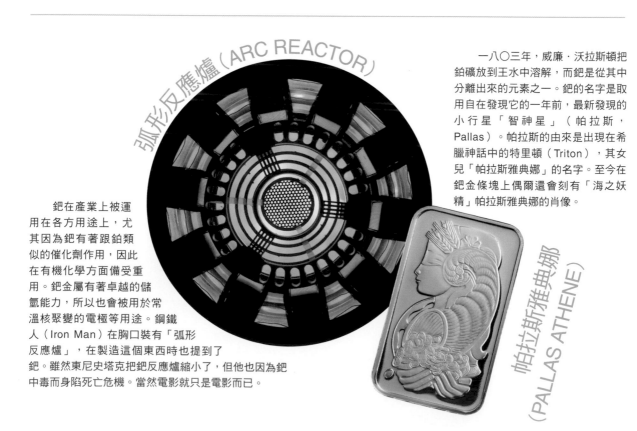

弧形反應爐（ARC REACTOR）

鈀在產業上被運用在各方用途上，尤其因為鈀有著跟鉑類似的催化劑作用，因此在有機化學方面備受重用。鈀金屬有著卓越的儲氫能力，所以也會被用於常溫核聚變的電極等用途。鋼鐵人（Iron Man）在胸口裝有「弧形反應爐」，在製造這個東西時也提到了鈀。雖然東尼史塔克把鈀反應爐縮小了，但他也因為鈀中毒而身陷死亡危機。當然電影就只是電影而已。

一八○三年，威廉‧沃拉斯頓把鉑礦放到王水中溶解，而鈀是從其中分離出來的元素之一。鈀的名字是取用自在發現它的一年前，最新發現的小行星「智神星」（帕拉斯，Pallas）。帕拉斯的由來是出現在希臘神話中的特里頓（Triton），其女兒「帕拉斯雅典娜」的名字。至今在鈀金條塊上偶爾還會刻有「海之妖精」帕拉斯雅典娜的肖像。

帕拉斯雅典娜（PALLAS ATHENE）

Ag | 47

107.8682 g/mol

silver

銀 | 過渡金屬

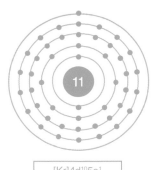

[Kr]4d¹⁰5s¹

如果讓拍了照片的底片顯影的話，會重新顯現出跟實際拍攝對象相反的明暗與色彩，這個稱為「負片沖洗」（Negative process），而為什麼會出現這種現象呢？在底片的片基上有二十奈米厚的感光乳劑，會藉此來幫底片定影。在這層感光乳劑上加入了鹵化銀粒子，這種粒子帶有由溴離子跟銀離子所組成的結晶構造。若光接觸到這種粒子，電子就會從溴離子身上釋出，而結合至屬於陽離子的銀離子（Ag^+）上，銀離子因此變為中性以後就會呈現黑色。在這個過程中，銀原子增加的同時就會變黑。彩色底片中也同樣帶有對光的三原色——紅色、藍色跟綠色敏感的乳膠層。顯影劑能把含在乳膠層的感光乳劑、也就是鹵化銀內的銀離子轉為銀原子。接下來銀會被去掉，在底片上就只留下彩色的影像。對藍色會產生反應的膠片層會顯出黃色影像，感綠層會顯出洋紅色影像，感紅層會顯出青色影像。在沖洗照片的過程中，顏色與明暗會顛倒過來。因此在印刷中會使用「CMYK 色票」。

閃亮 (SHINE)

銀自古以來就是為人熟知的金屬。曾有一時銀有著比金還要更高昂的身價並引以自豪。這是因為在自然狀態下，銀跟金相比，很少有能不加工就直接產出的情形，而且要經歷相當繁瑣的提煉過程。銀的元素符號「Ag」，據說是源自於拉丁語中意指「閃耀出白光」的「Arfentum」。

銀色子彈 (SILVER BULLET)

銀離子會吸附到細菌上，而且會阻斷對於細菌呼吸而言所必要的酵素作用，因此具有抗菌功能。在十七世紀的歐洲，黑死病爆發造成數千萬人死亡的同時，相對來說貴族階級的被害狀況較少，因此有一種說法是因為銀製餐具帶有抗菌的效果。不知道是不是因為銀具有這種效果？在中世紀，曾經有過狼人或吸血鬼等邪惡的怪物，難以抵抗銀製武器的認知概念。至今在電影等創作中也經常參考這種設定。

Cd

cadmium

112.411 g/mol

48

鎘 | 過渡金屬

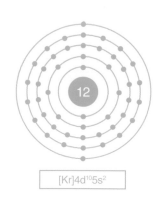

[Kr]4d¹⁰5s²

油畫跟水彩畫不同，經常出現畫家畫到一半就改變修正內容的情形，這是因為雖然水彩畫的顏料會溶於水，但油畫可以一層一層疊著畫上去。只要使用 X 光，就可以掌握到畫作裡層的顏料成分、種類，甚至還有色彩。一九九二年，畢卡索所遺留下來一幅叫做〈蹲坐的乞丐〉（Crouching beggar）的作品上，就被發現表層跟下方都畫著不同的畫作。不知道畢卡索是不是為了要節省用在畫作上的油畫板？由完全不同人的畫家所繪製的風景畫，就被隱藏在畢卡索的畫作之

下。而這就是因為留在畫作上的鎘成分清晰可見，才能讓這件事實被揭露出來。

此外，為了測量單位非常小的長度時，也會用到鎘，這個單位就是「埃格斯特朗」（Å，簡稱「埃」），相當於一公尺的一百億分之一的單位（譯註）。使用這種單位是為了測量波長或原子之間的距離。鎘紅光的光譜波長是六千四百三十八點四六九六埃。我們定下了這種單位之後，也將該單位視為測量波長長度的標準。

顏料（DYE）

使用在油畫上的顏料成分，隨著時代也有所不同。在十七世紀，林布蘭（Rembrandt）的〈夜巡〉原本是描繪大白天的場景，但隨著歲月流逝，顏料的色澤也變得黯淡之故，才起此名稱。顏料中的硫化鉛成分在空氣中會變黑。而來到十九世紀，則開始使用含鎘顏料。由鎘跟氧族元素所組成的顏料，其色澤鮮明、種類繽紛，而且不會變色。

痛痛病（ITAI-ITAI）

在日本富山縣的神通川流域，大概從一九一〇年開始就流傳著一種怪異的疾病。在日文中，「ITAI」的意思是「疼痛」。這種病痛苦到會令患者們不斷哀嚎十分疼痛。脊椎骨、手腳跟關節等都會感到疼痛，而骨頭則是容易斷裂。被認為是「日本四大污染病」之一的這種疾病，其原因就是從附近工廠中排放出來，而流入河川的鎘中毒。

In

indium

114.818 g/mol

49

銦 | 貧金屬

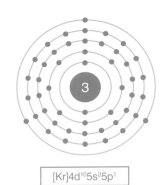

[Kr]4d^{10}5s^{2}5p^1

IT 設備大致上由幾個構造組成：輸入與輸出裝置，以及運算與儲存裝置，而電腦的鍵盤與螢幕，以及主機與硬碟就是這樣的存在。最近智慧型行動裝置跟電腦沒有什麼兩樣。微處理器（Microprocessor）的功能已經最大化，小台的手機也可以進行高性能的運算，因此已經可以充分處理簡單的工作。尤其是微處理器變小，同時處理能力也加倍；儲存裝置則變為積體電路，同時也正加速縮小化。然而不知何時開始，輸入裝置跟輸出裝置化為一體了。輸出裝置中最具代表性的「面板」，還一併也顧到輸入裝置的份上了，也就是所謂的「觸控」功能。這種功能運用了更加直覺的介面，選擇按鍵後輸入簡訊已經是基本，還有掃過畫面來翻頁，或是分開兩根手指頭來放大畫面。螢幕畫面不再只是扮演展示資訊的角色，還可以認知到手指頭的接觸，甚至能感知到這種運動。在像玻璃一樣的透明螢幕畫面上實現這些事情的，就是由錫跟銦的氧化物所製成的 ITO（Indium Tin Oxide）透明導電膜。

靛藍色 (INDIGO)

一八六三年，德國的斐迪南·萊奇（Ferdinand Reich）從閃鋅礦中得到了沈澱物，而他猜想在這沈澱物中應該有未知的元素。他請助手里希特測量發射光譜，但里希特裝得好像是他自己一個人發現這個全新元素一樣，因此跟萊奇產生了紛爭。因為萊奇是色盲，所以發生這種事情可說是笑也笑不出來。由於銦在發射光譜呈現的是靛藍色（Indigo），而這就是其名稱的由來。

LCD 電視或筆記型電腦的液晶螢幕（LCD），主要都是使用氧化銦錫（ITO）。一般來說，金屬可以讓電穿透，但無法讓光穿透。然而銦的氧化物具有不只能讓電穿透，也可以讓光穿透的透光率，所以被當作面板的透明導電材料。但由於銦是稀有金屬，現在正致力於研究替代物質，或是重複使用的技術。

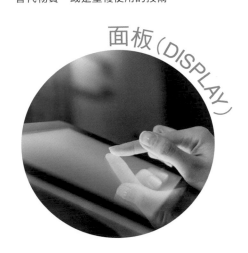

面板（DISPLAY）

Sn

50

118.710 g/mol

tin

錫 | 貧金屬

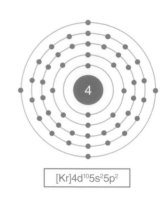

4

$[Kr]4d^{10}5s^25p^2$

　　十九世紀初，拿破崙遠征俄羅斯失敗。雖然糧食補給並不順利，在指揮上也有破綻，但比預料中還要冷的天氣也是敗因之一。看當時的軍裝，可以發現充分地顯現出法國的時尚與文化。連軍裝鈕扣的這個部分，也全都是金屬裝飾。一到了冬天，俄羅斯就開始反擊。當一來到攝氏零下四十度的酷寒時，法國軍隊身著的軍裝，上面的鈕扣就像是脆弱的石頭一般變脆而粉碎了。不斷出現凍死者，而士兵們必須用手緊抓著軍裝。不論布料再怎麼厚實，但要是扣不好鈕扣的話也是束手無策。俄羅斯軍隊的攻擊相當猛烈，法國軍隊失去極多的兵力而只能撤退了。當時歐洲國家會把錫使用在金屬裝飾上。跟其他金屬相比，因為錫是較為柔軟的金屬，也較容易鑄造跟製造。有著最多同素異形體的錫，要是處在攝氏十八度以下，就會變成「灰錫」（grey tin）而粉碎。雖然拿破崙可能有料想到嚴寒，但卻料不到錫會產生這種變化。

馬口鐵玩具（TIN TOY）

　　錫是一種歷史相當悠久的物質，甚至追尋是哪個時期發現它的都顯得毫無意義。在韓國，會把鐵跟錫的合金稱為「洋鐵」，這是基於「從西洋引進來的鐵」的含義之上而命名的。我們常說的馬口鐵玩具、鐵皮玩具，就是用這種合金所製成的。錫會像這樣被用於跟許多種的金屬製成合金，或是用來鍍金等，藉此來讓金屬更牢靠。

　　白錫在攝氏十八度的低溫中會變成灰錫。其結晶構造會變形，同時也容易粉碎。一八五〇年，由於在俄羅斯肆虐的超級寒流，教堂的錫製管風琴隨著巨響也一同崩塌了。這種現象伴隨著寒冷而傳開，人類見此狀後就以傳染病來做比喻，而稱之為「錫病」。在還不認識關於同素異形體構造變化的狀況下看到這種情形，可能會認為簡直就是一種像「惡魔的玩笑」的現象。

錫病（TIN PEST）

Sb | 51

121.76 g/mol

antimony

鍗 | 類金屬

[Kr]4d¹⁰5s²5p³

對現代人而言,便秘是最常出現的消化毛病中的一種。由於韓國人並不是大量攝取肉類的西方人,因此在韓國也有同樣狀況,出於壓力跟飲食習慣的改變等原因,便秘的狀況逐漸增加,尤其好發在女性跟老人家之間。便秘的流行率被認為有百分之十六點五。便秘也發生在中世紀時代。在當時,使用了一種叫做「不朽的藥丸」(everlasting pill)的藥物。這種藥進入到腸內後,就會引發激烈的腹瀉並治好便秘,而這種

藥丸會隨著大便一起完好無缺地排出。由於將這個藥丸洗乾淨後就可以再度使用,因此才如此取名。之後由於被證實這種藥丸具有毒性,因此禁止使用。這種藥的原物料是一種從數千年前的古代開始就在使用的物質。在當時並不是藥物,而是被當成像是如今的睫毛膏作為化妝品使用。在古埃及,這種物質被廣泛地用作眼妝並被記錄在莎草紙上。這種黑色的礦物是三硫化二鍗(Sb_2S_3),而不朽的藥丸的原料就是鍗。

在鍗流傳已久的使用方法中,其中一種在羅馬的記錄中被傳了下來。在古羅馬的宴會上,偶爾會在葡萄酒中摻入鍗,這個不是為別的,就是利用鍗催吐的性質,將其作為催吐劑來使用。這樣做是為了東西吃飽後先吐完,然後再繼續吃。由於鍗元素跟其化合物大部分都有毒,因此這種行為可說是賭命換美食。

嘔吐(VOMIT)

孤獨(LONELINESS)

關於鍗的詞源眾說紛紜,但其中最有力的說法是由希臘語中意味著「反對」或是「討厭」的「anti」,以及意味著「孤獨」的「monos」結合而成。這是因為鍗在自然狀態下,無法以純元素的型態被提取出來,而且會隨著其他礦物一起被生產出來。假設這個詞源為正確說法,對於在性質上非常容易跟其他礦物或金屬合成的鍗而言,這個名字可說是相當符合。

Te

127.60 g/mol

52

tellurium

碲 | 類金屬

[Kr]4d¹⁰5s²5p⁴

　　我們有辦法製造出可以正好放進口袋內的隨身型冷氣嗎？這個問題聽起來很扯，但對此的答案卻是「有可能的」。我們都知道，一般如果要使用電就會產生熱，這是因為電荷經由導體移動的同時會依電阻而產生熱。有種稱為賽貝克效應（seebeck effect）與帕爾帖效應（peltier effect）的現象，這幾者之間是相互不同的熱電效應（Thermoelectric effect）。熱電效應指的是在電流經過相互不同的金屬之間所相遇的結點時，動能會變不同，而且會產生放熱或吸熱的效果。

　　在這當中，利用了帕爾帖效應的半導體就是帕爾帖元件，這種元件會在碲當中混入鉍跟硒來製造。雖然碲的名字意味著「地球」，但這種元素比地球上最罕見的鑭系元素還要稀少。在地球上，銣的存在比碲多一萬倍以上；但與此相比，在宇宙中碲的存在又比銣還要更多。我們推測應該是地球生成之初，揮發性的碲在高溫之下生成為水合物，，而這些水合物從地球上蒸發了。

碲（TERRA）

　　碲的名字源自於拉丁語中意指「地球」的「Tellus」。但怎麼會是地球呢？在煉金術曾相當發達的中世紀，把新發現到的七種元素，都代入了各天體的名稱。金跟銀是太陽跟月亮，水星是水銀，金星是銅，如此一一配對了。發現碲的一七八二年，當時尚未有對應地球的元素，因此就讓碲占據了這個寶座。

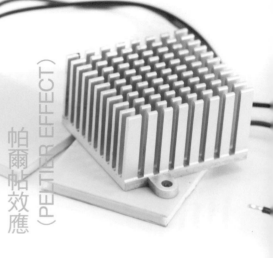

帕爾帖效應
（PELTIER EFFECT）

　　帕爾帖效應是法國物理學家讓‧帕爾帖（Jean Peltier）所引介。相互不同的兩種金屬接觸後再讓直流電通過，其中一方的接觸點上會散熱，而另一方則會產生逐漸變冷的現象。利用這種效應的產品就是「帕爾帖元件」，我們會將其用在冷卻中央處理器或是迷你冰箱上。

I

iodine

126.90447 g/mol

53

碘 | 非金屬

[Kr]4d¹⁰5s²5p⁵

　　每個人都一定有過一次跌倒或撞傷後在皮膚上產生傷口的經驗。在治療前或治療後，為了消毒傷口處，會用到一種深褐色的液體。我們常常把這種液體暱稱為「紅藥水」。但，明明就是褐色啊，為什麼要叫它紅藥水呢。其實在以前，這種藥水的確曾經是紅色的沒錯。第一代的消毒藥是紅汞（Mercurochrome）跟碘酒（Jodtinktur）。紅汞含有水銀，因此呈現亮紅色。然而就是因為這個水銀，才使得紅汞消失得無影無蹤。而曾經跟紅汞並稱紅藥水兩大天王的碘酒，其成分為碘化鉀與酒精的混合物。碘酒會呈現紅色的原因就是因為碘。碘是一種德文名稱「Iod」更廣為人知的元素。一八一一年，法國化學家貝爾納‧庫爾圖瓦（Bernard Courtois），為了獲取火藥所不可或缺的硝酸鉀，便從海草中提煉鈉跟鉀化合物，而提煉到一半卻發現了碘。他在燃燒海草後所剩下的灰燼中一加入硫酸，就產生了紫色的蒸汽。在這之後，法國化學家給呂薩克就取用意指「紫色」的希臘語「iodes」，來為其定名。

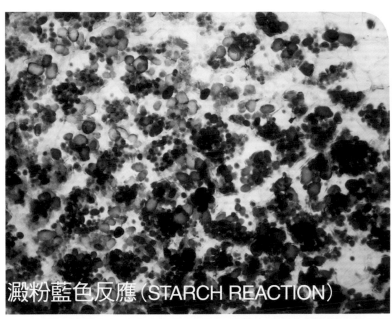

澱粉藍色反應（STARCH REACTION）

　　在碘的化學反應中，最有名的就是澱粉藍色反應。可以藉由這種反應來瞭解到物質中所含的澱粉存在。組成澱粉的直鏈澱粉或支鏈澱粉帶有螺旋狀的立體結構。若澱粉跟碘相遇，碘會進入螺旋內部而與之結合，並吸收掉大部分的可見光，因此會出現深紫色。

　　進到一九九〇年代，優碘溶液出現後就占據了第二代紅藥水的寶座。優碘會藉由碘的氧化作用來快速滲入微生物的細胞壁，可消滅革蘭氏陽性菌、革蘭氏陰性菌、真菌、黴菌、病毒、細菌等微生物，帶有範圍相當廣泛的殺菌能力。

消毒藥（DISINFECTANT）

Xe

xenon

131.293 g/mol

54

氙 | 惰性氣體

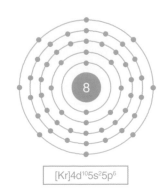

[Kr]4d¹⁰5s²5p⁶

IMAX（Image Maximum）的意思是呈現人類眼能所見的極限。標準影廳的視野角度為五十四度，而IMAX影廳的視野角度則約有七十度。人的視野角度大約是六十度。IMAX影廳的銀幕已經超過人類的視野角度，也是用這種廣角畫面來讓觀眾的沈浸感增加到極致。IMAX底片的尺寸為七十毫米，雖然也比一般底片還要大，但就清晰度來說，能呈現比一般底片清晰十倍的高畫質，並以這種清晰畫質為傲。要把燈光照在底片上，接著投射到又寬又彎的大銀幕上，為此須

要強烈的燈光。而用在這裡的，最好是類似於太陽光光譜的燈光。雖然燈管的類型有好幾種，但在其中，IMAX電影放映機採用了使用氙的燈管。

發現氙的人是英國的威廉・拉姆齊和其弟子莫里斯・特拉弗斯。因為發現過程尤為費勁，因此取用希臘語中有「陌生人」「外來者」之意的「xenos」來為其命名。氙是一種僅占地球大氣百分之〇點〇〇〇〇一一的稀有氣體，因此價格高達氦的一千倍。

IMAX燈管的亮度高達十五千瓦。根據某些主張，這種燈管的亮度已經亮到若在月亮上點亮這種燈，可以在地球上觀測到其光芒的程度。當然這不是說在月亮上播放電影的話，地球上就可以觀賞的意思。這裡指的終究還是藉由在放映機裡頭的凹鏡，盡可能把光集中在一個焦點上的狀況下。直到能穿越宇宙空間來播出電影的階段為止，我們還有很長的一段路要走。

IMAX

離子推力器
（ION ENGINE）

在航空太空的領域內，人工衛星或宇宙探測器會用到離子推力器，而氙被作為離子推力器的推進劑使用。在日本的探射船「隼鳥2號」上，我們先讓氙變為電漿狀態並高速噴射，藉此把氙當成飛行器的推進劑使用。雖然推進能力不夠，但燃料消耗率的表現卻非常棒，跟燃料噴射時間很短暫的化學火箭不同，氙可以持續點燃並加速。

Cs | 55

132.905 g/mol

cesium

銫 | 鹼金屬

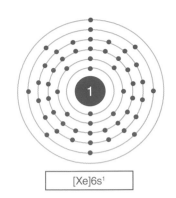

[Xe]6s¹

我們是怎麼定下所謂「一秒」的時間呢？西元前一千五百年左右，豎立在埃及的方尖碑扮演了「日晷」的角色，而十五世紀的朝鮮也曾有日晷。十七世紀因著伽利略，擺鐘被發明了出來；來到二十世紀，使用石英振盪器、構造精密的石英鐘問世了。這麼多種的時鐘曾存在過，而「時間」隨著歷史的流動也逐漸變得準確。然而未曾有過任何事物能顯示一致的時間，明明通行全球的時間應該只有一種才對。這是因為每個時鐘都會產生誤差。人類為了掌握正確的時間，須要誤差很低的振盪器因此創造出原子鐘。從原子裡所放出來的光，其振動九十一億九千兩百六十三萬一千七百七十次所花的時間，我們將其定為「一秒」，而原子鐘每三億年只會出現一秒的誤差。被用在這種時鐘上的原子就是銫-133。

銫是一種銀白色的柔軟金屬。銫在屬於 IUPAC 族號第一族的鹼金屬中，是最活潑的。銫大約有三十種的同素異形體，其中銫-137 並沒有存在於自然界中，而是從核子反應爐或核燃料分裂中所生成的。

銫是第一個以光譜學發現的元素。德國的化學家羅伯特‧本生（Robert Bunsen）與古斯塔夫‧克希荷夫（Gustav Kirchhoff）研發了一種利用稜鏡讓光產生分光效果，藉此得到光譜的設備。一八六〇年，兩人在礦泉水焰色反應的光譜中，發現了兩道藍色譜線，便取用拉丁語中意指「藍色」的「caesius」來命名。

銫外洩（CESIUM LEAK）

雖然銫有著約三十種的同素異形體，但主要會被提到的還是銫-137。銫-137 在自然狀態下並不存在，是藉由核子反應爐或核分裂所產生的。我們會利用其放射性的性質，把銫-137 用在治療癌症與產業應用上。銫-137 因日本福島第一核電廠事故而外洩，也是其中一種成了恐懼來源的放射性物質。

Ba | 56

132.327g/mol

barium

鋇 | 鹼土金屬

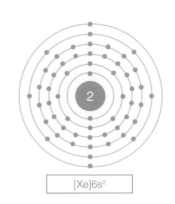

[Xe]6s²

雖然 X 光檢查是為了診斷疾病而經常使用到的檢查方法，但「胃」是無法單用 X 光拍攝來確認的部位。因此，在進行精密的胃部檢查上，會用到一種特殊的物質。這種物質對人體無害，因此被作為檢查前要吃下去的造影劑使用。別名被稱為「鋇餐」的這種物質就是硫酸鋇。硫酸鋇會吸收比人體組織還要多的 X 光，照片拍不出硫酸鋇正通過的部位，能藉此作顯影用途，因此連胃部極小的病灶都可以找出來。X 光是一種放射線。為了診斷疾病，暴露在放射線下也是無可厚非。

尤其是精密影響檢查的電腦斷層掃描，暴露在其中的輻射量相當之高。根據聯合國原子輻射效應科學委員會（UNSCEAR）的調查結果，在全部的影像醫學檢查中，電腦斷層掃描所占有的比例僅百分之二點八，但患者所承受的輻射量，其比重卻占了其中絕大多數的百分之五十六。最近出現了一種全新概念的防輻射道具，可以貼在病人服上要檢查的地方，藉此減少百分之二十五到四十的輻射量，同時也不會影響到影像的品質。這種產品就是以造影劑中的硫酸鋇為出發點所考量的。

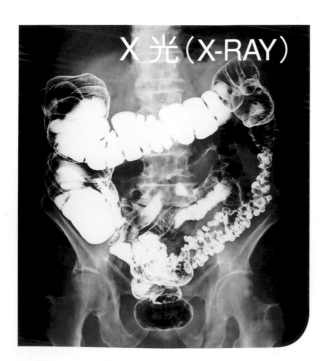

X 光（X-RAY）

硫酸鋇最具代表性的用途就是 X 光的造影劑。在拍攝之前攝取入無毒且不溶於水的硫酸鋇的話，從食道到大腸為止的消化器官都可以藉由 X 光看得一清二楚。這是因為硫酸鋇的電子很多，而能吸收 X 光的緣故。硝酸鋇會被用來生成煙火中黃色的部份；鋇金屬則會被作為「吸氣劑」（getter），用來去除真空管中的殘留氣體。

沙漠玫瑰（DESSERT ROSE）

鋇的名字是源自於希臘語中，意味著「沈重」的「barys」。重晶石（Barite）就如其名既沈重又晶瑩剔透，這種礦石先被光照了之後再帶進黑暗中的話，會發出光芒，因此中文名稱才取為「重晶石」。重晶石在乾燥的沙漠環境中，會形成扁平型態的結晶，因而產生如同玫瑰一般的模樣。這個被稱為「沙漠玫瑰」或是「重晶石玫瑰」。

La

lanthanum

138.906 g/mol

57

鑭 | 鑭系元素

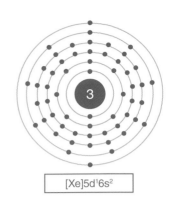

[Xe]5d¹6s²

鑭的名字是取用自希臘語中意為「隱藏」的「lanthano」，由此可知這是一個有多難以提煉出來的元素。要把鑭從混合物中分離出來是非常困難的，而且費用也很高昂，所以我們也會直接使用尚未分離出來、還在金屬混合物狀態的稀土金屬合金（misch metal）。我們會將其製成合金然後用在打火機等用途上，也會用在磨料或鋼鐵上。

最近在能源界蔚為話題的是「掙脫化石燃料的束縛」，因為化石燃料毫無疑問地必定會跟溫室氣體產生直接關聯。為此，核能、太陽能或風力等的替代能源研究也持續進行當中。而且儲存產出能源的技術，其重要程度也不亞於替代能源。針對這個問題，最終還是歸到了儲存能源裝置的蓄電池頭上。雖然最廣泛使用的蓄電池是鋰離子電池，但最近也頗受矚目的混合動力車輛，其電力儲存裝置滿多是使用鎳氫（Nickel-metal hydride，NiMH）電池。因為這種電池具有高穩定性、高輸出功率。而在這個部分上也使用到了鑭。

混合動力車輛 （HYBIRD CAR）

鎳氫電池的陽極上使用了氫氧化鎳，陰極上則使用了一種叫做儲氫合金的特殊合金，而構成儲氫合金的材料就是類似於鑭的稀土金屬。一般混合動力車輛中，每台都含有十到十五公斤的鑭。

直到二十世界中葉，因為沒有能大量產出鑭的方法，所以這個元素幾乎沒有派上用場過。然而在這之後，我們改善了分離的方法，因此鑭被重用在各方面上。鑭的生產量在稀土金屬中是第二多的。若將鑭被包含到玻璃中，就能提升玻璃的抗鹼性，也能減少色差，因此我們常常把鑭用在相機、顯微鏡、望遠鏡等光學鏡片跟光纖等特殊用途的玻璃上。

光學鏡片（OPTICAL LENS）

Ce | 58

140.116 g/mol

cerium

鈰 | 鑭系元素

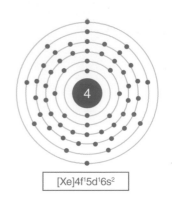

[Xe]4f¹5d¹6s²

在鑭系元素中，鈰在地球上是含量最多的存在。氧化鈰具有吸收紫外線的效果，會添加到太陽眼鏡或汽車玻璃中。若在玻璃中加入鈰，鈰會把雜質氧化掉，藉此提高玻璃的透明度。鈰會作為映像管電視的藍色螢光粉來使用。用在打火機上的打火石是由鐵、鎂還有鈰所組成的，而鈰占了其中的百分之五十。用鋼鐵刮鈰鐵（ferrocerium）的粗糙表層，就會冒出火花，由於鈰鐵帶有這種性質，因此被用在打火機上。被拿來這樣使用的鈰鐵稱為「打火石」（flint），不過

鈰鐵打火石跟人類一直以來所使用的傳統打火石，這兩者之間的起火原理有所區別。傳統打火石利用的原理是若用鐵來刮石英礦物的話，就會濺出金屬粉屑，此時金屬接觸到空氣的面積變大，也就容易氧化，但此時摩擦熱並不會來到燃點。不過鈰鐵打火石利用的特性是在低溫的狀態下，也可以把火點起來，因此摩擦時，只要有達到鈰鐵的燃點，也就是攝氏一百五十度到一百八十度，就會著起火。

紫外線光 （ULTRAVIOLET RAYS）

鈰在鑭系元素之中，是地殼上豐度最高的元素。在過去，鈰常被用在煤氣燈罩上，不過現在是以電燈供電，因此原先的需求降低了。鈰帶有一種性質，就是能吸收波長長度低於四百奈米的紫外線。我們會將鈰作為紫外線殺菌設備、太陽眼鏡、防曬乳或汽車玻璃等的材料，也會把鈰加到會暴露在放射線、X 光、電子束等之下的玻璃上。

穀神星（CERES）

一八〇三年，永斯・貝吉里斯發現了鈰，而他取用了比鈰早兩年發現的外行星「穀神星」（Ceres）之名來為這個元素命名。在含有鈰的礦物「鈰土」中，包含了所有除了鉕以外的鑭系元素氧化物。為了分離並發現這其中全部的元素，花上了數十年的歲月。

Pr
praseodymium

140.90765 g/mol

59
鐠 | 鑭系元素

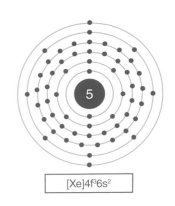

[Xe]4f³6s²

雖然鐠是白色金屬，但氧化後就會呈現黃色或是綠色，而由於這種性質，所以鐠會被用在為陶瓷或琺瑯上色的釉藥上。鐠跟釹所形成的化合物叫做「釹鐠」（Didymium），這個名稱源自於希臘語中意味著「雙胞胎」的「didymos」。有一種抗紫外線、黃色的光學級安全護目鏡，就是加入了釹鐠的產品。這種加入釹鐠的玻璃能抵禦強光，因此會被用在護目鏡上，藉此保護進行焊接或加工玻璃工作者的雙眼。雖

然就吸收劑來說，也有光觸媒能力相當突出的二氧化鈦（TiO_2），但這類型吸收劑的效果僅限於紫外線。鐠不僅能吸收紫外線，連可見光中的藍色區塊也都能吸收。雖然鐠對大部分的人而言是滿陌生的元素，但意外地在我們日常生活中隨處可見用到這種元素的產品。彩色電視的映像管、日光燈、省電燈泡、眼鏡鏡片等物品上，常常都加入了鐠。

雙胞胎
（TWINS）

我們曾一度以為釹鐠（Di）是一種元素，但卻其中分離出了釤（Sm），因而證實了它是一種混合物。有人從這個混合物中分離出了其餘的兩個元素，同時也以帶有「雙胞胎」之意的「dymium」來為這兩個元素取名。兩個 dymium 裡，其中之一的鐠（Praseodymium）意味的是「綠色、雙胞胎」，是基於鐠在空氣中氧化以後會呈現綠色的這點而起名的。

為了讓玻璃、陶瓷、琺瑯等產品上，能顯現出亮黃色或綠色，鐠會被作為上色劑來使用。彩色電視的映像管、日光燈、省電燈泡、眼鏡鏡片等，也經常加入鐠。若在立方氧化鋯（Cubic Zirconia）裡加入鐠的話，就可以製造出類似於貴橄欖石（peridot）、帶有美麗綠色光彩的水鑽。

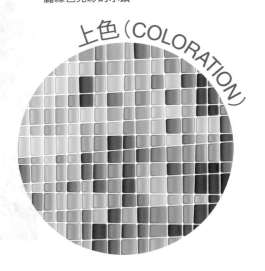

上色（COLORATION）

Nd

144.24 g/mol

60

neodymium

釹 | 鑭系元素

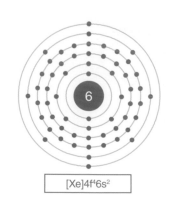

[Xe]4f⁴6s²

若在鐵中放入釹，可以穩定鐵的磁場排列，同時連釹的磁性都可以固定為相同方向，而形成永久磁鐵。在這邊會放入少量的硼。釹鐵硼（Neodymium-Iron-Boron，NIB）磁石是目前為止所研發的永久磁鐵中最強大的，而最典型的化學組成是 $Nd_2Fe_{14}B$。就算只是一小塊釹磁鐵也相當強力，因此家電產品中所使用的磁鐵，大部分都是釹磁鐵。可別看它只是一小塊磁鐵就瞧不起，要是釹磁鐵彼此相黏在一起，其磁性可是大到靠人手的力量要分開，會比想像中還要來得困難。磁鐵是絕對會被放入高科技電子產品中的零件。揚聲器、耳機、電腦硬碟及至馬達為止的家電、汽車等，只要是需要磁力的零件，沒有不用到磁鐵的。雖然大多數的一般人以為釹是「鈦」，但其實這明顯是一個錯別字。

小型化（MINIATURIZATION）

釹鐵硼磁石跟自身體積相比，帶有相當強大的磁力，因此對於產品的小型化相當有幫助。包含麥克風之類的音響設備，還有許多電子產品，釹鐵硼磁石在為這些東西的小型化上產生了貢獻。如果以釹鐵硼磁石來製造用在電動汽車以及其他東西上的馬達，就可以製造出高扭力、但體積比同等級馬力的馬達還要小的馬達，而實現小型化、輕量化的目標。

釹跟鐵、硼所製成的合金「釹鐵硼磁石」，以磁鐵的體積比上吸力而言，在現有的磁鐵當中是最強大的。但由於釹鐵硼磁石的溫度係數很低，因此磁性會隨著升溫而變弱，這點可說是屈指可數的缺點。在澳洲跟美國，曾發生過有孩童因為吞入含有釹磁鐵的玩具，造成器官破裂而死亡的案例。

磁性（MAGNETISM）

Pm | 61

145 g/mol

promethium

鉅 | 鑭系元素

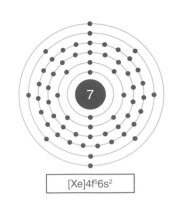

[Xe]4f⁵6s²

$[Xe]4f^56s^2$

實際上如果單純只以含量來說，稀土元素並沒有到那麼稀少。只是因為原本分離鑭系元素很困難，所以才用「稀少」來形容。然而，有一個獨一無二的例外，也就是「鉅」。鉅的元素本身就很不穩定，會在瞬間衰變。過去科學家們幾乎沒有能發現這個元素的機會，這是因為鉅並沒有在自然狀態下能保持穩定的同位素，因此在很久之前就都衰變了。據推測，鉅在地球上頂多只存在一公斤以下的含量，而這些也是因為其他放射性同位素在衰變過程中所產生的微量存在。鉅會用在像是宇宙探測器的原子能電池之類的特殊用途上。宇宙是一種能量來源或太陽光都很不足的地方。雖然跟同樣重量或體積的一般化學電池相比，鉅有著可以藉由它獲得多到驚人的電力之優點，但作為一般用途來使用的話，造價太過高昂。如果資源不足，那麼不論該資源的效率有多好，都會因為十分昂貴而派不太上用場。尤其在原子能電池的功用上，鉅被替換為釙跟鈽以後，應該就沒有使用方法了。

衰變（COLLAPSE）

鉅的放射性非常強烈，而且三十八種同位素全部都相當不穩定。雖然鉅的放射性是藉由背景輻射而不斷生成，但也是因為衰變得相當快。據推測，同時存在於地球上的鉅含量，不管再怎麼多應該都不到一公斤。

普羅米修斯（PROMETHEUS）

鉅的名稱是取自於希臘神話中，把火帶給人類的神祇「普羅米修斯」，這是因為首度確實確認到　的存在是在一九四五年，而此時　的發現地是核分裂的反應生成物之中。延續火、電力之後的「第三把火」的是原子力核分裂的產物。發現　的當時，正是第二次世界大戰打得正兇的時候，因此發表這項發現則是到一九四七年。

Sm | 62

150.36 g/mol

samarium

釤 | 鑭系元素

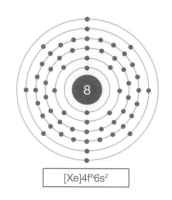

[Xe]4f⁶6s²

釤是在鈮釔礦（Samarskite）中發現的。鈮釔礦是一八四七年由曾為俄羅斯礦山工兵部隊參謀總長薩馬爾斯基（Samarsky），在俄羅斯烏拉山脈南部所首度發現的礦物。直到當時為止，在為元素取名時，大致上是取用自發現元素的礦物或地區、神話或天體，抑或是元素的性質來命名。釤雖然也是取用自礦物名稱的元素，但如果考慮到詞源，其實算是取用自人名。而且也不是取用自元素發現者的名字，是取用自礦物發現者的名字。不知道這是不是出於將軍所坐擁的權利？總而言之釤成為了第一個取用自人名來命名的元素。在這之後發現到純釤的是法國化學家德布瓦博德蘭（Paul-Émile Lecoq de Boisbaudran）。他抱持著認為「鈹錯」（Didymium）不是單一元素的懷疑，也藉由從中分離出釤來證明了這個事實。但其實德布瓦博德蘭所分離出的釤也混合了為數不少的雜質。直到一九五〇年代，藉由離子交換處理才能把稀土元素分離出純化的狀態。

釤的同位素有著一千〇八十年的半衰期，也會被用在年代測定上。釤很容易吸收中子。所謂的核能發電，就是原子核在核子反應爐吸收中子然後分裂，藉此釋放出能量。與此同時也會釋放出中子，這個中子會跟其他的原子核產生連鎖反應。為了避免核子反應爐中，過度產生核分裂的連鎖反應，會使用加入了釤的中子控制棒。

控制棒（CONTROL ROD）

永久磁鐵（PERMANENT MAGNET）

釤主要的用途是磁鐵。我們會把釤跟鈷製成合金，並以釤鈷磁鐵的型態來使用。雖然釤鈷磁鐵跟釹鐵硼磁石相比磁性較弱，但比釹鐵硼磁石不容易氧化，而且在攝氏七百度以上的高溫下也不會磁性也不會消去。如果要用在昂貴器材或是在嚴苛環境中使用的設備上，會比較傾向使用更加穩定的釤鈷磁鐵。

Eu

europium

151.964 g/mol

63

銪 | 鑭系元素

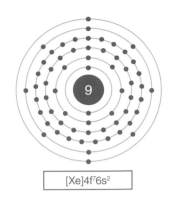

[Xe]4f⁷6s²

$[Xe]4f^76s^2$

在一百一十八種元素中，其中有兩個是取用自地球上的大陸名稱而命名的，也就是鋂跟銪。銪就正如其英文名，名稱是取自於「歐洲」。它是稀土元素中的一種，硬度與鉛類似。銪最大的特徵是帶有強烈的螢光。過去銪被用為映像管電視機的彩色濾光片的螢光粉。我們使用銪讓彩色電視機亮了起來。如果在銪當中加入其他元素，會展現出更繽紛的色彩。LED 的白色光芒是讓晶片發出藍色光芒，再藉由黃色的螢光

粉而發出。使用於日光燈的螢光粉上也加入了銪。現在的液晶顯示器上，是藉由背光模組（Backlight Unit，BLU）來使用 LED；不過以前的液晶顯示器上，使用的是加入了銪的燈條。銪在地殼上的含量不多、價格高昂，但最近有一種叫做「量子點」（Quantum Dot）的技術正逐步取代銪的地位。由於銪遇到紫外線會發光，可以用來防範偽鈔，因此也被當成歐盟（EU）的貨幣「歐元」的染色液來使用。

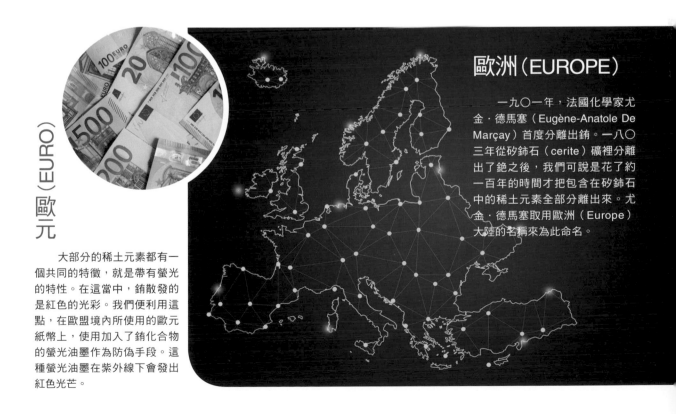

歐元（EURO）

大部分的稀土元素都有一個共同的特徵，就是帶有螢光的特性。在這當中，銪散發的是紅色的光彩。我們便利用這點，在歐盟境內所使用的歐元紙幣上，使用加入了銪化合物的螢光油墨作為防偽手段。這種螢光油墨在紫外線下會發出紅色光芒。

歐洲（EUROPE）

一九〇一年，法國化學家尤金·德馬塞（Eugène-Anatole De Marçay）首度分離出銪。一八〇三年從矽鈰石（cerite）礦裡分離出了鈰之後，我們可說是花了約一百年的時間才把包含在矽鈰石中的稀土元素全部分離出來。尤金·德馬塞取用歐洲（Europe）大陸的名稱來為此命名。

Gd | 64

157.25 g/mol

gadolinium

釓｜鑭系元素

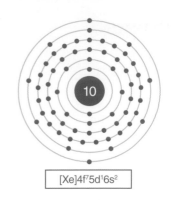

[Xe]4f⁷5d¹6s²

屬於稀土類的鑭系元素大部分都很相似，因此難以分離，還有被命名為「雙胞胎」的元素。不過即便如此，細看的話各個元素還是存在著差異。不管手足之間長得再怎麼相像，也一定會有其獨特的性格。在兄弟姊妹很多的家庭中，排行在中間的人個性會屬於還不錯的那邊，這搞不好是因為夾在大哥大姊跟弟妹之間求生存的關係。在鑭族的正中間則有著釓。我們看電子組態的話，會發現 f 軌域內電子半滿。當然不光

只有這種理由，不過釓擁有大部分稀土元素所帶有的特徵，因此釓被用在各方面上。釓在常溫下帶有強烈磁性，而磁鐵會被用於高科技產品上。釹磁鐵的缺點是不耐腐蝕，但若加入了釓便可以預防腐蝕

釓吸收熱中子的能力很強，所以被用作原子反應爐裡中子吸收材料的核心元素。就像鋇會當作拍攝 X 光的造影劑來使用一般，釓也會被當作能加強核磁共振（MRI）影像對比度的造影劑來使用。

磁製冷 (MAGNETIC REFRIGERATION)

由外部施加磁場時就會散發熱能，而脫離磁場後溫度就會往下降，這種利用「磁熱效應」（Magnetocaloric Effect）的冷卻技術，就是所謂的磁製冷技術。釓合金在室溫攝氏二十度的狀態下就會失去磁性，因此可被作為磁製冷的合金來使用。與現有的冷卻方式完全不同，磁製冷技術相當友善環境，因此我們將其視為次世代的冷卻系統而正研究中。

中子捕獲 (NEUTRON CAPTURE)

有一種名為「中子捕獲治療」（Neutron Capture Therapy）的技術，可以將正常細胞的損傷降到最低，並選擇性地只撲滅癌細胞，因此正作為次世代的癌症治療技術研究中。目前現有的中子捕獲治療中一直以來所使用的是硼（B）化合物，也就是在硼中子捕獲治療，原理上是一種標靶放射治療，然而與此相比，釓不但更能吸收中子，也有可能開啟抗癌治療的一條新路。

Tb

158.92534 g/mol

65

terbium

鋱｜鑭系元素

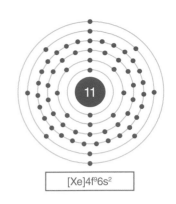

[Xe]4f⁹6s²

現在 CD（Compact Disk）雖然因著半導體記憶體而位子逐漸退守，但還勉強算是有在用的資料儲存裝置。CD 是利用雷射把資料記錄在在碟片表層上，再利用雷射讀取在此處所產生的細微物理變形來運作的。最剛開始的時候，一旦在碟片表層上把資料記錄下來就沒辦法修改。之後則研發出可以覆蓋碟片表層資料、能多次重複利用的光碟，也就是藉由雷射能量來讓光碟表層的物質產生變形。我們會用「燒錄」

（burn）光碟這種說法，是因為這種記錄資料的方式就彷彿是利用雷射能量把物質「燒進去」一般，基於這種含義而如此形容。而能如此產生變形就是因為我們在電磁式薄膜上加入了鋱。不只是電磁式薄膜，我們也可以把這種功能應用在合金上。含有鋱的鐵被稱為「磁致伸縮合金」。磁致伸縮指的是會隨著磁化的方向伸長或縮短的現象。在過去，該現象也經常用在列印機中把字印出來的列印頭這個部分上。

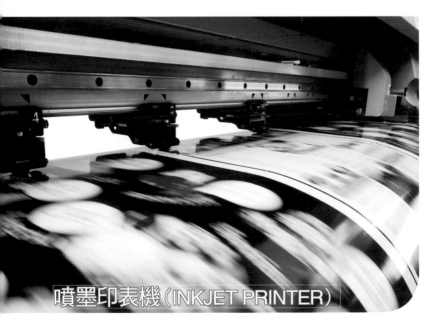

噴墨印表機（INKJET PRINTER）

電磁式薄膜（MAGNETIC MEMBRANE）

我們會以鋱 鈷 鐵合金的這種型態，運用在磁光碟的電磁式薄膜上。這是利用了鋱具有若加熱就會失去磁性、再度降溫的話又會恢復磁性的性質。藉由雷射來加熱的話，失去磁性的同時記錄也會被抹除，再度冷卻的同時則可以記錄新的資料。

若將鋱、鏑還有鐵製為合金，就會形成「鋱鐵鏑合金」（Terfenol-D）。「磁致伸縮」（magnetostriction）是一種會因著磁場而產生伸縮的現象，而這種性質在合金中的表現最為明顯。我們會利用這種性質，將其運用在噴墨印表機內，印出文字的列印頭這個部分上。此外，我們也會將這種性質應用在讓附著的物體震動，並產生響聲的這方面上。這部分的應用為「磁致伸縮材料音頻驅動器」「磁致伸縮振動發生器」「magnetostrictive vibration generator」。

Dy | 66

162.500 g/mol

dysprosium

鏑 | 鑭系元素

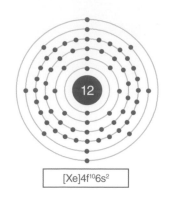

[Xe]4f¹⁰6s²

$[Xe]4f^{10}6s^2$

　鏑可以聚集光的能量而發光，因此會作為緊急出口指示燈之類的螢光漆來使用。鏑與鉛製成的合金也會作為防輻射材料來使用。混合動力車輛或風力發電機的電動馬達或渦輪發動機，為了能耐高溫會加入釹磁鐵。因為若加入鏑的話，可以加強耐熱性，使得磁鐵在高溫下也能保持磁性。現在因著石化燃料的發展而帶來的問題不斷浮現，與此同時作為替代能源的風力發電等則不斷嶄露頭角中。往後取代內燃機的電動汽車等的需求會不斷擴大，因此這種磁鐵的使用度也被看好會有所成長，然而我們也預測針對類似的需求可能會供不應求，因為鏑的蘊含量很低，加上生產方式複雜麻煩，因此難以無止盡地供應。鏑的名字源自於帶有「難以取得」之意的希臘語「dysprositos」，這個名字可說是一絲不差、相當符合。

　鏑大部分的產量幾乎都是從中國產出的。不只是鏑，其他鑭族稀土元素很多都是在中國生產的。由於高科技產業經常會使用到鑭系元素的特殊性質，因此經常發生把輸出稀土元素與否當成貿易戰的一種手段之情形。

中國製造（MADE IN CHINA）

磷光（PHOSPHORESCENT）

　磷光指的是能把光儲存起來的性質。一九九三年，日本的某間螢光漆公司發表了一種完全沒用到放射性物質的夜光塗料。他們為這種塗料打出了「只要曬十分鐘陽光，就能十個小時發光」的廣告，而在這種塗料內就使用了蓄光材料「鏑」。為了讓緊急出口標誌等的引導標誌，在停電的時候也可以發出光芒，就會使用這種塗料。

Ho | 67

164.9303 g/mol

holmium

鈥 | 鑭系元素

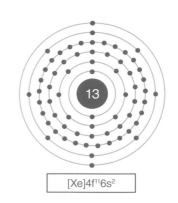

13

[Xe]4f¹¹6s²

鈥因為是一種稀有元素，所以並沒有那麼經常被使用。這種情形之下還能找到的代表性使用例子就是雷射了。除此之外，鈥會作為超強力磁鐵或是光譜儀中波長校正用途的物質使用。因為鈥容易吸收熱中子，會被用在原子反應爐的控制棒，還有用在讓寶石呈現黃色的玻璃染色劑上。有一種稱為「YAG LASER（雅鉻雷射）」的雷射，一般來說它的增益物質是使用釔－鋁－石榴石（Yttrium- Aluminum- Garnet）製成

的，不過這種時候會加入鈥離子。這種波長為二點〇八微米的紅外線雷射，對眼睛來說安全無虞。由於放出的熱能少、穿透深度很淺，而且對正常組織的傷害很低，因此目前用於膀胱癌治療、擊碎結石或是切除前列腺等醫療領域上。鈥雷射具有在剖開時就能同步止血的特性，因此最適合當作雷射刀使用。鈥也會用在觀測大氣使用的光學雷達上。

斯德哥爾摩（STOCKHOLM）

一八七八年，瑞士化學家雅克－路易斯‧索雷（Jacques-Louis Soret）跟馬克‧德拉方丹（Marc Delafontaine），首度在鉺的氧化物「鉺土」（erbia）的分光光譜中發現到鈥。隔年，瑞典化學家克利夫（Per Teodor Cleve）成功地從鉺土中分離出兩種金屬氧化物。他取用了斯德哥爾摩的拉丁語「Holmia」來為其中的棕色氧化物命名。

二〇一七年，韓國基礎科學研究院（IBS）發表了他們成功地只用一個鈥原子就能穩定地讀取並使用一位元（bit）的資料。若使用既有的儲存方式，同樣容量的資料須要用到十萬個以上的原子。雖然說如果這種技術能實現商業化，人類至今所有的電影都可以存在一個 USB 大小的記憶體裡，但目前我們距離商業化還有一大段路要走。

記憶體（MEMORY）

Er

erbium

167.259 g/mol

68

鉺 | 鑭系元素

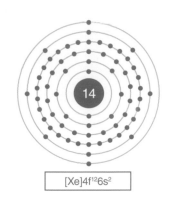

[Xe]4f^{12}6s^2

　鉺的原文 Erbium 有英文「ur·bee·uhm」跟德文「ˋεrbium」兩種唸法。鉺在長距離光纖通訊中，能在不耗損光能量的狀況下將其傳輸出去，因此被當作光纖使用。鉺跟鈥一樣也被當作雷射使用。如果將少量的鉺氧化物，加入被用作水鑽的立方氧化鋯或鋯石上，就會閃耀出粉紅色的光澤。此外，為防止光纖電纜的訊號變弱，鉺會用在摻鉺光波導放大器

（waveguide amplifier）。加入鉺的光纖，會用來製造中波長紅外線波段的光纖雷射上。把少量的鉺加到釩裡頭，就可以製造出便於加工且柔軟的合金。釩鋼可用於製造工具或噴射發動機上。卡爾·莫桑德爾（Carl Mosander）一開始發現這個元素時，把它稱為「鋱」，這是因為在發現當時，鉺跟鋱這兩種元素還未能分離，尚以混合物的方式存在之故。

摻鉺光纖放大器
（EDFA）

　光如果持續沿著被用於光纖通訊中的光纖內部前進下去的話，其訊號強度會逐漸變弱，因此這種狀況很不利於長距離的通訊，然而若把鉺作為加到光纖內的添加劑使用，就可以藉此克服這種困境。此時若用雷射照鉺原子就會變成激發態，可增幅光訊號而再次發出。藉此可以實現比既有光纖更遠上一百倍距離的光纖通訊。

鉺雅鉻雷射（Er-YAG）

　鉺也會作為雅鉻雷射的添加劑使用。鉺雅鉻雷射被廣泛地用在許多要求細膩、精密治療的醫療領域上。這種雷射帶來的痛感低、傷疤少，因此是相當受到皮膚科治療等方面歡迎的醫療方法。

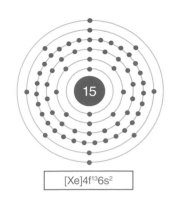

Tm | 69

168.93421 g/mol

thulium

銩 | 鑭系元素

[Xe]4f¹³6s²

$[Xe]4f^{13}6s^2$

銩是鑭系元素中在地球上第二少的存在,不過還是比金多上一百倍。銩的主要用途是固態雷射器的輻射源。如果要進行眼科中的切除手術,大部分都是銩雷射。銩雷射能放出高輸出功率的中紅外線,也具有容易被水吸收的特性,因此對眼睛來說也相當安全。銩雷射主要使用在切除位置淺、面積小的組織這種手術或醫療行為上。還有,鉺的人工放射性同位素中質量數高於

169 的多為 β 衰變,它們會釋放出屬於 X 射線的伽馬射線,而我們將其使用於便攜式 X 射線設備,也就是輻射劑量計讀儀上。銩如果接收到輻射並被加熱的話,就會發出螢光的光芒,因此可以藉由測量螢光量來掌握放輻射量。第一個獲得純銩的是英國的查爾斯・詹姆斯(Charles James),他為此反覆了一萬五千遍將含有銩的礦石跟溴產生反應,使之分化結晶作用的作業。

光學雷達(LIDAR)

光學雷達是一種在發出雷射後,經由反射回來的時間來測出反射體位置座標的雷達系統。使用銩的雷達系統雖然被用於自動駕駛汽車、機器人等,不過正如銩原有的罕見程度,其價格也十分昂貴,因此正在探索替代材料。

圖勒(THULE)

一八七九年,瑞典化學家克利夫(Per Teodor Cleve)從屬於鉺氧化物的鉺土中,以銩氧化物的型態發現了這個元素。這個新元素的名字是取用自出現在歐洲古書或地圖上的「圖勒」(Thule)。這個詞在古代指的是被認為存在於極北之地的神秘島嶼。但來到現代,圖勒已經直接被用於意指「斯堪地那維亞」的舊名了,這是因為外出尋找圖勒的探險家們,後來大多是抵達了斯堪地那維亞。

Yb

ytterbium

173.045 g/mol

70

鐿 | 鑭系元素

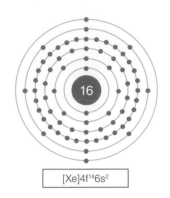

[Xe]4f¹⁴6s²

一八七八年，瑞士化學家馬利納克（Jean-Charles Galissard de Marignac），在鉺氧化物「鉺土」的雜質裡，發現其中有全新的元素。他還把其他金屬氧化物稱為「Ytterbia」（氧化鐿），並把構成該氧化物的金屬元素命名為「鐿」。氧化鐿跟鐿全部都是取用自生產矽鈹釔礦的瑞士村落「伊特比村」（Ytterby）的名字。不只是鉺土，屬於鋱氧化物的鋱土（Terbia）跟屬於釔氧化物的釔土（Yttria）也都是來自於此。結果這樣算起來，有三種元素的名稱是取用自一個村落的名字。鐿會被用在雷射、太陽能電池或冷凝器上。雖然我們會把鐿作為幫玻璃上色的染料使用，不過也會讓鐿跟鉺一起當成紙鈔等的防偽油墨使用，鐿在紫外線之下能讓鉺變得敏感，因此會發出紅色或綠色的光澤。鐿主要會當作 X 射線的射線源，而在產業上，鐿也會用於能提升不鏽鋼的強度還有加強其他機械性質。

參考時間（TIME REFERENCE）

「鐿光學原子鐘」是具有最高穩定度的原子鐘，僅僅只有 2 10⁻¹⁸ 的誤差。鐿的固定振動頻率比銫多出五萬六千倍以上。鐿光晶格鐘的準確度比銫原子鐘高上許多，因此很有可能將來會成為新的時間標準。這種時鐘也被稱為「光晶格鐘」，這是出於為了能準確測量，我們會用雷射製造出陷阱（晶格）以束縛住鐿原子之故。

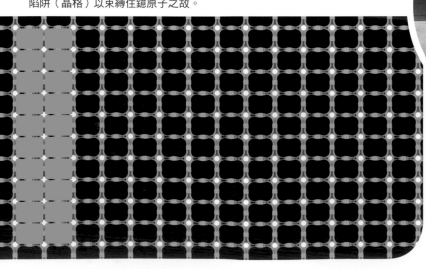

氣密（AIRTIGHT）

鐿是銀白色的柔軟金屬，在空氣中會慢慢氧化。為了保存鐿，必須將其隔離於密封容器中來保存。鐿在被萃取出的狀態下，會對眼睛與皮膚產生刺激，而且有起火或爆炸的危險，因此這種元素在處理時須要格外注意。

Lu

lutetium

174.967 g/mol

71

鎦 | 鑭系元素

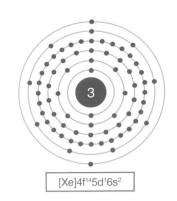

[Xe]4f¹⁴5d¹6s²

鎦是鑭系元素中最後一個元素,跟鐿一樣位列地球上含量最少的稀土元素。鎦跟其他稀土元素一樣,最常存在的代表性礦物是獨居石(Monazite)。然而一噸的獨居石中,能獲得鎦的量頂多只有三十公克。由於是最難從礦物中分離出來的元素,加上價格高昂,因此鮮少用作商業用途。不過在化學工業上鎦會當作催化劑使用,尤其是煉油廠內,鎦會用於進行裂解反應、來裂解屬於原油的烴這道工序上。一般可透過裂解石腦油(Naphtha)餾分,並進行重組的「重整」工序來獲得各種石油化合物質。在醫療上,所謂的正電子放射斷層攝影(PET),就是注射到患者體內的放射性物質會釋放出正電子,這個正電子會與電子產生電子對湮滅,此時產生的伽瑪射線會由一種稱為「鎦性閃爍體」的光感測器感應到。

三角形的(TRIANGULAR)

鎦是在同一年由三名科學家個別發現的。法國化學家喬治·於爾班(Georges Urbain)、奧地利礦物學家威爾斯巴赫(Carl Auer von Welsbach),以及美國化學家查爾斯·詹姆士(Charles James),這三個人便是故事的主角。不過發現的優先權最終歸到於爾班的身上,而他取用了法國的舊國名「盧泰西亞」(Lutetia)來為這個元素命名。

財富(WEALTH)

鎦在鑭系元素中是最稀有的元素,其價格也是貴得驚人。與同樣重量的金塊相比,鎦有多達六倍以上的昂貴身價並且以此為豪。因此除了研究用途以外,我們不太會拿純鎦來做使用。

Hf

hafnium

178.49 g/mol

72

鉿 | 過渡金屬

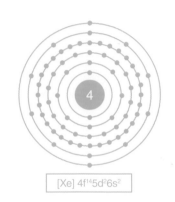

[Xe] 4f¹⁴5d²6s²

鉿是一種銀白色的沉重金屬,同時它也富延展性。在原子反應爐中使用核燃料來產生核分裂時會釋出中子。這種狀況下,若把控制棒從核子反應爐中拿掉,就會開始進行核分裂的連鎖反應;若把控制棒插到原子反應爐的中央,控制棒會吸收中子而使得連鎖反應慢下來。能像這樣控制原子反應爐的核分裂連鎖反應是相當重要的,而在這種狀況中,所使用的控制棒是由非常善於吸收中子的鉿所製成。鉿與鈦、鋯在物理、化學上的性質十分相似。雖然門德列夫曾經預言過這個元素的存在,但實際上卻要到一九二三年才真正發現鉿。鉿比最後發現的穩定元素「錸」還早了兩年發現。然而其實在一九〇八年,日本的小川正孝曾以「日本素」(Nipponium)之名發表了錸的發現。直到日子來到二〇〇三年,才證實了日本素跟錸是同一種物質,若當時小川的發現就被承認的話,那最後發現的穩定元素就會變成鉿。

尼爾斯・波耳(Niels Bohr)在一九一三年提出了原子模型,其內容為電子會沿著正價原子核周圍的特定軌道圍繞。亨利・莫斯利證明了這個預測是對的,而且幸虧於此,也證實了我們當時尚未發現第四十三、六十一、七十二跟七十五號元素。在這之後,波耳的助手喬治・德海韋西(George Charles de Hevesy)還有德克・科斯特(Dirk Coster)發現了鉿。為此,他們取用了尼爾斯・波耳的故鄉,同時也是這個元素的發現地哥本哈根的拉丁語名字「Hafnia」,來幫這個元素起名。

電晶體(TRANSISTOR)

鉿氧化物(HfO_3)為微處理器晶片帶來革命性的變化。在之前, 我們是用矽來製造把電晶體的兩個電極隔開來的「閘極」(gate),但如果縮小了電晶體的尺寸,接觸點上就會產生漏電問題(leakage)。如果在這裡加入了鉿氧化物,就能以此防範這種望題,並且讓電晶體的結合度倍增。

哥本哈根(COPENHAGEN)

Ta

tantalum

180.9479 g/mol

73

鉭 | 過渡金屬

[Xe]4f^{14}5d^{3}6s^2

鉭是帶有光澤的銀灰色金屬。純鉭柔軟而且具有高延展性，雖然因此相當便於加工，但製成的合金卻相當堅固。鉭的熔點在所有元素中是第五高的。雖然在二十世紀初鉭被用來當作白熾燈燈絲的材料，但這個位置最終讓給了熔點更高的鎢了。鉭跟鈮原子、離子的大小幾乎一樣，兩者在化學上的性質也十分相似。鉭常有在金屬表層上形成氧化層的情形。也還好

有因此生成的鉭氧化物（Ta_2O_5），鉭具有高耐腐蝕性，幾乎不溶於酸。鋁、鈦跟鋯不太活潑的原因，也是因為有這一層氧化層的緣故。我們常常利用這種性質，把鉭用於製造鉭電容器，這是因為鉭氧化物是絕佳的絕緣體之故。獲得僅薄薄一層絕緣體的電容器，能夠儲存跟體積相比之下較大的電容量，因此經常用在各種電器產品上。

鉭若製成合金，不但熔點會變高，硬度與延展度也會增加。出於這種優勢，鉭合金被用在各種要求高硬度或高延展度的領域上。而且鉭還對人體無害，因此還具有能作為醫療用途使用的極大優點。植牙治療中，為了能讓牙齒固定在顎骨上，會使用一種叫做「植體」（fixture）的螺絲，而這種螺絲就是用鉭跟鈦的合金所製成的。

植牙（IMPLANT）

吊胃口（TANTALIZE）

一八〇二年，瑞典化學家埃克貝格（Anders Gustaf Ekeberg）發現了一種新的氧化物，這種氧化物在強酸中也不會被侵蝕。他看到這種狀況，就聯想到出現在希臘神話中的「坦塔洛斯」（Tantalus），並且取用這個神祇的名字來為該元素命名。坦塔洛斯犯下了把自己的兒子殺死，並打算藉此來試探眾神的罪，因此將祂浸在無法喝到的水中受罰，讓他承受永遠的乾渴與飢餓。

W

183.84g/mol

74

tungsten

鎢 | 過渡金屬

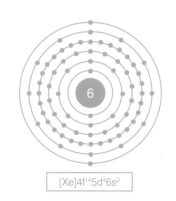

6

[Xe]4f^{14}5d^{4}6s^2

　　以二〇一九年為基準，韓國的貿易依存度來到百分之六十八點八，屬於仰賴輸出的國家。現在韓國是由資訊通訊技術跟半導體引領輸出。那麼在過去，是哪一種產業的輸出立下了報效國家的汗馬功勞呢？我們腦中浮現的經常是紡織業、造船業跟煉鋼業等。然而除了這些以外，在韓戰以後呈現一片焦土的大地上，仍然有一個引領輸出的產業，這是因為在江原道寧越有著世界上礦藏最大的鎢礦脈（上東白鎢礦礦

山）。直到一九七〇年代為止，韓國的輸出額中有百分之七十是鎢，全球總生產量的占比則高達百分之十五。雖然礦山在獲利越來越低的狀況下關門大吉了，但最近正準備重振旗鼓中。鎢被歸類為高科技產業的戰略物資，而且每年鎢的短缺至少一萬噸以上，供不應求之下價格也水漲船高。中國壟斷供應全球百分之八十五的鎢，因此上東白鎢礦礦山的重啟意義非凡。

　　白熾燈泡的發明者的確是愛迪生沒錯，但他使用的是「碳絲」。人類近期所使用的白熾燈泡是鎢絲燈泡，而鎢絲是在愛迪生發明電燈後、過了三十年，才由美國的威廉・柯立芝（William David Coolidge）發明出來。鎢的熔點高達攝氏三千四百二十二度，是金屬元素中熔點最高的，而在全部元素中，鎢緊接在碳之後、是熔點第二高的元素。

燈絲
(FILAMENT)

鎢的元素符號「W」是來自於鎢的其它名稱——「wolfram」。錫與鎢礦偶爾會同時一起被發現，而在提煉錫的過程中，摻雜在內的鎢會冒出像是口水一樣的泡沫。這個泡沫會造成錫的生產量減少，嚴重的話甚至會讓礦山關閉。這種狀況被認為像是飢渴且貪心的狼把錫偷走，而以帶有「狼的白沫」含義的「wolfram」來稱呼。

模仿（IMITATION）

鎢的密度與金類似。金價居高不下，與此同時各種製造假金塊並流到市面上的手法猖獗，而其中一種做法就使用到了鎢。在鎢塊上塗一層金、假裝成金塊的話，就會因為兩者重量相似而無法輕易區分出來。

狼的白沫（WOLFRAM）

沉重的石頭（HEAVY STONE）

「Tungsten」一詞在瑞典語中的含義是「沉重的（tung）石頭（sten）」。原本這個詞是用來稱呼屬於鎢礦的白鎢礦。一七八一年，瑞典化學家舍勒在自己發現的礦物中，分離出了金屬氧化物兩年之後，德盧亞爾（Elhuyar）兄弟成功地分離出了純鎢。

289

Re | 75

186.207 g/mol

rhenium

錸 | 過渡金屬

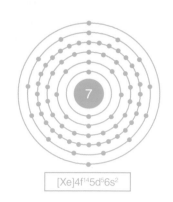

[Xe]4f^{14}5d^{5}6s^2

韓國雖然沒有石油資源，卻是「石油輸出國」。這到底是什麼意思呢？輸入原油後立刻在煉油廠進行分餾，接著下一步就是將其輸出。這也是為什麼煉油公司只存在於韓半島東南側海岸的蔚山港附近。蒸餾過程中，可以利用沸點的差異把「餾分」分餾出來，而在沸點攝氏三十度到攝氏兩百度之間，則會提煉出石腦油（Naphtha）。石腦油占了石油的百分之三十，為從 C4 到 C12 的餾分。在這當中，有八個碳的烴分子稱為「辛烷」。劃分「高級汽油」的標準就是辛烷。一般來說，辛烷的比例超過百分之九十五的揮發油就會被歸類在高級汽油。在石油加工的過程中，為了提高辛烷的比例，我們會使用一種特殊的催化劑。如果把鉑跟錸當成催化劑使用，就能產生理想的辛烷化催化反應，來加速石腦油的裂解過程。錸是非常稀罕的元素。當然，不論錸的價格再怎麼高，也依舊是煉油業中絕對必要而不得不使用的元素。

萊茵河（RHINE RIVER）

錸是門得列夫預測的元素中最後被填上的空格，由於它在地殼上的豐度不高，因此在自然界中是最後才被發現到的。一九二五年，德國的化學家沃爾特·諾達克（Walter Noddack）與他的夫人伊達·諾達克（Ida Noddack）從鉑礦中分離出這個元素，而奧托·伯格（Otto Berg）則利用光譜確認其存在。元素的名稱是取用自他們祖國的萊茵河（Rhine）的拉丁語名字「Rhenus」。

HIGH TEMPERATURE RESISTANT（耐高溫）

純錸的熔點為攝氏三千一百八十二度，其熔點之高僅次碳跟鎢。當然，這邊的碳指的是鑽石結晶。錸的沸點則為攝氏五千五百九十二度，是所有元素中最高的。錸主要用於絕對須要奈高溫的合金中。主要的用途為像是飛機的噴射發動機或燃氣渦輪發動機零件等的航空太空產業。使用於 F-15 戰鬥機引擎上的合金，就含有約百分之三的錸。

190.23 g/mol

Os | 76

osmium

鋨 | 過渡金屬

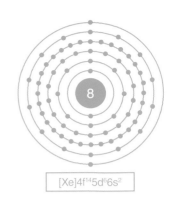

[Xe]4f^{14}5d^{6}6s^2

愛迪生跟約瑟夫‧斯萬（Joseph Swan）於一八九七年製造的白熾燈泡，其碳絲會氧化並於燈泡中產生煙粒，且不耐衝擊。為了填補這種缺點，一八九七年，在德國研發出一種使用鋨的燈絲，鋨絲燈泡的發明者、歐司朗公司的創立者為 Carl Auer von Welsbach 並以「鋨絲燈泡」（Oslamp）之名上市了，然而這種燈泡仍有容易碎裂的缺點。一九一〇年，美國的威廉‧庫里吉（William David Coolidge）研發出鎢絲，而且這種材料直到最近也仍在使用中。鋨燈絲的研發者雖然經歷失敗，但他仍對嘗試挑戰一事深感自豪。在這之後，取用了鋨的 Os 以及鎢的異名「Wolfram」中的 Ram，成立了一間叫做「歐司朗」（Osram）的照明公司。他帶著想完整包辦燈泡發展史的決心，最終與愛迪生的美國奇異公司（GE）一起站穩照明業界雙雄的位置。最近歐司朗不佇足於相傳百餘年的照明事業，更重生為半導體公司。不過這並非它們的照明歷史戛然而止，而是因為現在半導體 LED 才是照明的趨勢。

耐磨（WEAR-RESISTANT）

鋨很堅硬但也很容易脆化，不過若製成合金則又是另外一回事了。因為鋨合金的硬度不在話下，也不太容易被磨損。最具代表性的例子就是鋼筆。鋼筆的筆尖在英文中稱為「nib」，在筆尖的尖端處（tip）會鑲上一粒與紙張直接接觸的圓球金屬，而這顆圓球會使用不易磨損的鉑族合金元素。雖然目前使用的是釕，但最早期是使用鋨或銥。

臭味（BAD SMELL）

大部分的鉑族元素都來自於分析鉑礦的過程，而一八〇三年，英國化學家史密森‧特南特（Smithson Tennant）就在這個過程中同時發現了鋨跟銥。屬於鋨化合物的四氧化鋨，在常溫下就會揮發並散發出強烈的氣味，而且它本身就帶有毒性。因此鋨的名字是取用自希臘語中意指「臭味」的「osme」。

Ir

iridium

192.217 g/mol

77

銥 | 過渡金屬

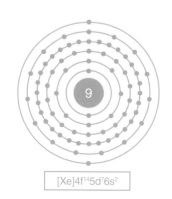

[Xe]4f¹⁴5d⁷6s²

$[Xe]4f^{14}5d^{7}6s^{2}$

　　單位的統一是科學領域中的重要要素。一八八九年，召開了第一屆國際度量衡大會，也在會上制定了長度單位「公尺（m）」與重量單位「公斤（kg）」的標準，之後也陸續增加了其他五種，而這七種標準單位（SI，國際單位制）直到現在我們都仍在使用。一開始我們把水當作制定公斤單位的標準，之後我們則製造出鉑金屬砝碼並將其視為標準。不過就連鉑的穩定性也遭到質疑，而銥就成了新的材料。銥以化學性質來說相當耐腐蝕，抗酸也抗鹼。作為標準的砝碼是一種圓柱狀合金，由鉑跟銥以九比一的比例混合，並以高度與直徑分別為三十九公釐與二十一點五公克每立方公分的密度製成，而且到不久之前我們都還在使用。但在二〇一八年第二十六屆國際度量衡大會上，七種國際單位中有四種被重新定義，而質量也包含在這當中。隨後出現的結果是，我們採用的並非像金屬砝碼這種人工產物，而是把不會改變的物理常數「普朗克常數（Planck's constant）」當成重新定義的資料，藉此制定出處理質量的對應方式，而全新的再定義自二〇一九年實施。

隕石碰撞
（METEORITE COLLISION）

　　銥雖然相當稀少，但隕石中的含量比地殼上多出五千倍以上，依此來看，我們推測在宇宙當中應有大量的銥。關於恐龍滅絕的學說眾說紛紜，其中最具代表性的是約六千五百萬年前，小行星與地球碰撞而發生大滅絕的「隕石撞擊假說」，而這是基於當時所形成的地殼堆積層中，發現了高濃度的銥這一現象。

彩虹（RAINBOW）

　　銥是一種稀有金屬，在地殼上僅有極少的含量，也是六種鉑族元素中的一種。大部分的鉑族元素都是化學家在分析鉑礦的過程中發現的。一八〇三年，英國化學家史密森·特南特（Smithson Tennant）發現了銥。銥能製造出色彩繽紛的化合物，因此取用了跟彩虹有關的希臘女神「伊麗絲」（Iris）之名來為其命名。

Pt

platinum

195.084 g/mol

78

鉑 | 過渡金屬

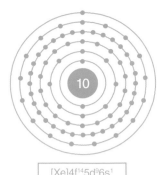

[Xe]4f¹⁴5d⁹6s¹

$[Xe]4f^{14}5d^{9}6s^{1}$

環境友善議題促成了電動汽車的問世，還讓最近被稱為氫經濟核心的「燃料電池」（Fuel cell）誕生。在燃料電池中，我們使用了氫跟氧。氧從空氣中就可以獲得供應，而氫需要另外補充。我們使用的是氫跟氧交換電子並變為水時所產生的電力。不過化學反應並不是靠幾個原子就能產生反應的。氫是處於分子（H_2）狀態，而水也同樣是分子（O_2）狀態。無數的氫分子為了能在電極內發生反應，它們必須以離子狀態溶於電解質中。不過反應並非能無緣無故發生，必須要有一股超越活化能的力量。一般來說要發生反應須要來自外部的溫度或壓力，不過就車輛內部的狀況而言，卻沒有什麼能得到這種能量的作法。結果還是必須使用催化劑，藉此來幫助能輕鬆地越過低限能的障礙。這種狀況主要會用到的就是鉑。鉑的價格每公斤要價一億韓元（約新台幣兩千七百萬元），而且還具有越用性能就越降低的缺點，因此我們正在研究能替代鉑的催化劑材料。

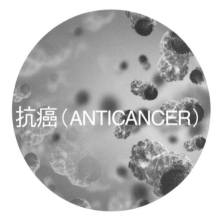

抗癌（ANTICANCER）

鉑以著簡單的化合物就能帶來抗癌效果。自一八〇〇年代中葉開始鉑就被拿來研究，而從一九七八年美國食品藥品監督管理局（FDA）在承認其功效以後，我們就一路使用到現在。鉑的部分化合物會結合到 DNA 分子縱向的特定部分上並妨礙 DNA 複製，藉此來當作抑制腫瘤生長的抗癌劑使用。這可說是第一個過渡金屬元素抗癌藥物。順鉑（Cisplatin）或最知名的抗癌藥物中，都含有鉑。

鉑族金屬（PLATINUM METALS）

一七四〇年代，安東尼奧·德·烏略亞（Antonio de Ulloa）在記錄上首度提及這個金屬；而在之後，威廉·沃拉斯頓跟史密森·特南特，把鉑放到硝酸跟鹽酸的混合物「王水」中溶化，然後發現了鈀跟銠。特南特在這個反應結束後所留下的殘渣中，還另外發現了鋨跟銥。四十年之後，俄羅斯化學家卡爾·克勞烏絲（Karl Klaus）發現了釕，至此完成了鉑系元素全部六個的發現。

Au
gold

196.966569 g/mol

79

金 | 過渡金屬

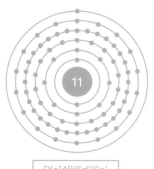

11

[Xe]4f¹⁴5d¹⁰6s¹

為什麼只有金在金屬中是黃色的呢？所有的金屬都會以離子狀態整齊排列，以此堆積而成的「離子簇」存在。自由電子會大範圍地擴散至離子簇整體上。接受到光的自由電子會試圖振動，其振動頻率會類似於發生撞擊的電磁輻射。以結論來說，自由電子吸收了可見光的能量，同時也會釋放出與所吸收到的能量等量的電磁輻射。如果照等量返還所吸收到的可見光能量，就會呈現閃亮的金屬光澤。跟其他金屬相比，金的自由電子速度相對較慢。因此金的自由電子無法吸收具有較大能量的藍色與綠色波段的電磁輻射，自由電子會進到金原子內部的電子層並被吸收跟散射。以結論而言，金會反射黃色跟紅色波段，不過紅色波段是較弱的光，因此只會呈現黃色。銅的自由電子速度比金還要慢，所以連黃色都會被吸收到銅原子內部的電子層中，也因此會呈現帶有紅色。如此一般，金屬的顏色是出於其原子所帶有的自由電子。

自從進到歷史時代以後，金這種金屬就一直以來與人類的歷史並行，也成了貪婪的目標物。為了能用價格低廉的金屬製造出金，因此煉金術誕生了；為了能獲取金，則發生了侵略與交易。金的英文名稱與化學符號有各自不同的由來。英文名稱是來自於古英語（Anglo-Saxon）中，意指「黃色」的「Geolo」。元素符號「Au」則是取用自意指「發光的清晨」的拉丁語「Aurum」。

歷史金屬
（HISTORICAL METAL）

無毒而可食用的（EDIBLE）

純金不帶有毒性。有些人接觸到金會產生皮膚過敏，但過敏原因不是金，大多數是起因於雜質。有時候我們會在日本料理或甜點中，看到把金加入食物中的狀況，而把金吃下去也不會產生問題，其原因在於金在體內不會轉換成離子的緣故。

諾貝爾獎獎牌（NOBEL PRIZE MEDAL）

在第二次世界大戰當時，尼爾斯‧波耳曾經保管他自己跟同事的諾貝爾獎牌。尼爾斯‧波耳為了避免被德軍抓到違反當時私藏金牌的規定，還有猶太人血統身份，而急忙想出把獎牌溶於王水中而逃離丹麥。德軍雖然翻遍尼爾斯‧波耳的家中，但他們並不知道瓶子中裝有王水，也裝有獎牌的真相。戰爭結束後，尼爾斯‧波耳把溶於王水裡頭的金還原，使之恢復成金塊了。再之後，諾貝爾協會也為他們重新製作了獎牌。

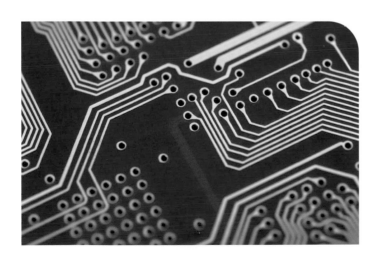

電子電路（ELECTRONIC CIRCUIT）

在導電跟導熱俱佳的金屬中，銀有著最高的電熱傳導率。然後依序是銅、金以及鋁。連接到半導體電子電路的線是用金製成的。金的傳導度比銀跟銅都還要低，而我們會使用它的最大原因在於金不會腐蝕。

Hg

Mercury

200.592 g/mol

80

汞｜過渡金屬

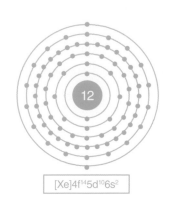

[Xe]4f¹⁴5d¹⁰6s²

　　汞是唯一一個在攝氏十五度至攝氏二十五度的常溫之下，會以液態存在的金屬，也是元素週期表過度金屬中，唯一一個液體。大部分的金屬原子都容易失去外層電子，並在離子狀態下獲得穩定的電子構造。汞連內部電子層都充滿了電子，連離子本身也都是相當穩定的構造，因此只有外層電子會參與金屬鍵的作用，造成汞的鍵結力很弱、在室溫下會以液體存在。汞被用於超過數千種以上的用途。最具代表性的例子

是溫度計、治療牙齒用的銀汞、電池，還有日光燈之類的燈具。若透過呼吸器官吸入蒸氣狀態的汞，汞會透入腦血管並影響到中樞神經系統。尤其是甲基汞（Methylmercury）狀態的無機汞，如果流入大海，並藉由浮游生物之類的生命體轉換成有機汞，就會隨著食物鏈被吃了魚的人體吸收而儲存在脂肪與蛋白質中。汞與人類所必要的微量營養素「硒」結合，就會妨礙酵素的合成，會對生命體帶來機能障礙。

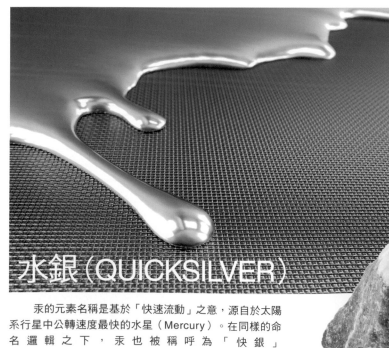

水銀（QUICKSILVER）

　　西元前二百二十一年，統一中國的秦始皇為了獲得永遠的生命，便下令要以煉丹術製造出長生不老藥。當時從一種叫做「朱砂」的紅色礦石中，提煉出閃耀著銀色光芒的液體，這種液體被認為可以返老還童，因此秦始皇喝了這個液體，而這個紅色礦石的真面目就是硫化汞的結晶。

煉丹術
（CHINESE ALCHEMY）

　　汞的元素名稱是基於「快速流動」之意，源自於太陽系行星中公轉速度最快的水星（Mercury）。在同樣的命名邏輯之下，汞也被稱呼為「快銀」（QUICKSILVER）。元素符號則是取用了意味「液體」的拉丁語「Hydrargyrum」中的「Hg」。

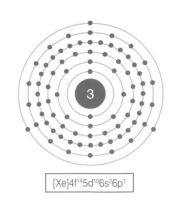

Tl

thallium

204.383 g/mol

81

鉈｜貧金屬

[Xe]4f¹⁴5d¹⁰6s²6p¹

$[Xe]4f^{14}5d^{10}6s^{2}6p^{1}$

有一位來自英國的女性，自她年三十歲的一九二〇年首度用毒殺害某位老太太以後，至一九七六年逝世為止，這位女性在五十六年中殺害了一百六十一人，其中有六十二人是慘遭毒殺。這位女性的稱號是「犯罪女王」，而名字是阿嘉莎‧克莉絲蒂（Agatha Christie）。當然這個並不是實際上發生的事情，只是她筆下小說中的故事。砒霜、氰化鉀跟嗎啡都是惡名昭彰的劇毒物質，不過「鉈」這種毒物倒是鮮為人知。她在小說《白馬酒館》中，詳盡地介紹了鉈的症狀。小說反映出作者先前以護理師與藥師身分工作的經驗。以前鉈被拿來製成無味無臭的硫酸亞鉈（Tl_2SO_4），作為捕鼠或殺蟲的藥物來使用。

鉈在自然界中，鉈-203 占了約百分之三十，而鉈-205 則占了約百分之七十。在醫療領域中所使用的鉈，則是人工製造的放射性元素鉈-201。由於跟鉀有著類似的性質，鉈也會在核子醫學的影像領域上，被用於診斷心臟疾病。

中毒（POISONING）

鉈可以神不知鬼不覺的狀況下被拿來使用，而且不會立即出現中毒症狀，因此在文學創作中常常被當作毒殺的材料。鉈跟鉀原子的大小差不多，所以能沿著人體必要元素，也就是鉀的通道，逐漸損害腦、腎臟以及中樞神經系統。前伊拉克總統薩達姆‧海珊（ add m Saddam Hussein），也會用鉈來清算其政治上的異議人士。

一八六一年，英國物理學家威廉‧克魯克斯（William Crookes）在製造硫酸的過程中發現了鉈元素。同一時間，法國化學家克洛德－奧古斯特‧拉米（Claude-Auguste Lamy）也發現了這個元素。現在兩位都被認為是發現者。兩位化學家都確認到了光譜中的綠色譜線，而威廉‧克魯克斯看到這條線後，便取用了希臘語中意味著「綠芽」的「Thallos」，將這個元素稱呼為「Thallium」。

綠芽（GREEN TWIG）

Pb

lead

207.2 g/mol

82

鉛 | 貧金屬

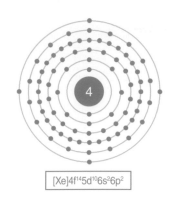

[Xe]4f¹⁴5d¹⁰6s²6p²

有七種元素是人類自古以來一直都知道並且一路使用過來的，也就是金、銀、銅、錫、鐵、水銀，然後就是鉛了。鉛也是人類第一個提煉後拿來使用的金屬。鉛的熔點比銅還要低，比較容易從礦石中提煉出來。人類在漫長的歲月中使用鉛，但直到二十世紀中葉，我們才認知到其毒性。鉛在不知不覺間產生了許多問題，其中最具代表性的就是羅馬帝國的滅亡。當時的人們在餐具、排水管甚至化妝品中都使用到了鉛。雖然羅馬在來自周圍國家與邊境地區的外族壓迫日益嚴重的狀況中滅亡了，但也無法忽視不論是國民或是社會的領導階級人物，由於鉛中毒而無法應對滅國危機的間接性影響。

雖然鉛原本是閃亮且略帶藍色的銀白色金屬，不過在空氣中會迅速氧化，而形成暗灰色的氧化膜。在鉛之後的元素大部分都是放射性元素，因此帶有半衰期的元素其衰變鏈的終點就是鉛。

鉛中毒
（LEAD POISONING）

在羅馬，為了保存葡萄酒與增添甜味，會把葡萄汁放進鉛製容器中煮沸，並將熬煮而成的果露加到葡萄酒中，而享用這種葡萄酒的上流階層人士就攝入了大量的鉛。鉛中毒多半是長時間中，鉛慢慢累積在人體內的同時邊發生的疾病，因此出現症狀時都通常為時已晚，只能說預防勝於治療。

軍事武器（MILITARY WEAPON）

鉛進到人體後，會阻礙多種酵素的活動與蛋白質合成，因此會影響到幾乎所有的人體組織與代謝，而且鉛不容易被排出、會累積在脂肪內，是一種有毒重金屬。高濃度的鉛中毒會損害腦跟腎臟病導致死亡，因此大部分的國家都已經規定禁止在日常生活用品中用到鉛。不過我們仍然會把鉛用在須要毒性的軍事武器，也就是子彈跟爆裂物中。

Bi

bismuth

208.98 g/mol

83

鉍 | 貧金屬

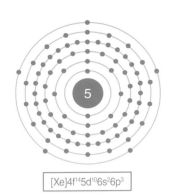

[Xe]4f¹⁴5d¹⁰6s²6p³

大部分最近落成的建築物，其天花板都設有火災發生時會自動灑水的自動灑水裝置。在這種裝置中，並非裝有會感應熱的感應器之類的特殊電子零件。在噴嘴的頂端有一個安全裝置，這個安全裝置上的特殊金屬會堵住水，而這個金屬安全裝置的熔點很低。其運作的原理是，如果因為火災而產生熱，金屬就會熔化，原本堵住的噴嘴就會被打開並灑水。最近火災事件中，曾有建築物的自動灑水裝置並沒有啟動，導致莫大損失的案例。

自動灑水裝置本身好像被當成是由中央或現場感應並控制的系統，也出現了定調為「機械故障」的報導，不過實際上的原因，是由於連接到自動灑水裝置的排水管沒有供水而導致。堵住噴嘴的金屬一般會使用合金，這種合金中含有銦、鎘跟鉛等，而其中也含有百分之四十五的鉍。這種合金的熔點為攝氏四十七度。偶爾電影中會使用打火機來啟動自動灑水裝置，這種場面並非虛構，而是有科學根據的。

化妝品（COSMETICS）

雖然我們從十三世紀開始就知道鉍的存在，但長期以來，鉍跟鉛、錫、銻的物質基本屬性相似到令人混淆的程度。這之間的差異性到十八世界中葉，才由法國的克勞德·弗朗索瓦·若弗魯瓦（Claude François Geoffroy）揭曉。在法國，含有鉍的化妝品相當受到上流階層的女性歡迎，這是因為鉍雖然帶有與鉛相似的性質，但跟鉛不同，鉍並沒有毒性。然而若使用過量，仍有會發生痙攣的副作用。

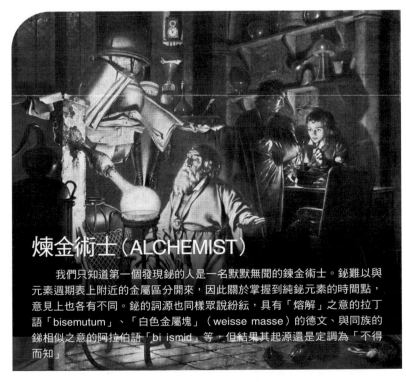

煉金術士（ALCHEMIST）

我們只知道第一個發現鉍的人是一名默默無聞的煉金術士。鉍難以與元素週期表上附近的金屬區分開來，因此關於掌握到純鉍元素的時間點，意見上也各有不同。鉍的詞源也同樣眾說紛紜，具有「熔解」之意的拉丁語「bisemutum」、「白色金屬塊」（weisse masse）的德文、與同族的銻相似之意的阿拉伯語「bi ismid」等，但結果其起源還是定調為「不得而知」。

Po

209 g/mol

84

釙 | 貧金屬

polonium

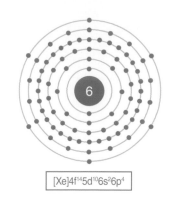

[Xe]4f^{14}5d^{10}6s^{2}6p^4

　　這個元素於二○○六年用於暗殺人在倫敦逃亡的蘇聯秘密警察（KGB），因此蔚為話題，這就是「普丁的釙紅茶毒殺案」。（譯註）逃亡的亞歷山大‧瓦爾傑洛維奇‧利特維年科（Alexander Valterovich Litvinenko）因批評普丁而慘遭暗殺。複驗結果顯示亞歷山大是因摻入紅茶中的劇毒物質而中毒。此時使用的劇毒物質為一種叫做釙-210 的同位素。這是一種若不是藉由原子反應爐就無法製造出來的人工同位素，並且當時一微克（一百萬分之一克）的釙的價格高達韓幣兩億元（約新台幣五千三百萬元），因此難以靠

個人之力購入這種元素。釙存在有三十三種同位素，而且全部都是放射性同位素。在這當中半衰期最長的同位素為釙-210，其半衰期為一百三十八點三八天。使用於暗殺的劑量為一兆分之一公克，可說是微乎其微的驚人低量。釙-210 不穩定的原子核會產生 α 衰變，並釋放出比鈾還多上一百億倍的 α 射線，因此釙-210 進入到人體的話，會對內臟與組織造成傷害。釙是一百一十八個元素中，毒性最強的的元素。我們可以用「釙的毒性比氰化鉀還高出二十五萬倍」來推敲釙到底有多毒。

　　用於日本長崎的原子彈（「胖子」是這顆鈽彈的外號），讓第二次世界大戰終告結束，而被用在這顆原子彈上的引爆裝置，也使用了釙。就如前述，釙被用作原子彈的中子源。釙若發生 α 衰變，會產生高達攝氏五百度的高溫並轉換成電。一公克的釙-210 若發生放射性衰變，算起來可釋放出一百四十瓦的能量。因此釙-210 會被當成人工衛星與宇宙探測器的核能電池之熱源與電力使用。

胖子（FATMAN）

波蘭（POLAND）

　　一八九八年，波蘭物理學家瑪麗亞‧居里和先生皮埃爾‧居里在一種叫做「瀝青鈾礦」的礦物中發現了釙。該研究結果是起因於懷疑天然鈾的輻射量比人工鈾化合物還要多。據聞，當時他們每天要搗碎、熬煮並過濾一噸的鈾礦。瑪麗亞‧居里是來自波蘭的科學家，她心念被俄羅斯支配的祖國波蘭，因此直接採用祖國名稱來為該元素起名。

At

210 g/mol

85

astatine

砈 | 類金屬

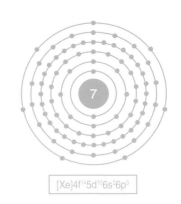

7

$[Xe]4f^{14}5d^{10}6s^26p^5$

砈在自然存在的元素中是最稀有的元素，這是因為砈所有的同位素都會發生放射性衰變，且半衰期很短暫，因此地球生成時所產生的砈，大部分都衰變並轉變為其他元素了。我們只能推測地殼上僅有二十五公克的砈存在。當然，砈可以靠人工的方式製造出來。雖然我們是透過核試驗發現砈的，不過我們瞭解到該元素存在的同時，也能確認到該元素亦存在於自然之中。砈是處在鈾跟釷的衰變鏈正中間的元素。人

工元素會在原子反應爐內讓 α 射線（氦）去撞擊鉍並藉此產生砈。不過具有最長半衰期的砈-210，其半衰期頂多就八個小時。就算有產生什麼，但那個量也沒多少，因此別說是實際應用，連拿來研究物理性質、化學性質都做不到。據信，目前為止以人為方式所製造出來的砈，其量連一微克都不到。由於砈在元素週期表上屬於十七族，因此我們僅能推測砈帶有鹵族元素的特性而已。

滅絕（EXTINCTION）

門得列夫曾預測過這個元素的存在，也就是類碘（eka-iodine，eka-碘）。最終並沒有在自然界中找到，而是在迴旋加速器中，讓屬於 α 粒子的氦原子核去撞擊鉍藉此來產生砈。迴旋加速器是一種粒子加速器。當時加利福尼亞大學柏克萊分校內設有迴旋加速器，而相關研究者為達爾・柯森（Dale R. Corson）、耶密流・瑟格瑞（Emilio Segrè）以及肯尼斯・羅斯・麥肯齊（Kenneth R. Mackenzie）。一九四〇年，他們製造出砈的各種同位素。由於他們發現到的元素，大多數的半衰期都十分短暫，因此取用希臘語中帶有「不穩定的」之意的「astatos」來為該元素定名。

Rn

222 g/mol

86

radon

氡 | 惰性氣體

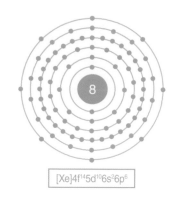

[Xe]4f¹⁴5d¹⁰6s²6p⁶

在日本鳥取縣有一處溫泉因「放射性溫泉」而十分有名,其理由就在於「氡」。這個不只日本獨有,在韓國忠清道一帶的溫泉區,也檢測出氡所帶來的輻射能。為什麼在有溫泉的地區會檢測出氡呢?這跟溫泉區這種地區的地基上帶有花崗岩有關。由於鈾跟釷在在準備衰變時會產生熱,地下水流經因這股熱能而變得很燙的岩石附近,本身也會變熱,而氡或鐳就會溶解並來到地表上。因此偶爾也會有在類似花崗岩之類的岩石或稀土類中,檢測出氡的狀況。最近韓國發生的「氡氣床墊事件」也是同樣的道理。床墊廠商為了製造出負離子,在產品中使用了一種叫做「獨居石」(Monazite)的礦物。石頭中所含有的微量鈾跟釷等元素衰變的同時會讓氡產生出來,並且散發出輻射。氡很危險,雖然這是因為它是會散發出輻射能的物質,不過作為十八族元素的特徵也在這當中參了一腳。氡是唯一一個以氣體的狀態存在的放射性物質氡不但在引發肺癌的原因中排行僅次於吸菸,而且也被指為是一級致癌物。

地殼變化(EARTH'S CRUST CHANGE)

居禮夫妻發現了鐳,他們也瞭解到接觸了鐳的空氣會帶有輻射能一事,然而卻不明白其成因。一九〇年,德國的物理學家弗里德里希·恩斯特·多恩(Friedrich Ernst Dorn)則發現了鐳衰變後會變成氡的現象。氡是藉由存在於地殼內的鐳還有鈾的放射性衰變而生成的,因此雖說是氣體,但大部分都沉積在土地中。不過要是地殼產生裂痕,原本被困住的氡氣就會釋放到大氣中,這種狀況下最終我們若檢測空氣中的氡濃度,就能掌握到地殼的變動。

Fr

francium

223 g/mol

87

鍅 | 鹼金屬

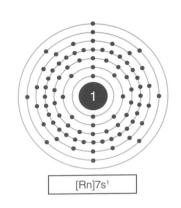

[Rn]7s¹

鍅在地球上僅次於砈、是第二少的存在，而且所有的同位素都是放射性元素，再加上因為是壽命最短的天然元素，所以不管是地球生成當時，還是形成為衰變鏈的中間物質，都會立刻衰變為其他元素。我們主要是基於研究目的而以人工方式生成鍅，像是在迴旋加速器中讓質子跟針撞擊藉此製造出鍅。雖然鍅有好幾種的同位素，但全部都帶有放射性，而且半衰期最長的不過就二十二分鐘左右。因為在連一個小時都

不到的時間中，鍅的量就會減少為八分之一左右，研究其物理性質與化學性質的時數當然會不夠，也因此鍅幾乎沒有什麼可用之處。不過，雖然鍅是如此不穩定的元素，但在自然界中卻源源不絕地被發現然後又消失無影，這是因為鍅會藉由錒的 α 衰變而不斷形成。雖然部分學者主張鍅應該是帶有金屬光澤的液態金屬，不過連這個主張也僅止於推測。

鍅是在自然界中最後發現的元素。數不盡的科學家都進行了研究，而且到處都有人主張自己發現了鍅，但都終告失敗。一八三九年，法國的瑪格麗特・佩里（Marguerite C. Perey）發現了鍅。她擔任瑪麗亞・居禮博士的助手，而且當時年僅二十九歲。瑪格麗特・佩里從鈾礦裡煉製出錒，在這個過程中她在未知的物質裡發現了 β 射線，並找到了該元素。為了頌揚她的祖國法國，而將其取名為「鍅」（Francium）。

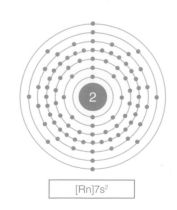

Ra | 88

226 g/mol

radium

鐳 | 鹼土金屬

[Rn]7s^2

$[Rn]7s^2$

「放射線的危險性」是直到進入了當代才成為常識。然而過去並不知道放射線的存在，因此以前研究放射性元素的科學家並沒有認知到其危險。跟居禮夫妻一起研究放射性元素的亨利・貝克勒（Henri Becquerel）曾把少量的鐳裝在小玻璃瓶中並到處走來走去，但才經過六個小時皮膚就產生了潰爛（譯註）。瑪麗亞・居禮的死因眾所皆知也是因為暴露在放射線中。以前鐘錶上指出時間的數字與指針上塗有螢光物質，這是為了在暗處也能確認時間之故。美國的鐘錶工廠就曾把鐳當成螢光塗料使用。這段時期中，別說是組裝鐘錶，大部分的工作流程都是由工人徒手進行的。當然，塗擦螢光物質的這件事也是由工人直接進行的。用毛刷沾鐳然後畫在鐘錶上的工人大部分都是女性。如果要用毛刷來幫小型鐘錶上的數字與指針塗色的話，就要先沾口水來讓毛刷保持尖細。理所當然，鐳會透過嘴巴被吸收到體內，也讓大部分的工人暴露在放射線下。

我們把這些人稱為氡女郎、鐳女郎。

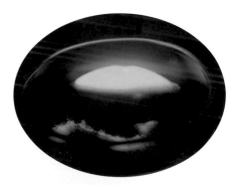

放射線（RADIUS）

一八九八年，居禮夫妻在一種叫作瀝青鈾礦（pitchblende）的礦物中，發現了釙跟鐳。釙比鐳早五個月發現。一開始因為這個元素的採集量很少，因此物質基本屬性與化學上的性質都難以分析。他們在四年的時間中努力，終於成功地在一噸鈾礦中採集出一百毫克的氯化鐳（$RaCl_2$）。居禮夫妻取用拉丁語中「發出光芒」之意的「Radius」來為這個元素定名。

瑪麗亞・居禮（MARIA CURIE）

居禮夫妻因為發現氯化鐳而共同獲頒了諾貝爾物理學獎。不過很令人惋惜地，在研究分離出純鐳的過程中，丈夫皮耶・居禮車禍事故身亡。瑪麗亞・居禮克服這種逆境，電解氯化鐳後分離出了純鐳並得到了諾貝爾化學獎。瑪麗亞・居禮是第一個以女性科學家的身份獲頒諾貝爾獎，甚至得獎了兩次之多，而且她還成為首位當上法國大學教授的女性。

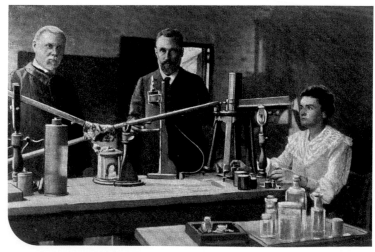

Ac

227 g/mol

89

actinium

錒 | 錒系元素

3

[Rn] 6d¹7s²

包含第五十七號元素「鑭」在內，此後的十五個元素都被稱為「鑭系」。大部分摻雜在同一處的這種元素，其物理、化學上的性質都彼此相似，因此很難把元素分離出來。原因在於質子會變大，與此同時所增加的電子們並不會填滿外部電子層，而會進入到原子內部的殼層之故。錒也是同樣情形。包含錒在內的十五個元素都彼此相似，而且還比鑭系元素還更多深入一層電子層。出於這種理由，錒系元素比鑭系元素更難以分離。除了鑭系的鈈以外，鑭系元素全部都存

在於自然界中，不過錒族則全部都是放射性元素。當然，所有的錒族元素都具有半衰期且會衰變。雖然半衰期各有不同，但正如這種性質，全部的錒系元素都可說是很不穩定的元素。錒也會作為自然放射性衰變鏈的中間物質而短暫存在。像錒的這種情形，其半衰期為二十二天，經過 α 衰變後會變成鍅；再經過十九天的 β 衰變後會變成釷。釷再經過變成鐳的階段後，其終點站為鉛。

一八九九年，居禮夫妻跟科學家同事安德烈－路易·德比埃爾內（André-Louis Debierne），從鈾礦中找到了全新的元素。他們從一噸的鈾礦中，好不容易才分離出○點一五毫克的錒，由此可知找到新元素有多困難。錒會釋放出藍色的光，而元素的名稱便取用了希臘語中意味著「光線」的「actinos」。

光線（ACTINOS）

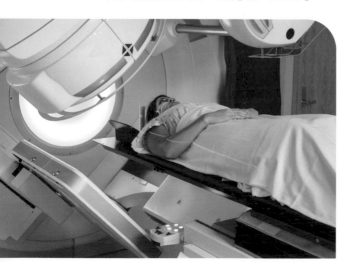

放射治療（RADIATION THERAPY）

如果想把放射性元素應用在醫療領域的治療上，那這種元素就必須要能快速從體內排出，還要能穩定地發生放射性衰變。這是因為如果這種元素的半衰期很長而殘留在體內的話，就會讓正常細胞的遺傳基因變形，而且還有可能會引發其他種癌症。此外，如果半衰期太短的話，就難以配合療程。錒就是符合這些條件的元素，因為錒的半衰期能剛好配合療程，而且只會對很相近的組織進行釋放出 α 粒子的衰變之故。

305

Th

232.03811 g/mol

90

thorium

釷 | 錒系元素

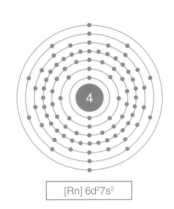

[Rn] 6d²7s²

一九九四年，有大量的輻射能被釋放於美國密西根州，並發生了整個城市都被輻射能污染的事故。輻射能的起因不是炸彈，而是從核子反應爐所釋放出的。不過，這個核子反應爐是由一名少年所製造的私人核子反應爐。大衛·查爾斯·哈恩（David Charles Hahn）平時就展現出科學方面的驚人天賦，他利用煙霧探測器、老舊時鐘上的夜光指針弄出了釷、鋂還有

鐳，藉此製造出核子反應爐。卡式瓦斯罐內有著被煤油的火加熱就會發出明亮光芒的網狀瓦斯燈燈芯，在當時，這個被拿來製造成氧化釷。鋂則是可以從各個家庭的煙霧探測器中取得。當天才少年一啟動核子反應爐，災情就立刻不受控制地擴大，而整個城市都被輻射污染了。以此事件為契機，美國嚴加管理私人持有或製造原子反應爐。

接棒的核燃料
（NEXT NUCLEAR FUEL）

如果中子撞擊釷-232 的話，經歷幾個階段後就會轉變為鈾-233。鈾-233 這個同位素跟鈾-235 一樣，在它發生核分裂的同時我們也能藉此獲得能量。最近我們正研究把鈾-238 跟釷-232 當成燃料，來讓測試用核子反應爐運轉起來。這種反應爐被視為未來的核子反應爐而受到注目的原因就在於其穩定性。因為釷跟鈾不一樣，本身並不會引發核分裂。就像是電源開關一樣，如果關掉核子反應爐，核分裂就會停止。就算跟日本福島第一核電廠事故一樣，發生因自然災害所導致的冷卻裝置異常，依然會很安全，因此被考量可作為次世代的能量資源。

Pa | 91

231.03588 g/mol

protactinium

鏷 | 錒系元素

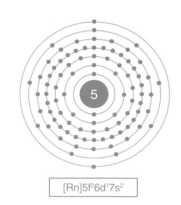

[Rn]5f²6d¹7s²

　　在鈾的衰變過程中會產生少量的鏷。放射性元素最後的目的地是鉛。鏷（Protactinium）的名稱中包含了錒的元素名稱（Actinium）。原因在於鏷產生衰變時，也會經歷錒的元素狀態。因此在鏷的名稱上添附了意味著「起先、之前」（譯註）的「proto」，以此使用具有「在錒之前」之意的名字。鏷在元素週期表上介於釷跟鈾之間，而這兩種元素在自然界中具有豐富含量，因此本來我們猜測應該也會有很多的鏷，但實際上鏷在自然界中僅有少少的存在。由於相當稀少、帶有強烈放射線以及具毒性，鏷在產業界中完全無法被使用。除了作為研究目的而被少量使用以外，鏷並無其他用途，頂多也就鏷-231會被用來作為測定海洋沈積物年代的方法而已。門得列夫於一八六九年發表元素週期表，兩年後他進行了修正，而在發表修正內容的同時，門得列夫在釷跟鈾之間空出了一個格子，並且預測了該元素的存在。

莉澤‧邁特納（LISE MEITNER）

　　一八七一年，雖然門得列夫預測了該元素的存在，但有好一段時間，科學家們卻對該填入這格空格的元素一無所獲。一九一八年，德國女性物理學家莉澤‧邁特納（Lise Meitner）與奧托‧哈恩（Otto Han），因為當時還在戰爭中，所以排除萬難才求得微量的瀝青鈾礦，而他們也因此發現了會轉變成錒（Ac）的全新放射性元素。這兩位科學家還發現了利用中子進行的核分裂，以此開啟了核彈研發與核能應用的康莊大道。因著這項發現，奧托‧哈恩於一九四四年獲得了諾貝爾化學獎。莉澤‧邁特納雖然也跟他一起發現了，卻被排除在獎項以外，關於此事的爭論持續至今。

U

uranium

238.029 g/mol

92

鈾 | 錒系元素

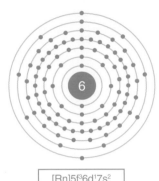

[Rn]5f³6d¹7s²

鈾於十八世紀被發現,在幾百年中被用於陶瓷的釉彩或玻璃工藝上。在這之後,第二次世界大戰當時,美國為求打贏戰爭,便召集了核子物理學家並開始研究核子。從此時開始,鈾就因作為能量源或使用在武器上的元素而廣為人知。使用於核分裂的是「濃縮鈾」。如果只是少量的天然鈾的話,連個人都可以存有。鈾如果產生核分裂,就會因連鎖反應而發生質量的損失並產生出巨大的能量。這個就是愛因斯坦的質能等價法則「E＝mc²」。

鈾的同位素分為鈾-234(百分之〇點〇〇五四)、鈾-235(百分之〇點七二)跟鈾-238(百分之九十九點二七四)這三種。鈾-235 與中子發生撞擊並分裂為氪跟鋇,接著還會釋放出三個中子。我們調控這些中子,並讓它們與其他的鈾-235 發生撞擊,藉此來緩慢地進行連鎖反應。屬於天然鈾的鈾-238 跟鈾-235 不一樣,會吸收中子並變成鈽-239,而這個鈽-239 會發生核分裂。

核彈(NUCLEAR BOMB)

使用鈽的「胖子」是壓縮排列式的核彈,與此相比,使用濃縮鈾的「小男孩」則是槍式設計的核彈。「小男孩」被投在日本廣島,導致七萬八千人死亡、八萬人以上受傷,同時也終結了第二次世界大戰。一顆棒球大小的鈾所帶有的能量,等同於其質量三百萬倍的煤炭所產生的能量。

曼哈頓計劃 (MANHATTAN PROJECT)

第二次世界大戰當時,許多猶太人物理學家逃亡到了美國。同盟國成立了屬於核彈研發工作的「曼哈頓計劃」並製造出核彈。「小男孩」與「胖子」這兩顆核彈在經過第一場核試驗「三位一體」(Trinity Test)後被製造出來,接著也被投到日本。這兩顆核彈的代號也分別是羅斯福與邱吉爾的外號。

Np

neptunium

237 g/mol

93

錼│鋼系元素

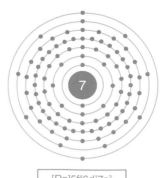

7

[Rn]5f⁴6d¹7s²

　　比鈾還要重的元素被稱為「超鈾元素」。為什麼以鈾為標準呢？因為就我們所知，到鈾為止的元素都存在於自然界中，不過比鈾重的元素則不存在於自然界中。這是由於該種元素的半衰期比地球年紀四十五億年還要短，而已經全數消失之故。當然，我們以人工的方式發現了從第九十三號到第九十八號為止的這六種元素以後，也確認了天然鈾礦中含有微量的這種元素，因此這些元素也被承認是存在於自然界中的元素。雖然元素名稱有的是來自於發現者、礦物或是國名，但也有取用自行星的情形。就如同鈾是取用自太陽系的行星「天王星」（Uranus）一般，位在元素週期表下一格的元素「錼」也是取用自天王星的下一顆行星「海王星」（Neptune）。門得列夫首度修正元素週期表後也在一八七一年公開全新的元素週期表，在其上他留下了五個在鈾以後的空格，此事即為門得列夫預測了超鈾元素的存在。在這之後，我們肯定了門得列夫的元素週期表是正確的，而許多科學家也開始找起這些空格的元素。

夥伴（FELLOWSHIP）

　　一九四〇年，加利福尼亞大學柏克萊分校的麥克米倫（Edwin Mattison McMillan）與艾貝爾森（Philip Abelson）發現了第一個超鈾元素。他們藉由在迴旋加速器中讓中子撞擊鈾來製造出錼。鈾-238 如果與中子產生反應的話，會變為不穩定的鈾-239，但是鈾-239 會立刻發生 β 衰變，而在中子變為質子的同時，就會形成形成錼-239。其實大部分的研究都是由麥克米倫進行的，艾貝爾森則是在休假期間經過了柏克萊分校，幫忙同事的研究僅三天時間，但就在此時發現了元素，而艾貝爾森的名字也幸運地被記上了一筆。

Pu

244 g/mol

94

plutonium

鈽｜錒系元素

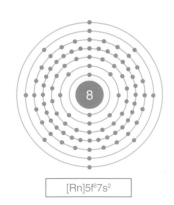

[Rn]5f⁶7s²

有一種「夢幻核子反應爐」，這種核子反應爐能讓屬於射性物質的核燃料發生核分裂，接著產生出相當龐大的能量，而使用後的燃料能轉變使用率更佳的燃料。這種夢幻核子反應爐會用到鈽-239 跟鈾-238。鈽-239 因為會發生核分裂，所以被當作核子反應爐的燃料使用。此時會釋放出快中子，而這個中子會再度與鈾-238 發生撞擊，經歷了錼的階段後，再度製造出鈽-239。核分裂的材料會完好無缺地再度被製造出來，而且還獲得了能量。把水當成冷卻劑來用的話，水可以降速快中子並將其轉為低速的熱中子。鈉會使用於冷反應堆（cooled reactor）上，因此被稱為「鈉冷快中子反應爐」（SFR；Sodium-cooled Fast Reactor）。我們若利用這種特性，就能讓核燃料的使用率增加到比現有的輕水反應爐最多一百二十倍以上。而且我們處理半衰期很長的核分裂產物、也就是放射性廢料的時間可以縮短，甚至能轉為根本沒有輻射能的物質。也就是說高階放射性廢棄物的問題可能有解決之道

冥王星（PLUTO）

發現錼的麥克米倫，把結束假期而回去的艾貝爾森拋諸腦後，把研究交接給格倫·西博格（Glenn Seaborg）。西博格在同一年與約瑟夫·W·甘迺迪（Joseph W. Kennedy）、歐亞哲（Arthur Wahl）一起利用錼來發現鈽，當然，這件事發生在粒子加速器中。元素名稱是沿著衰變鏈，取自於緊接在天王星、海王星之後的冥王星（Pluto）。因此從第九十二號的鈾開始來背誦元素的話會比較簡單。不過，這並非單純取用天體的名字而已，是一種雙關的表現。普路托（Pluto）是出現在希臘神話中的地獄之王，因此這個命名也具有若管理得當能為人類帶來好處，但也可能帶領人類走向滅亡的含義。

Am | 95

243 g/mol

americium

鋂│錒系元素

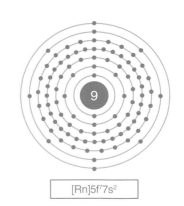

9

[Rn]5f⁷7s²

在第九十四號鈽以後的元素，大部分都是人工元素，加上半衰期較短，因此不只是沒有適合的用途，而且也不容易研究其物理、化學上的性質。在這當中有一個例外的元素，也就是日常生活中被充分有效運用的人工元素——鋂。發生火災的時候，如果說熔點很低的鉍會扮演啟動灑水裝置的角色，那鋂就是使用在感應煙霧的這方面上。天才少年大衛‧查爾斯‧哈恩製造了私人核子反應爐，而在這場令美國密西根州

籠罩在恐怖之中的事件裡，也用到了鋂。他從位在天花板的煙霧偵測器內取出了鋂。鋂能將煙霧偵測器內部的空氣離子化為屬於放射線的 α 粒子（氦核）。然而，如果煙霧進入偵測器裡頭的話，會妨礙到離子粒子的流動，電流會因此產生變化。煙霧偵測器就是藉由感應到這種變化的原理來運作。這種煙霧偵測器中不須要額外供電，光靠微量的鋂（一千萬分之三公克）使用起來也綽綽有餘了。

美國（AMERICA）

一九四五年，美國的核子物理學家格倫‧西博格、拉爾夫‧詹姆斯（Ralph A. James）、利昂‧摩根（Leon O. Morgan）跟艾伯特‧吉奧索（Albert Ghiorso）等人，在迴旋加速器中藉由讓中子向鈽靠緊來合成出鋂。當時合成出鋂的這件事屬於軍事機密，不過卻發生了西博格在兒童廣播節目上，未獲軍方允許卻曝光此機密的偶發事件。元素名稱是取用了美洲大陸的名字，不過之後也傳出是因為在意元素週期表上，位於鋂的正上方、第六十三號的「銪」而以此命名，可說是歐美兩塊大陸之間的戰爭。美國的核子物理學家格倫‧西博格參與了包含鋂在內，總共十個人工元素的發現。

Cm 96

247 g/mol

鋦 | 錒系元素

[Rn]5f⁷6d¹7s²

如果想啟動類似像是火星的無人探測器的裝置，就須要用到和電池。雖然現在是使用效率絕佳的放射性元素，不過在之前是使用鋦。鋦是強烈 α 粒子（氦核）的來源。一九四四年，美國的核子物理學家格倫‧西博格、拉爾夫‧詹姆斯、利昂‧摩根跟艾伯特‧吉奧索等人，讓氦在迴旋加速器內撞擊鈽，藉此合成出第三個人工元素，也就是鋦。元素名稱是為了紀念瑪麗亞‧居禮（Curie）而定名為「Curium」，不過把人名用在元素名稱上並不常見。釓的例子來說，是為了紀念發現釓的礦物，所以取用了該礦物名來為元素命名，而這個礦物的名稱其實也是取用了人名，因此真的說起來的話，釓的元素名稱算是間接引用到人名。而第一個直接引用到人名的例子，就是鋦了。

Bk 97

berkelium

247 g/mol

鉳 | 錒系元素

[Rn]5f⁹7s²

一九四九年，西博格的團隊將 α 粒子（氦核）緊靠至鋂-241 上，藉此成功地生成了鉳-243。由於製造出鉳相當困難，加上半衰期僅有四點五個鐘頭，所以沒有適合使用的地方。他們在一九四五年就已經成功合成鋂，那為何要等到四年後才製造出鉳呢？其實他們很輕鬆地就完成了合成鉳的工作，但在這場實驗中不可或缺的鋂，至少需要七微克的量，為了取得這個量他們就花上了三年的時間。在當年的那個時期，幾乎每一年都會製造出新的人工元素，所以團隊為了定名元素而相當苦惱。錒系元素參考了元素週期表中正上方鑭系元素，並照著鑭系元素的命名規矩。鉳（Berkelium）取用自「柏克萊」（Berkeley），這跟它正上方的「鋱」發現地地點為「伊特比」一樣都是地名。

Cf 98

californium

251 g/mol

鉲 | 錒系元素

[Rn]5f¹⁰7s²

鉲是最為昂貴的元素，因此不論用在哪個領域上，都只能用到相當少量。一公克的鉲就要價韓幣幾百億元，甚至還一度高達韓幣一兆元。鉲被當作在合成超鐨人工元素的材料上，原因在於鉲是效率最高的中子來源。一微克（μg）的鉲，可以在一分鐘之間釋放出一億三千九百萬個中子。這些中子是核子反應爐內最先引發鈾分裂的中子，也被用在點燃核燃料上。我們也不用擔心在核子反應爐內把這種昂貴元素用於中子源上會不會很花錢。其實核子反應爐中，光用個幾十皮克（pg）註。就相當綽綽有餘了。

註：皮克（picogram）是一種極微少的質量單位，1 皮克等於一萬億分之一克（10⁻¹² 克）

Es — einsteinium

99　**252** g/mol　[Rn]5f^{11}7s^2

鑀 | 鋼系元素

　　雖然就我們所知，鑀是在核子反應爐內進行核分裂時才正式被發現的，但其實早在一九五二年十一月一日，我們就已經從馬紹爾群島上進行的「常春藤麥克氫彈試驗」中所造成的核反應產物「死亡灰燼」裡，分離出了鑀並發現到它。當時進行試驗的島已經整個從地圖上消失了。氫彈是人類第一個熱核武器。其原理為讓藉由核分裂所產生的能量與放射性的氫進行融合。這是一場機密試驗，因此最終是在一九五四年才正式宣布於核子反應爐的核分裂中發現到鑀的。愛因斯坦於一九三九年向美國政府提議製造核彈，並帶來了啟動曼哈頓計劃、核彈誕生於世的結果。

Fm — fermium

100　**257** g/mol　[Rn]5f^{12}7s^2

鐨 | 鋼系元素

　　鐨是跟鑀一起在氫彈試驗的殘留物中發現的。鐨正是最後一個藉由核分裂獲得的元素。就官方資料來說，鐨是由西博格團隊的一員艾伯特‧吉奧索在加速器中跟鑀一起發現的，而鐨的元素名稱是基於紀念美國籍義大利裔物理學家恩里科‧費米（Enrico Fermi）的意義上而起名的。恩里科‧費米逃亡至美國，促成了第一場核分裂的連鎖反應試驗，而且還是一號跟愛因斯坦一起提出曼哈頓計劃的人物。藉由這些人的努力，一九四二年核子反應爐誕生了，核武器也問世了。然而恩里科‧費米同時亦是跟愛因斯坦一起反對開發核武的人。

TRANS FERMIUM　　超鐨元素

　　元素的原子序數比鐨還要大的元素被稱為「超鐨元素」。直到二十世紀末為止，當時領導科學界的美國與蘇聯針對這些元素的命名權，展開了「超鐨元素之戰」。這些元素分成兩大塊，從一百〇一號開始到一百〇三號為止的元素是「鋼系元素」；其餘到一百一十八號為止的元素，在元素週期表上被排到第七周期，而這些超鐨元素也被稱為「超重元素」（Superheavy elements）。我們於二〇一五年認可了這些超鐨元素中的一百一十三號、一百一十五號、一百一十七號與一百一十八號元素，也填滿了所有的元素週期表。這些元素都相當不穩定，甚至還有半衰期以微微秒（Picosecond，10^{-12}）為單位來計算的，因此也難以掌握到元素在物理與化學上的特徵。就算在未來，這些元素應該也難以應用在實際生活上，僅能作為研究目的使用。

mendelevium

Md 101

258 g/mol

$[Rn]5f^{13}7s^2$

鍆 | 鋼系元素

　　一九五五年，西博格團隊的艾伯特·吉奧索在加利福尼亞大學柏克萊分校的加速器中，讓氦離子撞擊了鑀而製造出鍆。當時使用一皮克的鑀產生出十七個鍆原子。為紀念元素週期表的發明者，也就是俄羅斯的化學家門得列夫（Mendeleev），因此起名為「鍆」（Mendelevium）。鍆的同位素「鍆-250」與一般的 α 衰變或 β 衰變的衰變方式不同，會發生分為一半的自發裂變。

nobelium

No 102

259 g/mol

$[Rn]5f^{14}7s^2$

鍩 | 鋼系元素

　　一九五八年，瑞典的諾貝爾研究所宣稱他們發現了這個元素，也提議以「鍩」作為該元素的名稱。在瑞典發現鍩之後，雖然美國與俄羅斯立刻再度進行了實驗，卻確認不到鍩的存在，因此對於瑞典的發現抱有疑慮。雖然最終瑞典的發現被判為騙局一場，但仍照原本取好的名字使用。在這之後，一九五八年美國勞倫斯伯克利國家實驗室，還有一九六三年俄羅斯杜布納聯合原子核研究所的格奧爾基·佛雷洛夫（Georgy Flyorov）團隊，都讓碳離子撞擊了鋦並製造出鍩。以此為契機，俄羅斯杜布納聯合原子核研究所開始發現了許許多多的人工元素。鍩的元素名稱取用自矽藻土炸藥發明者兼慈善家的瑞典化學家諾貝爾（Alfred Nobel）。有些元素的半衰期不到一個小時，其中鍩是第一個被發現的元素。

lawrencium

Lr 103

262 g/mol

$[Rn]5f^{14}7s^27p^1$

鐒 | 鋼系元素

　　一九六五年，俄羅斯杜布納聯合原子核研究所的佛雷洛夫團隊，以及美國勞倫斯伯克利國家實驗室的吉奧索研究團隊，都讓硼離子撞擊鉲的同位素並製造出鐒。美國的物理學家歐內斯特·勞倫斯（Ernest Lawrence）發明了對於合成人工元素來說絕對不可或缺的粒子加速器「迴旋加速器」，因此鐒（Lawrencium）就取用了他的名字。勞倫斯在人工元素的各種發現上有著莫大的功勞。要不是他發明了粒子加速器，人類找出元素的腳步應該會慢上許多。勞倫斯因著這項成就於一九三九年獲頒諾貝爾物理學獎。

Rf

rutherfodium

104 267 g/mol

鑪 | 過渡金屬

$[Rn]5f^{14}6d^27s^2$

　　一九六四年，俄羅斯杜布納聯合原子核研究所與美國倫斯伯克利國家實驗室，藉由讓碳離子撞擊鉲來製造出鑪。這是第一個屬於過渡金屬的超重元素。為紀念物理學家拉塞福（Rutherford）於一九一一年提出拉塞福模型還發現了原子核，因此命名為鑪（Rutherfordium）。元素名稱中留有國家與國家之間較量的痕跡。連在俄羅斯與美國的共同研究中，這種現象也顯得白熱化。當時俄羅斯的提議將這個元素取名為「Kurchatovium」，「Rutherfordium」則是美國的提議。現在被稱為「𨭎」的元素也是這種案例。在化學元素的名稱或化學式的命名方式中，經常可以看到像這樣國家的權力伸入學術界的狀況。

Db

dubnium

105 268 g/mol

𨧀 | 過渡金屬

$[Rn]5f^{14}6d^37s^2$

　　𨧀是藉由讓粒子撞擊鉲而製造出來的。在這個一百〇五號元素中，也同樣有著俄羅斯與美國之間的激烈命名戰。不知道是不是因為已經在一百〇四號元素上做出讓步了，IUPAC 於一九九七年將該元素定名為「𨧀」（Dubnium），而這個名字源自於俄羅斯的杜布納聯合原子核研究所的所在地，也就是莫斯科近郊的城市「杜布納」（Dubna）。當然，𨧀也是最先在這個研究所中合成出來的。不過俄羅斯在發現這個元素的一九六八年，為了紀念尼爾斯・波耳（Niels Bohr），當時提議起名為「Nielsbohrium」；美國則主張使用「Hahnium」，這個名稱是取用自發現核分裂現象的奧托・哈恩（Otto Hahn）之名。不過兩個都沒有被採用，等到經過二十九年後，才被定為「𨧀」（譯註），而這個似乎是為了安撫發現元素的俄羅斯而做出的決定。

Sg

seaborgium

106 269 g/mol

𨭎 | 過渡金屬

$[Rn]5f^{14}6d^47s^2$

　　這個元素是於一九七四年，在美國倫斯伯克利國家實驗室中藉由讓氧撞擊鉲而產生的。元素名稱取用自發現鋼族元素的化學家兼核子物理學家的西博格。雖然元素名稱也會引用人名，但大部分都是在死後為紀念其成就而如此使用。𨭎是第一個在命名當時，就取用還在世的發現者之名來為元素命名的例子。多虧𨭎開了先河，一百一十八號元素𪘚（Oganesson）也獲得了取用尤里・奧加涅相（Yuri Oganessian）之名的殊榮。𨭎的所有同位素都是放射性元素，因此最為穩定的同位素其半衰期約二點四分鐘。關於這個元素的性質，到目前為止仍幾乎尚屬未知。

Bh
bohrium
107
270 g/mol
鈹 | 過渡金屬
$[Rn]5f^{14}6d^57s^2$

　　大部分的人工元素是由俄羅斯的杜布納聯合原子核研究所與美國倫斯伯克利國家實驗室的共同研究所製造出來的，不過鈹是第一個在德國的重離子加速器合成出來的元素。他們讓鉻原子核加速撞擊鉍，並製造鈹。元素名稱是源自於為量子物理學打下基礎的尼爾斯·波耳。鈹最穩定的同位素，其半衰期僅為六十一秒，但我們已經得知它的部分化學性質了。第七十五號元素錸（Re）在元素週期表上位於鈹的正上方，而鈹也是我們第一個掌握到跟錸有著相似性質的人工元素。

Hs
hassium
108
269 g/mol
鏢 | 過渡金屬
$[Rn]5f^{14}6d^67s^2$

　　重離子加速器的研究由於鈹的發現而獲得力量，德國也因此連鏢都合成了出來。他們在加速器中藉由以鐵原子核撞擊鉛，製造出鏢。德國黑森州（Hessen）首度合成出這個元素，其名稱便是源自於該地區的中世紀拉丁語名稱「Hassia」。鏢最穩定的同位素，其半衰期為九點七秒。不過即便如此，我們仍在實驗中確認到了鏢的部分性質。鏢有著與同族的鋨（Os）類似的性質，可構成四氧化物（HsO_4），而且可能存在帶有較長半衰期的核同質異能素，因此鏢也備受期待未來能作為實際應用。

Mt
meitnerium
109
269 g/mol
錴
$[Rn]5f^{14}6d^77s^2$

　　一九八二年，在位於德國達姆施塔特（Darmstadt）重離子研究中心（GSI）的重離子加速器中發現了錴。他們讓鐵的原子核撞擊鉍。據推測，錴應該是地球上密度最高的物質。現在進行一次撞擊試驗，頂多也就產生幾個原子而已。因此理所當然地，我們也只是推測錴具有與九族元素相似的化學性質而已，目前尚不清楚其物質的基本屬性。元素的名稱是為紀念核分裂的共同發現者，也就是奧地利女性物理學家莉澤·邁特納（Lise Meitner）而以此命名。莉澤·邁特納被認為是「奧地利－瑞典」學者，公民權也從奧地利轉變為瑞典，她在一九三八年與奧托·哈恩發現了原子核分裂，也四度被提名入圍諾貝爾獎，不過最終只有奧托一人獲獎。

darmstadtium

Ds 110 281 g/mol

鐽

[Rn]5f¹⁴6d⁹7s¹

$[Rn]5f^{14}6d^{9}7s^{1}$

　　一九九四年，在位於德國達姆施塔特（Darmstadt）重離子研究中心（GSI）的重離子加速器中，藉由鉛跟鎳離子製造出了鐽。元素取用了重離子加速器的所在地區「達姆施塔特」來命名。這個元素雖然被認為是性質類似於鉑的金屬，不過它最穩定的同位素，其半衰期僅有十秒而已。其他同位素的半衰期一般為○點○○○一七秒。雖然我們還沒弄清楚鐽的物理化學性質，不過據猜測，鐽應屬於鉑族元素，因此有應用於產業界的可能性。當然，這也是基於找到穩定核同質異能素的假設上。

roentgenium

Rg 111 280 g/mol

錀

$[Rn]5f^{14}6d^{10}7s^{1}$

　　一九九四年，在位於德國達姆施塔特重離子研究中心的重離子加速器中，藉由讓鎳撞擊鉍而製造出了錀。合成鐽也不過才一個月，就合成出了全新的元素。為紀念發明 X 射線的威廉‧倫琴（Wilhelm Rontgen）而以此命名。不過直到二○○四年被正式定名為錀之前，曾依循國際純化學和應用化學聯合會（IUPAC）的命名法，而被短暫稱為「Ununnilium」（Uuu）。我們看以前的元素週期表的話，也會發現這個稱呼仍留有痕跡。

copernicium

Cn 112 285 g/mol

鎶 | 過渡金屬

$[Rn]5f^{14}6d^{10}7s^{2}$

　　一九九四年，在位於德國達姆施塔特重離子研究中心的重離子加速器中，藉由讓鋅離子撞擊鉛而製造出了鎶。德國於一九八一年發現了鈹，在之後的十三年中接連合成並發現了從一百○七號開始到一百一十二號為止的六個元素。但不知道是不是把好運用光了？德國就此再也沒有發現一百一十三號之後的元素了。該元素的名稱是源自於主張地動說的哥白尼（Nicolaus Copernicus）。雖然鎶被推測應該是金屬，但在標準狀態下被預測應為氣態原子。

Nh

113 g/mol

鉨

$[Rn]5f^{14}6d^{10}7s^27p^1$

　　鉨是第一個、也是到目前為止唯一一個在亞洲發現的元素。一百一十五號元素鎮是透過核融合反應所生成的,而二〇〇三年,由俄羅斯與美國聯合組成的研究團隊藉由經歷了 α 衰變的鎮製造出鉨;二〇〇四年,日本的理化學研究所(RIKEN)研究團隊則提出報告,稱他們撞擊鋅跟鉍的原子核後,藉由融合反應的合成發現到了鉨。直到二〇一五年為止,國際純化學和應用化學聯合會(IUPAC)都並未正式認可其中任何一方的主張,也暫時以 Ununtrium(Uut)之名記錄在元素週期表上二〇一五年十二月,該組織才正式承認日本理化學研究所為第一個發現者。

Fl

289 g/mol

鈇 | 貧金屬

$[Rn]5f^{14}6d^{10}7s^27p^2$

　　俄羅斯杜布納聯合原子核研究所與美國勞倫斯利佛摩國家實驗室合作研究,藉由讓鈣-48 撞擊鈽-244 而找出了鈇原子。與金產生反應後,鈇是能製造出化合物的元素中最重的。為紀念俄羅斯物理學家奧爾基・佛雷洛夫(Georgy Flyorov)而以此命名。佛雷洛夫是一號在杜布納聯合原子核研究所中扮演重要角色的人物。如同鋣被推測為原子氣態一般,鈇也被推測是以氣態原子存在的金屬。直到二〇一一年正式認可發現了該元素之前,鈇被稱為「Ununquadium」(Uuq)。

Mc

289 g/mol

鎮

$[Rn]5f^{14}6d^{10}7s^27p^3$

　　鎮位於鉍的正下方,因此門得列夫雖然沒有發現到它,卻也預測了其存在,所以依循定好的命名規則,我們也將鎮稱為「類鉍」(eka-bismuth)。主導該元素研究的團體是尤里・奧加涅相(Yuri Oganessian)所帶領的聯合研究團隊鎮被合成出來後,經過約〇點一秒就會發生 α 衰變,並變為一百一十三號的鉨
同位素。鎮是放射性強烈的元素,到目前為止我們檢測出四種同位素。其中半衰期最長的是 Mc-99,時間為〇點二二秒。到二〇一五年為止,鎮都被暫時稱為「Ununpentium」(Uup)。

livermorium

Lv

116

293 g/mol

鉝

$[Rn]5f^{14}6d^{10}7s^27p^4$

　　該元素是於二〇〇〇年，藉由俄羅斯杜布納聯合原子核研究所與美國勞倫斯利佛摩國家實驗室的合作研究而發現到的。元素名稱源自於勞倫斯利佛摩國家實驗室所在的地區名稱。該元素具有高放射性，半衰期全部都要以千分之一秒為單位來測量。從一九七六年開始我們就不斷嘗試發現鉝，雖然直到二〇〇〇年為止，已經有許多研究所成功做到合成實驗，然而這並不容易。勞倫斯利佛摩國家實驗室曾宣稱他們成功合成，甚至還將論文刊載於學術期刊上，但該論文的第一作者 Victor Ninov 卻也被揭發編造了實驗數據。

tennessine

Ts

117

294 g/mol

鿬

$[Rn]5f^{14}6d^{10}7s^27p^5$

　　鿬為最新發現的元素，而且有最多的團隊參與了這項發現，參與者大部分都是粒子物理學家。二〇一〇年，由俄羅斯的杜布納聯合原子核研究所（JINR）與原子反應堆研究所（RIAR），以及美國的勞倫斯利佛摩國家實驗室（LLNL）、橡樹嶺國家實驗室（ORNL）、范德比大學以及內華達人學拉斯維加斯分校一起研究並合成出鿬。這個元素符合「穩定島理論」。穩定島理論指的是，與「質量較重的元素會相當不穩定」的觀察相反，質子與中子的數量若符合條件，若質子與中子的數量符合特定數量，也就是「幻數」，這樣一來質量越重就會變得越穩定，而壽命也會變得更長。

oganesson

Og

118

294 g/mol

鿫

$[Rn]5f^{14}6d^{10}7s^27p^6$

　　鿫為俄羅斯與美國的聯合研究團隊於二〇〇六年，藉由讓鈣撞擊鉲所合成的元素。由於它是超鈾元素，所以鿫是一種化學性質與正上方的氡相似的放射性氣體。鿫是元素中最輕盈的，存在時間為〇點八九毫秒，而鿫在經過了像是鉝、鐽這種中間元素的階段後，最終會變成鍆。在這個過程當中，會產生出從一百一十三號到一百一十八號的共六個元素。元素名稱取用了俄羅斯核子物理學家尤里‧奧加涅相的名字。繼西博格後，尤里‧奧加涅相是第二位獲得名字被拿來當成元素名稱這項殊榮的在世人物。

台灣廣廈 國際出版集團
Taiwan Mansion International Group

國家圖書館出版品預行編目（CIP）資料

奇妙的元素週期表圖鑑百科（獨家附贈「週期表發展史典藏海報」）：從
電子到星星，從鬼火到可樂，透過趣聞歷史與現代應用，探索118個元
素與宇宙奧祕/金炳珉著. -- 初版. -- 新北市：美藝學苑出版社, 2022.06
　面；　公分
ISBN 978-986-6220-49-4（平裝）

1.CST: 元素 2.CST: 元素週期表
348.21　　　　　　　　　　　　　　　　　　　111004571

奇妙的元素週期表圖鑑百科（獨家附贈「週期表發展史典藏海報」）
從電子到星星，從鬼火到可樂，透過趣聞歷史與現代應用，探索**118**個元素與宇宙奧祕

作　　者／金炳珉	編輯中心編輯長／張秀環・編輯／張秀環
審　　訂／陳建廷	封面設計／張家綺・內頁排版／菩薩蠻數位文化有限公司
翻　　譯／Levi Wu、林坤緯	製版・印刷・裝訂／東豪印刷有限公司・弼聖・明和

行企研發中心總監／陳冠蒨　　　　**線上學習中心總監**／陳冠蒨
媒體公關組／陳柔彣　　　　　　　**產品企製組**／黃雅鈴
綜合業務組／何欣穎

發 　行　 人／江媛珍
法 律 顧 問／第一國際法律事務所 余淑杏律師・北辰著作權事務所 蕭雄淋律師
出　　　　版／美藝學苑
發　　　　行／台灣廣廈有聲圖書有限公司
　　　　　　　地址：新北市235中和區中山路二段359巷7號2樓
　　　　　　　電話：（886）2-2225-5777・傳真：（886）2-2225-8052

代理印務・全球總經銷／知遠文化事業有限公司
　　　　　　　地址：新北市222深坑區北深路三段155巷25號5樓
　　　　　　　電話：（886）2-2664-8800・傳真：（886）2-2664-8801
郵 政 劃 撥／劃撥帳號：18836722
　　　　　　　劃撥戶名：知遠文化事業有限公司（※單次購書金額未達1000元，請另付70元郵資。）

■出版日期：2022年06月
ISBN：978-986-6220-49-4　　　版權所有，未經同意不得重製、轉載、翻印。